高等职业教育消防类专业系列教材

消防燃烧学

第2版

主　编　和丽秋
副主编　李海江　赵　玲
参　编　唐朝纲　刘　彬
李志红　赵石楠

机械工业出版社

本书从燃烧学的基本概念入手，介绍了燃烧基础、着火与灭火基本理论，并系统介绍了可燃气体、可燃液体和可燃固体的燃烧过程、燃烧形式、燃烧速率及火灾预防；对木材、高聚物、聚氨酯保温装饰材料、原油等典型物质的燃烧进行了阐述；将我国近年的火灾形势、火灾类型、火灾特点、学科研究成果及消防安全工作实际融入本书。

本书在编写过程中，依据教学对象的学习基础和学习需求选取适应的编写内容，结合教学对象的学习能力编排难易适度的知识点，将从基础到应用的教学思想和注重能力提升的教学理念体现在章节编排上。

本书配套资源完善，有教学课件、习题集、重点难点知识点教学视频及部分火灾案例供读者使用。使用本书作为教材的教师，均可登录 www.cmpedu.com 下载配套资源。如有疑问，可拨打编辑电话 010-88379373。

本书既可供国家综合性消防救援队伍培训使用，也适合各类院校消防安全相关专业教学使用。

图书在版编目（CIP）数据

消防燃烧学 / 和丽秋主编．—2版．—北京：机械工业出版社，2024.4（2025.8重印）
高等职业教育消防类专业系列教材
ISBN 978-7-111-74845-8

Ⅰ．①消…　Ⅱ．①和…　Ⅲ．①消防—燃烧理论—高等职业教育—教材
Ⅳ．①TU998.12

中国国家版本馆CIP数据核字（2024）第029957号

机械工业出版社（北京市百万庄大街22号　邮政编码100037）
策划编辑：陈紫青　　　　责任编辑：陈紫青　陈将浪
责任校对：张亚楠　陈　越　　封面设计：马精明
责任印制：单爱军

北京盛通印刷股份有限公司印刷

2025年8月第2版第6次印刷
184mm×260mm・13印张・302千字
标准书号：ISBN 978-7-111-74845-8
定价：42.00元

电话服务　　　　　　　　网络服务
客服电话：010-88361066　　机　工　官　网：www.cmpbook.com
　　　　　010-88379833　　机　工　官　博：weibo.com/cmp1952
　　　　　010-68326294　　金　书　网：www.golden-book.com

机工教育服务网：www.cmpedu.com

第 2 版前言

自 2018 年本书第 1 版出版以来，我国火灾特点有了新的变化，消防科技有了新的突破，消防安全管理面临着新的形势，读者朋友也对本书提出了宝贵的意见和建议。为保证教材内容科学、准确、与时俱进，本书编写团队在本书第 1 版的基础上进行修订。

在本次修订过程中，为加快推进党的二十大精神进教材、进课堂、进头脑，编者对本书的结构、内容、资源配套等方面做了优化升级，编写团队力求教材体系完整、难度适宜、内容适量、语言简练、图表清晰。本次修订内容主要包括以下几方面。

1．教育是国之大计、党之大计。“培养什么人、怎样培养人、为谁培养人”是教育的根本问题。本书围绕全面提高人才培养能力这个核心点，贯彻执行《高等学校课程思政建设指导纲要》精神，在每章开头均设计了“素养小知识”栏目，以利于教师结合专业开展课堂思政教学，帮助学生塑造正确的世界观、人生观、价值观、职业观。

2．本书依据消防安全相关专业的现行法律、法规、标准编写，如《可燃气体或蒸气极限氧浓度测定方法》（GB/T 38301—2019）、《中华人民共和国消防法》《火灾分类》（GB/T 4968—2008）、《消防词汇　第 1 部分：通用术语》（GB/T 5907.1—2014）等。

3．实践没有止境，理论创新也没有止境。本书一改同类教材文字多、图片和表格少的传统，内容更加丰富直观，浅显易懂，理论阐述简洁够用；图片、表格丰富翔实，可提高学生的学习兴趣，降低教学难度，适用性更广。

4．本书遵循推进教育数字化的建设理念，书中配有丰富的数字资源，对教材中的重点难点知识点录制了教学视频，制作了配套的教学课件，编写了配套的习题集资源，助力读者自学以及教师教学。

5．结合我国近年的火灾形势、火灾类型、火灾特点、学科研究成果及消防安全工作实际重新修订绪论。

6．对书中的内容组成进行局部调整，内容更加丰富、完善，对部分知识点补充了相应的火灾案例。

7．更新火灾数据，参考权威文献修订了物质的理化参数。

本书由和丽秋担任主编；李海江和赵玲担任副主编；唐朝纲、刘彬、李志红、赵石楠参与编写工作。参与编写人员均具有高级专业技术职务。其中，和丽秋编写绪论和第四章；李志红编写第一章第一节至第五节；李海江编写第一章第六节至第八节及附录；刘彬编写第二章；赵玲编写第三章；唐朝纲编写第五章第一节至第四节；赵石楠编写第五章第五节和第六节。

鉴于编者学识水平和实践经验有限，书中不妥之处在所难免，期待各位同行、读者提出宝贵的意见和建议，让我们共同进步、共同提高，共同完善本书内容，以更高的质量服务于消防安全和消防救援事业。

编　者

第 1 版前言

教材建设是院校建设的一项基础性、长期性工作。配套、适用、体系化的专业教材不但能满足教学发展的需要，还对深化教学改革、提高人才培养质量起着极其重要的作用。近年来，公安消防部队高等专科学校党委和各级领导十分重视教材建设，专门成立了教材编审委员会，加强学校教材建设工作的领导，保证教材编写质量。根据公安消防部队高等专科学校《2016 版人才培养方案》，教材编审委员会组织各教材编写组对教材进行整体修编，并请公安部消防局、消防科研所、基层消防部队和军地高校的专家审稿。

本次编写工作，认真贯彻“教为战”的办学思想，紧贴当前消防工作和消防部队人才培养的新需要，立足教学对象。教材在结构安排和编写内容上，紧紧围绕基础理论知识学习，并注重与后续专业课程的科学合理衔接，同时对前沿消防理论研究成果做了介绍。本书中涉及的词条和规范均按现行国家标准进行了修订。

本书由和丽秋担任主编。具体的编写分工如下：和丽秋编写绪论和第四章；李志红编写第一章第一节至第五节；李海江编写第一章第六节至第八节及附录；刘彬编写第二章；赵玲编写第三章；唐朝纲编写第五章第一节至第四节；赵石楠编写第五章第五节和第六节。

鉴于编者学识水平和实践经验有限，本书难免存在疏漏和不妥之处，敬请读者和同行批评指正。

编　者

二维码资源列表

页码	二维码	页码	二维码
001	消防燃烧学发展历程	070	热自燃理论着火分析
002	火灾分类	074	热自燃理论灭火分析
038	热量传递与火灾	079	链式反应理论着火与灭火分析
052	烟囱效应	128	可燃液体燃烧时热量在液层的传播特点
060	建筑室内火灾发展过程	129	沸溢式燃烧
061	轰燃	130	喷溅式燃烧
064	回燃	135	可燃液体的闪燃
069	热自燃理论	148	可燃固体的燃烧过程和燃烧形式

（续）

页码	二维码	页码	二维码
153	可燃固体的燃烧速率	165	金属燃烧
157	植物自燃和木材燃烧	171	粉尘爆炸的条件和过程
161	高聚物燃烧	173	粉尘爆炸的危害与预防控制

目　录

绪　论

知识目标

- 了解消防燃烧学的研究对象、发展历程及其在消防学科中的地位与作用。
- 熟悉燃烧学的特点。
- 掌握火灾的概念及分类。

素养小知识

火，善用之则为福，不善用之则为祸，研究和学习消防燃烧学，提高科学防范和有效扑救火灾的能力，显得十分重要。燃烧学的发展历程，充分体现了人类追求真理的探索精神、求真精神、创新改革精神。

一、火灾概述

消防燃烧学是一门关于火灾发生、发展和熄灭规律的科学。在当今的社会生活中，火灾是发生频率最高的灾害之一，也是时空跨度较大的一种灾害，严重威胁公共安全，危害人们的生命健康及财产安全。探究火灾发生的机理，通过消防安全管理和消防工程技术手段抑制火灾的发生，采取有效的灭火措施迅速扑灭火灾，最大限度减少由火灾造成的人员伤亡和财产损失，对于维护社会稳定，确保社会经济可持续协调发展，保障人民生命、财产和环境安全具有十分重要的意义。

消防燃烧学发展历程

（一）火灾及其危害

火灾是指在时间或空间上失去控制的燃烧。随着社会经济的高速发展，社会财富的日益增加，尤其是高层及超高层建筑、地下建筑及地下工程、城市综合体及大跨度厂房、大型石化装置及物流仓储场所、新能源汽车及储能电站等的不断涌现，由此导致的各类灾害性燃烧、爆炸事故不断发生，火灾危害呈上升趋势。仅 2021 年，我国就发生火灾 76.5 万余起，直接财产损失高达 76.3 亿元人民币，死亡 2028 人，受伤 2326 人。

根据《中国火灾大典》，目前已知的中国最早的火灾记录为商朝武丁时期一次因奴隶夜间放火焚烧 3 座粮仓的火灾事故。而最早的关于中国消防机构及消防措施的记载为公元前 564 年春的一段记录，出自《左传·襄公九年》：

九年春，宋灾。乐喜为司城以为政，使伯氏司里。火所未至，彻小屋，涂大屋；陈畚挶，具绠缶，备水器；量轻重，蓄水潦，积土涂；巡丈城，缮守备，表火道。使华臣具正徒，令隧正纳郊保，奔火所。使华阅讨右官，官庀其司。向戌讨左，亦如之。使乐遄庀刑器，亦如之。使皇郧命校正出马，工正出车，备甲兵，庀武守。使西鉏吾庀府守，令司官、巷伯儆宫。二师令四乡正敬享，祝宗用马于四墉，祀盘庚于西门之外。

该记录的大致意思是：这场大火发生在宋国的国都，时任“市长”乐喜，命令伯氏去现场处理。伯氏指挥从容，在下风方向，果断拆除低矮的草房，高大木屋则涂上泥土进行保护；调集充足的盛土和运土的器具，汲水的绳索和瓦罐，以及盛水的木桶、陶缸；根据火势的发展趋势和大小及时调派力量，采取泼水或用土覆盖的方法灭火；同时，派出专人负责安全巡查、维修工具、标明疏散路径等工作。此次火灾造成了伤亡，为告慰逝者，乡正祭祀四方，祝宗献马祭祀四城，在西门外隆重祭祀先圣盘庚。

根据联合国“世界火灾统计中心”的统计，近年来在全球范围内，每年发生的火灾有700万～800万起，造成7万～8万人死亡和50万～80万人受伤，其中近一半是建筑火灾和交通工具火灾。在发达国家，每年火灾造成的经济损失以及用于防火的费用占国民生产总值的1%以上；并且，每年火灾造成的经济损失，美国平均7年翻一番，日本平均16年翻一番。表0-1是我国2010—2021年火灾损失情况表。

表 0-1 我国 2010—2021 年火灾损失情况

年度	火灾起数 / 起	死亡人数 / 人	受伤人数 / 人	直接损失 / 亿元
2010	132497	1205	624	19.6
2011	125417	1108	571	20.6
2012	152157	1028	575	21.8
2013	388821	2113	1637	48.5
2014	395052	1815	1513	47.0
2015	346701	1899	1213	43.6
2016	323636	1591	1093	41.3
2017	281467	1390	881	36.0
2018	242943	1462	843	36.8
2019	255625	1369	889	40.3
2020	681498	2088	1792	52.5
2021	765122	2028	2326	76.3

（二）火灾的分类

1. 按可燃物的类型和燃烧特性划分

《火灾分类》（GB/T 4968—2008）规定，根据火灾中可燃物的类型和燃烧特性，将火灾划分为A、B、C、D、E、F六个不同的类别。

火灾分类

（1）A类火灾：固体物质火灾。这种物质通常具有有机物性质，一般在燃烧时能产生灼热的余烬，如木材及木制品、纤维板、棉布、合成纤维、化工原料、装饰材料等引发的火灾。

（2）B类火灾：液体或可熔化的固体物质火灾，如酒精、苯、乙醚、丙酮、原油、汽油、煤油、柴油、重油、动植物油等引发的火灾。

（3）C类火灾：气体火灾，如天然气、液化石油气、煤气、氢气、丙烷、氨气等引发的火灾。

（4）D 类火灾：金属火灾，如锂、钠、钙、镁、锌、铝等引起的火灾。

（5）E 类火灾：带电火灾，如电线、变压器等物体带电燃烧的火灾。

（6）F 类火灾：烹饪器具内的烹饪物（如动植物油脂）火灾。

2. 按火灾损失的严重程度划分

根据造成的人员伤亡和直接财产损失情况，火灾分为特别重大火灾、重大火灾、较大火灾和一般火灾四个等级。

（1）特别重大火灾是指造成 30 人以上死亡，或者 100 人以上重伤，或者 1 亿元以上直接财产损失的火灾。

（2）重大火灾是指造成 10 人以上 30 人以下死亡，或者 50 人以上 100 人以下重伤，或者 5000 万元以上 1 亿元以下直接财产损失的火灾。

（3）较大火灾是指造成 3 人以上 10 人以下死亡，或者 10 人以上 50 人以下重伤，或者 1000 万元以上 5000 万元以下直接财产损失的火灾。

（4）一般火灾是指造成 3 人以下死亡，或者 10 人以下重伤，或者 1000 万元以下直接财产损失的火灾。

（注：“以上”包括本数，“以下”不包括本数。）

3. 按火灾原因划分

在《中国消防救援年鉴》（2021 年卷）中，按火灾原因把火灾分为以下 13 类。

（1）放火：因刑事放火以及精神病人、智障人士放火、自焚等引发的火灾。

（2）电气火灾：因蓄电池故障、电动机等工业设备故障、电气线路故障、电器设备故障和电加热器具使用不当等引发的火灾。

（3）生产作业：因焊割、熬炼、烘烤、化工生产、机械设备类故障等引发的火灾。

（4）用火不慎：因余火复燃、敬神祭祖、油锅起火、烟道过热蹿火（飞火）、燃气（燃油）等炉具故障或使用不当以及照明不慎、烘烤不慎、烧荒（野外用火）不慎、使用蚊香不慎等引发的火灾。

（5）吸烟：因违章吸烟、卧床吸烟、乱扔烟头（火柴）等引发的火灾。

（6）玩火：因小孩玩火等引发的火灾。

（7）燃放烟花、爆竹：因燃放烟花、爆竹、礼花弹等引发的火灾。

（8）自燃：因可燃物受热自燃，植物、涂油物、煤等堆垛受潮、氧化而自燃，危险化学品遇水、遇空气或相互接触反应而自燃等引发的火灾。

（9）雷击：因直击雷、球形雷以及雷电感应等引发的火灾。

（10）静电：因设备、人体静电放电而引发的火灾。

（11）遗留火种：因疏忽大意，遗留火种而引发的火灾。

（12）其他：不属于以上 11 类的其他原因，如战争、地震、风灾等引发的火灾。

（13）不明确原因：不能明确查清原因的火灾。

据统计，近十年来，一半以上的火灾是由电气火灾和用火不慎导致的，电气火灾甚至占到了火灾原因的近 1/3。在电气火灾中，2/3 以上是由电气线路故障导致的；在用火不慎火灾中，约 1/2 是由厨房油锅起火、炉具故障或使用不当，以及烧荒或野外用火不慎导致的。2021 年全国火灾原因统计分析情况如图 0-1 所示。

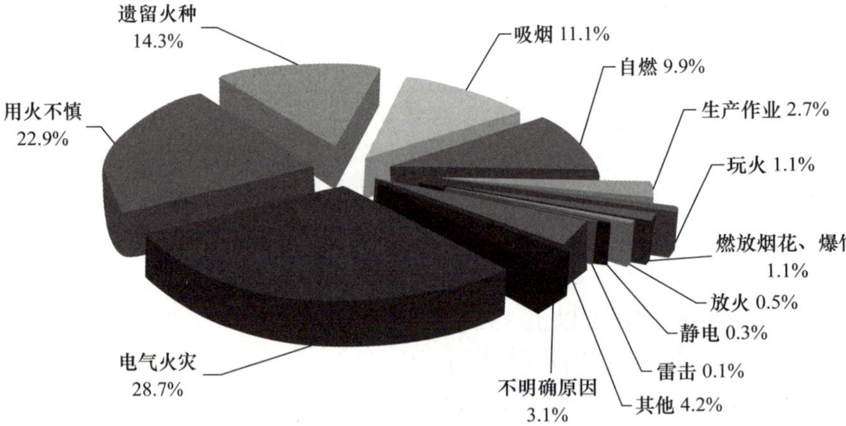

图 0-1　2021 年全国火灾原因统计分析情况

二、消防燃烧学的地位和作用

消防燃烧学是消防学科的重要理论基础之一。随着消防学科的迅速发展，消防燃烧学的基础性重要地位越显突出，已成为现代消防工作不可或缺的前提条件。

例如，为确定建筑物之间的防火间距，需要准确计算建筑火灾的辐射热通量以及不同可燃材料的临界着火辐射热通量；为防范重质油品火灾中沸溢、喷溅对消防指战员的危害，可利用热波理论估算沸溢、喷溅的发生时间，并根据油罐火灾的燃烧特征变化比较准确地判断沸溢和喷溅的发生；为准确查明火灾原因，可根据燃烧痕迹，利用火灾模拟技术对火灾过程进行复原，从而判断起火点和火灾蔓延途径；为开发新的火灾探测设备，需针对不同可燃材料的燃烧特性，对温度、烟雾、燃烧产物等进行响应特性测试；为确保“性能化”消防设计安全可靠，需运用火灾科学的基本原理，采取计算模拟或数值推算，并结合试验数据，确定合理的消防安全设计。

由此可见，消防燃烧学基本理论已成为消防安全管理、火灾扑救、火灾原因鉴定、消防技术开发与应用和消防工程设计与评估的重要基础，只有不断研究、发展和应用消防燃烧学的基本理论，才能满足不断涌现的消防安全新需求。

三、消防燃烧学的特点

（一）研究对象十分广泛

根据燃烧对象的状态不同，火灾可分为固体可燃物火灾、液体可燃物火灾和气体可燃物火灾；根据火灾场所不同，火灾还可分为地上建筑火灾、地下建筑火灾、交通工具火灾和化工装置火灾等。

（二）实践性很强

很多燃烧与爆炸的规律和特性是由实践总结出来的。在大部分情况下，仅仅通过消防燃烧学的基本原理是无法预测各种材料在不同条件下的燃烧性能参数的，需要通过专门的仪器在不同的条件下进行实际测定，并研究其规律。

（三）交叉性很强

在消防燃烧学发展的最初阶段，燃烧的研究基本上是一个特殊的化学问题。但随着研究的深入，人们发现在涉及火灾蔓延与爆炸、火灾对周围环境的热危害作用和毒害作用、环境条件对燃烧的影响等问题时，必须应用基础化学、化学动力学、化学热力学等多方面知识进行综合研究。随着数值模拟、三维建模等技术的快速发展，为火灾过程的动态模拟提供了极大的便利，对火灾过程的研究逐渐从定性描述走向定量描述，这极大地促进了对火灾基本理论的研究与应用。

（四）发展性很强

随着科技进步和社会经济的不断发展，新能源、新材料和新工艺不断涌现，而由此引发的火灾、爆炸问题也不可避免地成为消防燃烧学研究的新领域。

（五）研究内容还有待进一步充实和完善

一方面，材料燃烧特征参数的数据库还需要不断扩充，以满足迅速发展的“性能化”消防设计、火灾扑救和火灾原因鉴定等工作的需要。另一方面，由于燃烧过程的复杂性，迄今为止，对某些特殊火灾现象还无法进行准确而方便的预测。例如，实际火灾的蔓延、不同条件下火灾烟气生成量的预测、灭火剂与燃烧过程相互作用模型等都是需要进一步研究的课题。

学习消防燃烧学，不仅要准确把握其基本原理，还要善于对已有的观点和结论进行分析和思考，从中发现不足与局限性，从而不断完善。要结合实际工作中遇到的问题进行归纳总结，并学会用消防燃烧学的基本理论解决实际问题。只有这样，才能不断加深对消防燃烧学理论的理解和掌握，才能提高利用消防燃烧学的基本原理分析和解决实际消防问题的能力和水平。

第一章 燃烧基础

知识目标

❍ 了解影响燃烧反应速率的因素；了解完全燃烧空气量的计算、热值的计算；了解火焰的结构及其分类。

❍ 熟悉可燃物、助燃物、点火源、火焰、燃烧温度、火灾烟气的概念；熟悉燃烧的必要条件和充分条件、热传递的方式；熟悉火灾烟气的特性、蔓延路线与途径。

❍ 掌握防火、灭火的基本原理；掌握火焰的特征及对灭火工作的影响；掌握热传递、烟囱效应对火灾蔓延的影响；掌握火灾烟气对灭火救援的影响及防排烟的原理；掌握室内火灾发展过程，轰燃和回燃产生的原因、危害及安全防范措施。

素养小知识

火灾是一种特殊的燃烧现象，燃烧基础知识是防火灭火工作的基石，只有掌握火灾发生、发展、熄灭的规律，熟悉火灾的燃烧特点，加强消防安全意识，才能守一方热土、保一方平安，为经济社会平稳发展保驾护航。

第一节 燃烧的本质和形式

一、燃烧的概念

大量的科学实验证明，燃烧是可燃物跟氧化剂发生的一种具有一定反应速率的放热反应，通常伴有火焰、发光和（或）烟气。这个定义强调了化学反应对于燃烧现象的重要性，同时也强调了燃烧过程中可燃物内存储的化学能量转化为热能的能量转换在实际应用中的可能性。例如：

$$C + O_2 \xlongequal{点燃} CO_2$$

$$CH_4 + 2O_2 \xlongequal{点燃} CO_2 + 2H_2O$$

$$C_2H_4 + 3O_2 \xlongequal{点燃} 2CO_2 + 2H_2O$$

燃烧是一种化学反应，物质在燃烧前后其本质发生了变化，生成了与原来完全不同的物质。燃烧不仅在氧气存在时发生，在其他氧化剂中也能发生，甚至更加剧烈。例如，氢气与氯气混合见光即爆炸，即

$$H_2+Cl_2 \xlongequal{点燃} 2HCl$$

镁屑甚至能在二氧化碳中燃烧，即

$$2Mg+CO_2 \xlongequal{点燃} 2MgO+C$$

在日常生活、生产中所看到的燃烧现象，大都是可燃物与空气（氧气）或其他氧化剂进行剧烈化合而发生的放热发光现象。实际上，燃烧不仅仅是化合反应，也有分解反应。例如：

$$S+O_2 \xlongequal{点燃} SO_2$$

$$4C_3H_5(ONO_2)_3 \xlongequal{点燃} 12CO_2+10H_2O+O_2+6N_2$$

燃烧反应通常具有如下三个特征。

(一) 化学反应

物质在燃烧前后性质发生了根本变化，生成了与原来完全不同的新物质。化学反应是这个反应的本质。例如，氢气燃烧后生成水（H_2O），木材燃烧后生成木炭、灰烬以及二氧化碳和水蒸气。但并不是所有的化学反应都是燃烧，例如铁制品长期暴露在空气中生锈，就是铁和空气中的氧发生了氧化还原反应，但并不是燃烧；生石灰遇水是化学反应并发热，这种热可以成为一种火源，但它本身并不是燃烧。

(二) 放热

凡是燃烧反应都有热量生成，这是因为燃烧反应都是氧化还原反应。氧化还原反应在进行时总是有旧键的断裂（断键）和新键的生成（成键），断键时要吸收能量，成键时又放出能量。在燃烧反应中，断键时吸收的能量要比成键时放出的能量少，所以燃烧反应都是放热反应。但是，并不是所有的放热都是燃烧，例如在日常生活中，电炉、白炽灯既可发光又可放热，但断电之后，电阻丝仍然是电阻丝，没有发生化学变化，所以这种放热并不属于燃烧。

(三) 发光和（或）放出烟气

大部分燃烧现象伴有光和烟的生成，但也有少数燃烧（如阴燃）只有烟气而无光产生。燃烧区的高温使其中的气体分子、固体粒子和某些不稳定（受激发）的中间体发生能级跃迁，从而发出各种波长的光；发光的气相燃烧区域就是火焰，它的存在是燃烧过程最明显的标志；由于燃烧不完全等原因，气体产物中会混有微小颗粒，就形成了烟。

二、燃烧的本质

(一) 氧化还原反应理论

氧化还原反应理论认为，燃烧是可燃物质与氧化剂进行反应的结果，但氧化还原反应由于速度不同，或成为剧烈氧化还原反应，或成为一般氧化还原反应。剧烈氧化还原反应的结果是放热、发光，成为燃烧；而一般氧化还原反应的反应速度慢，虽然也放出热量，但能随时散发掉，反应达不到剧烈的程度，因而没有火焰、发光和（或）发烟的现象，则不是燃烧。因此，氧化还原反应和燃烧的关系为种属关系，即凡是燃烧肯定是氧化还原反应，而氧化还原反应不一定都是燃烧，燃烧只是氧化还原反应中特别剧烈的反应。

综上所述，从本质上来说，燃烧就是快速的发光发热的氧化还原反应，它是氧化还原反应中的一种；但是，并非所有的氧化还原反应都是燃烧。从热力学角度来说，氧化还原反应必然是放热反应。燃烧和一般氧化还原反应的主要区别在于氧化速率的不同。如果反应速率极快，则高温条件下的气体和周围气体共同膨胀，使反应能量直接转换为机械能，在压力释放的同时产生强光、热和声响，这就是爆炸。它与燃烧没有本质差别，是燃烧的表现形式之一。

（二）链式反应理论

研究表明，很多燃烧反应不是初始反应物之间一步完成的，而是通过游离基和原子等中间产物在瞬间进行的循环链式反应。游离基的链式反应就是燃烧反应的实质，光和热是燃烧过程的物理现象。

链式反应是由一个单独分子游离基的变化而引起一连串分子变化的化学反应。链式反应理论认为燃烧是一种游离基的链式反应，是目前被广泛承认并且较为成熟的一种解释气相燃烧机理的燃烧理论。游离基又称为自由基，是化合物或单质分子在外界的影响下分裂而成的含有不成对价电子的原子或原子团，是一种高度活泼的化学基团，一旦生成即诱发其他分子迅速自动分解，生成大量新的游离基，从而形成更快、更大的蔓延、扩张、循环传递的链式反应过程，直到不再产生新的游离基为止。它是一种高度活泼的化学形态，能与其他的自由基和分子反应，从而使燃烧持续下去；但是如果在燃烧过程中加入抑制剂抑制游离基的产生，链式反应就会中断，燃烧就会停止。

三、燃烧的基本形式

燃烧是可燃物与氧化剂间的化学反应，可燃物按物理相态不同可分为气体、液体和固体三种。但是，燃烧的基本形式只有两种：气体燃烧（气相燃烧）和气固燃烧（非均相燃烧）。

气体可燃物的燃烧属于气相燃烧，可燃气体和氧化剂均以气相存在，例如 CH_4 和 O_2 的燃烧。

液体可燃物的燃烧仍属于气相燃烧。在燃烧状态下，系统温度通常大于 700℃，在此温度下液体可燃物必然已蒸发成可燃气体，然后与气相的氧化剂进行燃烧反应，所以液体可燃物的燃烧仍是气相燃烧。油的燃烧也是如此，液体可燃物的燃烧较气体可燃物的燃烧多一个液体蒸发的过程。

固体可燃物的燃烧则较为复杂。一种是固体可燃物直接和气态氧化物燃烧反应，这就是燃烧的第二种基本形式——气固燃烧，焦炭的燃烧就属于此类。另一种是固体可燃物先发生相变，转化为气体后再参与燃烧，此类固体可燃物燃烧仍然属于气相燃烧，例如某些高能固体火箭燃料就是固体先升华为气体，再发生燃烧。

四、燃烧反应速率方程

燃烧反应是一种氧化还原反应，其反应速率方程可以根据化学反应动力学理论得到。

（一）质量作用定律

对于简单反应

$$aA + bB \xlongequal{} cC + dD$$

其反应速率在恒温条件下与反应物浓度（以方程式中该反应物的系数为指数）的乘积成正比，称为质量作用定律，数学表达式为

$$W_S = kC_A^a C_B^b \tag{1-1}$$

式中 W_S——化学反应速率 [mol/（L·s）]；

C_A——A 反应物的摩尔浓度（mol/L）；

C_B——B 反应物的摩尔浓度（mol/L）；

k——化学反应速率常数 [（mol/L）$^{1-(a+b)}$·s^{-1}]。

（二）阿伦尼乌斯公式

化学反应速率常数 k 随温度升高而增大，阿伦尼乌斯公式表明化学反应速率常数与温度呈指数关系，即

$$k = K_0 e^{\frac{-E}{RT}} = K_0 \exp\left(\frac{-E}{RT}\right) \tag{1-2}$$

式中 K_0——频率因子或阿伦尼乌斯常数（min^{-1}）；

E——反应活化能（J/mol 或 kJ/mol）；

R——摩尔气体常数 [8.314J/（mol·K）]；

T——反应绝对温度（K）。

（三）燃烧反应速率方程

将阿伦尼乌斯公式代入质量作用定律可得

$$W_S = K_0 C_A^a C_B^b \exp\left(\frac{-E}{RT}\right) \tag{1-3}$$

从式（1-3）可以得出以下结论：

（1）火灾现场氧气和可燃气体的浓度越低，燃烧反应速率 W_S 越小，这是窒息灭火的依据。例如在关闭房门的房间内进行的有焰燃烧，随着燃烧的进行，氧气浓度逐渐降低，燃烧反应速率会逐渐减小。当氧气浓度降低到一定数值时，绝大多数燃烧都会熄灭。

（2）火灾现场温度越低，燃烧反应速率越小，这是降温灭火法的依据。温度越低，燃烧中的自由基增长速率越小，同时液体的蒸发、固体可燃物的裂解挥发速率都会减小，这些都不利于燃烧的进行。

（3）可燃物反应时活化能 E 越高，燃烧反应速率越小。活化能 E 是用来破坏反应物分子内部化学键所需要的能量，可燃物内部化学键越牢固，需要的活化能就越大，反应速率也就越小。

【思考题】

1. 燃烧的基本特征是什么？

2. 简述燃烧的本质。
3. 影响燃烧反应速率的因素有哪些?

第二节 燃烧的条件

燃烧是一种很普遍的现象，但其发生必须具备一定的条件。

一、燃烧的必要条件

燃烧的必要条件是指制约燃烧发生和发展变化的内部因素。由燃烧的本质可知，制约燃烧发生和发展变化的必要条件有可燃物、氧化剂和引火源。通常用“燃烧三角形”来表示燃烧的三个必要条件（图 1-1），只有在这三个条件同时具备的情况下可燃物才能发生燃烧。

“燃烧三角形”适用于无焰燃烧。对于有焰燃烧，因燃烧过程中存在未受抑制的游离基（自由基），故需在“燃烧三角形的基础上增加一个坐标，形成“燃烧四面体”（图 1-2）。自由基是一种高度活泼的化学基团，能与其他的自由基和分子发生反应，从而使燃烧的链式反应得以扩展。有焰燃烧的发生需要四个必要条件：可燃物、氧化剂、引火源和未受抑制的链式反应。

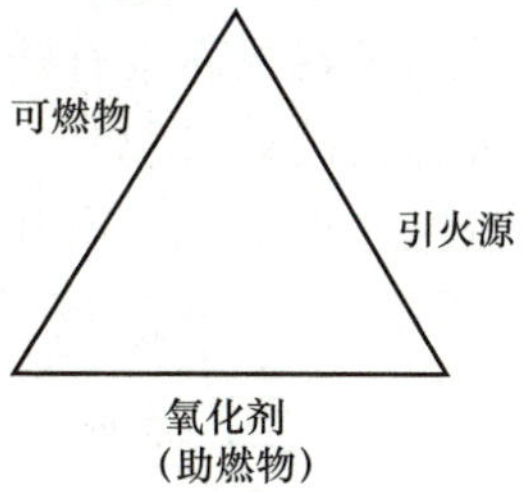

图 1-1 燃烧三角形

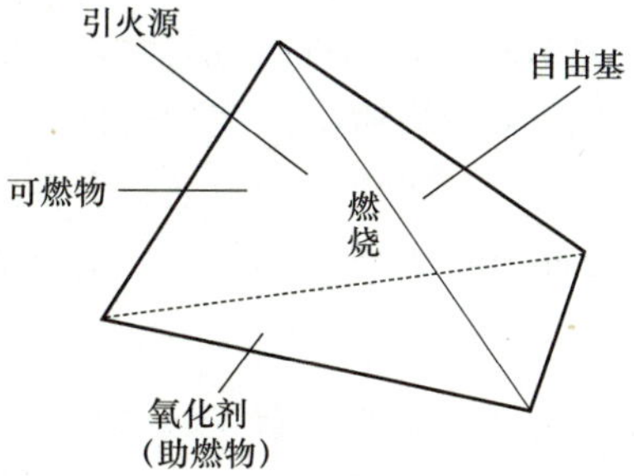

图 1-2 燃烧四面体

（一）可燃物（还原剂）

可燃物是指可以燃烧的物质。自然界中的可燃物种类繁多，按其物理状态不同，可分为气体可燃物、液体可燃物和固体可燃物三种。从化学的角度上看，可燃物都是未达到其最高氧化状态的材料。一种特定的材料能否被进一步氧化，决定于它的化学性质。任何主要由碳和氢组成的材料都可以被氧化，绝大多数的可燃物含有一定比例的碳和氢。除了含有碳和氢的化合物，还有许多化合物和单质也是可燃的。有些物质在通常情况下不燃烧，而在一定的条件下才能够燃烧。例如，炽热的铜和铁在纯氯气或纯氧气中都能发生剧烈的燃烧，在这种条件下可以认为铜和铁都是可燃物；但在通常条件下，它们都处在氧含量[⊖]约为 21% 的大气中，此时它们不会发生燃烧，因此不能称为可燃物。通常所说的可燃物，是指在标准

⊖ 本书中，气体的含量表示该气体在物质中的体积分数，固体的含量表示该固体在物质中的质量分数，液体的含量表示该液体在物质中的体积分数。

状态下的空气中能够燃烧的物质，如木材、棉花、酒精、汽油、甲烷、氢气等都是可燃物。

可燃物大部分为有机物，少部分为无机物。有机物大部分含有 C、H、O 等元素，有的还含有少量的 S、P、N 等。可燃物在燃烧反应中都是还原剂，是不可缺少的要素，是燃烧得以发生的内因，没有可燃物，燃烧也就无从谈起。

（二）氧化剂（助燃物）

氧化剂是指处于高氧化态，具有强氧化性，与可燃物质相结合能够导致燃烧的物质。它是燃烧得以发生的核心要素。氧化剂的种类较多，按其物理状态不同可分为以下两种。

（1）气体：如氧气、氯气、氟气等，都是气体氧化剂，都是能够与可燃物发生剧烈氧化还原反应的物质。

（2）液体或固体化合物：如硝酸钾、硝酸锂等硝酸盐类，高氯酸、氯酸钾等氯的含氧酸及其盐类，高锰酸钾、高锰酸钠等高锰酸盐类，过氧化钠、过氧化钾等过氧化物类等。

（三）引火源（点火源）

《消防词汇　第 1 部分：通用术语》（GB/T 5907.1—2014）规定，引火源是指使物质开始燃烧的外部热源（能源）。引火源根据其能量来源不同，可分为如下几种类型。

1. 热能

此类引火源包括加热装置、内燃机、明光或明火、热表面、焊接飞溅物、激光或其他强辐射源。明火是最常见且比较强的热能表现形式，它可以点燃任何可燃物质，根据物质不同火焰的温度为 700 ～ 2000℃。辐射能、太阳光、玻璃聚光热等，这类热能只要具有足够的温度，就能点燃可燃物质；热表面一般是指受高温作用，由于蓄热而具有较高温度的物体表面（如炽热的铁块，烧红了的金属设备等），热表面与可燃物接触引起着火有快有慢，这主要取决于热表面所带的热量和物质的易燃性、状态，其点燃过程是从一点开始扩及全面。

2. 电能

此类引火源包括电照明装置（如电灯）、电磁辐射、短路、电弧、接地故障、导线故障、雷击、静电释放、接触松脱、过载引起的过度升温、热感应和电源连接不当。由于电气设备的广泛使用，这种火源引起的火灾所占的比例越来越大。例如两电极间放电时产生的火花、两电极间被击穿或者切断高压系统的高压电时产生的白炽电弧，以及雷击、放电的电火花等。这些电火花都能引起可燃气体、蒸气和易燃固体物质着火。

3. 机械能

此类引火源包括摩擦（如过热）、超声波、碰撞、碾压和压缩（包括绝热压缩）。例如火星就是在铁与铁、铁与石、石与石的强力摩擦、撞击时产生的，是机械能转为热能的一种现象。这种火星的温度根据光测高温计测量，约有 1200℃，可引燃可燃气体或蒸气与空气的混合物，也能引燃棉花、布匹、干草、糠、绒毛等固体物质。

4. 化学反应热和生物热

此类引火源是指由于化学变化或生物作用产生的热能，包括自加热、自燃和失控的放热反应。这种热能如不及时散发掉，就能引起着火甚至爆炸。

由实践观察可知，引火源温度越高，越容易引起可燃物燃烧。常见的引火源温度见表 1-1。

表 1-1　常见的引火源温度

引火源名称	引火源温度 /℃	引火源名称	引火源温度 /℃
火柴焰	500 ～ 650	气体灯焰	1600 ～ 2100
烟头中心	700 ～ 800	酒精灯焰	1180
烟头表面	250	煤油灯焰	780 ～ 1030
机械能火星	1200	植物油灯焰	500 ～ 700
煤炉火焰	1000	蜡烛焰	640 ～ 940
烟囱飞火	600	焊割焰	2000 ～ 3000
石灰与水反应	600 ～ 700	汽车排气管火星	600 ～ 800

（四）链式反应

链式反应是指当某种可燃物受热时，它不仅会发生汽化，而且可燃物的分子会发生热裂解作用，即它们在燃烧前会裂解成更简单的分子。这些分子中一些原子间的共价键常常会发生断裂，生成自由基。自由基是一种高度活泼的化学形态，能与其他的自由基和分子反应，从而使燃烧持续下去。

二、燃烧的充分条件

具备了燃烧的必要条件，并不意味着燃烧必然发生。在各种必要条件中，还应有量的要求，即燃烧发生的充分条件。燃烧的充分条件是指制约燃烧发生和发展变化的外部因素。通过对燃烧机理的分析，能使燃烧发生的充分条件有以下四个。

（一）一定的可燃物浓度

实践观察发现，可燃气体或蒸气只有达到一定的浓度时才会发生燃烧或爆炸。例如，氢气在空气中的含量在 4% ～ 75% 时遇点火源就能着火甚至爆炸；但当氢气在空气中的含量低于 4% 或高于 75% 时，发生爆炸的概率就比较低；在室温 20℃的条件下，用火柴分别去点汽油和煤油时，汽油立刻燃烧起来，而煤油却不燃，这是因为煤油在室温下的蒸气含量不足，还没有达到燃烧所需要的浓度，虽有足够的空气并与点火源接触，但不能发生燃烧。由此说明，虽然有可燃物，但其挥发的气体或蒸气浓度不够，即使有空气（氧化剂）和点火源的接触，也不能发生燃烧。

（二）一定的氧化剂浓度或氧含量

要使可燃物燃烧，氧化剂的浓度必须足够。一般的可燃材料在氧含量低于 13% 的空气中，燃烧将不可能发生或无法持续。例如，点燃的蜡烛用玻璃罩罩起来，不使周围空气进入，经过较短时间后，蜡烛就会自行熄灭。通过对玻璃罩内气体的分析发现，气体中还含有 16% 的氧气，这说明蜡烛在氧含量低于 16% 的空气中不能燃烧。测试表明，一般可燃物燃烧需要有一个最低氧化剂浓度（即最低氧含量），低于此浓度燃烧就不会发生。部分物质燃烧所需最低氧含量见表 1-2。

表 1-2 部分物质燃烧所需最低氧含量

物质名称	氧含量（%）	物质名称	氧含量（%）
汽油	14.4	丙酮	13.0
煤油	15.0	氢气	5.9
乙醇	15.0	橡胶屑	13.0
乙醚	12.0	棉花	8.0
乙炔	3.7	蜡烛	16.0

（三）一定的点火源能量

无论何种能量的点火源，都必须达到一定的强度才能引起可燃物着火。也就是说，点火源必须有一定的温度和足够的热量，否则，燃烧便不会发生。

能引起一定浓度可燃物燃烧所需的最小能量称为最小引燃能量（也称最小点火能量）。物质能否燃烧，取决于点火源的强度，点火源的强度低于最小点火能量便不能引起可燃物燃烧。例如，从烟囱冒出来的炭火星，温度约有 600℃，已超过一般可燃物的燃点，如果这些火星落在柴草、纸张和刨花等易燃物上，就能引起着火，说明这种火星所具有的温度和热量能引燃这些物质；如果这些火星落在大块木材上，虽有较高的温度，但缺乏足够的热量，不但不能引起大块木材着火，而且还会很快熄灭。生活中人们“生炉子”，总要先用废纸、刨花、木炭等容易着火的物质来引火，这就是利用这些物质燃烧时放出的热量把炉子里的煤炭（焦炭）加热到一定温度使其燃烧，之后由于煤炭（焦炭）本身燃烧放出大量的热，在炉子里保持着相当高的温度，使煤炭（焦炭）能持续自行加热燃烧。

由此说明，只有具备一定温度和热量的点火源，才能引起可燃物的燃烧。不同的可燃物燃烧时所需要的温度和热量各不相同。表 1-3 为几种常见可燃物的燃点（燃烧所需要的温度）。

表 1-3 几种常见可燃物的燃点

物质名称	燃点 /℃	物质名称	燃点 /℃
松木	250	照明煤油	86
棉花	210 ～ 255	橡胶	120
布匹	200	麻绒	150
纸张	130 ～ 230	松节油	53
麦草	200	黄磷	34 ～ 60

一些可燃物的最小点火能量见表 1-4。

表 1-4 一些可燃物的最小点火能量

物质名称	最小点火能量 /mJ	物质名称	最小点火能量 /mJ
汽油	0.2	乙炔（7.72%）	0.019
氢（29.5%）	0.019	甲烷（8.5%）	0.28
丙烷（5% ～ 5.5%）	0.26	乙醚（5.1%）	0.19
甲醇（12.24%）	0.215	苯（2.7%）	0.55

（四）未受抑制的链式反应

对于无焰燃烧，以上三个条件同时存在，相互作用，燃烧即会发生。而对于有焰燃烧，除以上三个条件外，在燃烧过程中存在未受抑制的自由基（游离基），形成未受抑制的链式反应，使燃烧能够持续下去。

三、燃烧条件的应用

燃烧不仅需要一定的条件，而且燃烧条件是一个整体，无论缺少哪一个，燃烧都不能发生。正确应用燃烧条件是进行火灾预防和扑救的基础。

（一）根据燃烧的必要条件进行火灾预防

防火的基本原理是防止燃烧条件的形成，只要避免燃烧条件同时存在并相互作用，燃烧就不会发生，就可以达到防火的目的，避免火灾的发生。所以，防止火灾的基本方法就是防止形成燃烧条件。

1. 控制可燃物

控制可燃物的原理是破坏燃烧的基础。在生产生活中，可根据不同情况采取不同措施进行火灾预防：用难燃或不燃的材料代替易燃或可燃的材料；用防火涂料刷涂可燃材料，改变其燃烧性能；对于具有火灾、爆炸危险性的厂房，采取通风方法以降低易燃气体、蒸气和粉尘在厂房空气中的浓度，使之不超过最高允许浓度；将相互作用能产生可燃气体或蒸气的物质分开存放等。

2. 控制助燃物

控制助燃物的原理是破坏燃烧的助燃条件。涉及易燃易爆物质的生产过程，应在密闭设备中进行；对有异常危险的操作过程，应在停产后或检修前，用惰性气体吹扫置换；对乙炔生产、甲醇氧化、TNT 球磨等特别危险的生产，可充装氮气保护；隔绝空气储存某些易燃易爆物质；隔离储存与酸、碱、氧化剂等接触能够燃烧、爆炸的可燃物和还原剂；控制生产环境中的氧浓度，如化工生产环境中限制氧含量不得大于爆炸上限的 1/4，制氧生产中液氧或氧气不得随意释放等。

3. 控制和消除点火源

控制和消除点火源的原理是破坏燃烧的激发能源。在生产生活中，可燃物和空气是客观存在的，绝大多数可燃物即使暴露在空气中，若没有点火源的作用，也不能着火（爆炸）。从这个意义上来说，控制和消除点火源是防止火灾发生的关键。

实际生产生活中经常出现的点火源大致有以下几种：生产用火、生活用火、炉火、干燥装置、烟筒烟道、电器设备、机械设备、高温表面、自燃、静电火花、雷击和其他点火源。根据不同情况，控制这些点火源的产生和使用范围，采取严密的防范措施，严格执行动火用火制度，对于防火防爆十分重要。

4. 防止形成新的燃烧条件，阻止火势扩散蔓延

一旦发生火灾，应千方百计迅速把火灾或爆炸限制在较小的范围内，防止火势蔓延扩大。限制火灾、爆炸扩散蔓延的措施，应在城乡建筑、生产工艺设计开始就统筹考虑。对于建

筑的布局、结构、防火防烟分区，以及工艺装置和各种消防设施的布局与配置等，不仅要考虑节省土地和投资，有利于生产、方便生活，更要确保安全。根据不同情况，可采取下列措施。

①在建筑物之间设置防火防烟分区、筑防火墙、留防火间距。

②对危险性较大的设备和装置，采取分区隔离、露天布置和远距离操作的措施。

③在能形成爆炸介质的厂房、库房、工段，设泄压门窗、轻质屋盖，安装安全可靠的安全液封、水封井、阻火器、单向阀、阻火闸、火星熄灭器等。

④安装火灾自动报警设备、自动灭火设备或固定、半固定的灭火设施，以便及时发现和扑救初起火灾等。

（二）根据燃烧的充分条件选择灭火方法

灭火的基本原理是根据起火物质燃烧的状态和方式，破坏已经形成的燃烧条件，使燃烧熄灭，最大限度地减小火灾危害。根据燃烧原理和灭火作战实践，灭火的基本原理和方法可以归纳为隔离法、窒息法、冷却法、化学抑制法等。

1. 隔离法

隔离法是将燃烧物与附近可燃物隔离开或者疏散开，让已经燃烧的物质自行燃烧完而熄灭。这种方法适用于扑救各种固体、液体、气体火灾，尤其是扑救森林火灾时使用该方法较多。常用的隔离措施如下。

①关闭可燃气体、液体管道的阀门，以减少和阻止可燃物进入燃烧区。

②将火源附近的可燃、易燃、易爆和助燃物品搬走。

③排除生产装置、容器内的可燃气体或液体。

④设法阻挡流散的液体。

⑤拆除与火源毗连的易燃建（构）筑物，形成阻止火势蔓延的空间地带。

⑥用高压密集射流封闭的方法扑救井喷火灾等。

2. 窒息法

窒息法是指采取适当的措施，阻止空气进入燃烧区，或用惰性气体稀释空气中的氧气，使燃烧物质缺乏或断绝氧气而熄灭。这种方法适用于扑救封闭式空间、生产设备（装置）及容器内的火灾。常用的窒息措施如下。

①用干砂、湿棉被、湿帆布、海草等不燃或难燃物捂盖燃烧物，阻止空气流入燃烧区，使已经燃烧的物质得不到足够的氧气而熄灭。

②用水蒸气或惰性气体（如 CO_2、N_2）灌注容器、设备以稀释空气；条件允许时，也可用水淹没的方法窒熄灭火。

③密闭起火建筑、设备的孔洞和洞室。

④用泡沫覆盖在燃烧物上使之窒息。

3. 冷却法

冷却法是将灭火剂直接喷射到燃烧物上，使燃烧物的温度降至着火点（燃点）以下，使燃烧停止；或者将灭火剂喷洒在点火源附近的物体上，使其不受火焰辐射热的威胁，避免形成新的燃烧条件，将火灾迅速控制和扑灭。最常见的冷却法就是用水来冷却灭火。一般的房屋、家具、木柴、棉花、布匹等可燃物都可以用水来冷却灭火。二氧化碳灭火剂的冷却效果很好，可以用来扑灭精密仪器、文书档案等贵重物品的初期火灾。还可用水冷却建（构）筑物、生产装置、设备、容器，以减弱或消除火焰辐射热的影响。但采用水冷却灭火时，应首先掌握“不见明火不射水”这个防止水渍损失的原则，当明火熄灭后，应立即减少水枪使用支数和水流量，防止水渍损失。注意，对不能用水扑救的火灾，切忌用水灭火。

4. 化学抑制法

化学抑制法基于燃烧是一种链式反应的原理，将化学灭火剂喷入燃烧区参与燃烧反应，终止链式反应而使燃烧反应停止。化学灭火剂可以摧毁燃烧过程中产生的游离基，形成稳定分子或低活性游离基，从而使燃烧反应停止，达到灭火的目的。采用这种方法的灭火剂，目前主要有卤代烷灭火剂和干粉灭火剂，但卤代烷灭火剂对环境有一定污染，特别是对大气臭氧层有破坏作用，生产和使用会受到限制，各国正在研制灭火效果好且无污染的新型高效灭火剂来代替。

火场上灭火方法的选用应根据燃烧物质的性质、燃烧特点和火场的具体情况以及消防器材装备的性能综合考虑。有些火场往往需要同时使用几种灭火方法，例如用干粉灭火器灭火时，还要采用必要的冷却降温措施，以防止复燃。

【思考题】

1. 燃烧的必要条件和充分条件是什么？
2. 根据燃烧条件简述防火的基本原理。
3. 根据燃烧条件简述灭火的基本原理。

第三节　燃烧空气量的计算

一、燃烧反应方程式

描述参加燃烧反应的各种物质变化过程的表达式，称为燃烧反应方程式。可燃物的燃烧一般是在空气中进行的，近地面干洁空气的气体组成见表 1-5。

表 1-5　近地面干洁空气的气体组成

气体	体积分数 /$\times10^{-6}$	气体	体积分数 /$\times10^{-6}$
氮（N_2）	780900	氪（Kr）	1.0
氧（O_2）	209400	一氧化氮（NO）	0.5
氩（Ar）	9300	氢（H_2）	0.5
二氧化碳（CO_2）	315	氙（Xe）	0.08
氖（Ne）	18	二氧化氮（NO_2）	0.02
甲烷（CH_4）	1.0 ～ 1.2		

在空气中，O_2 约占21%（体积百分比），N_2（包括微量的惰性气体和其他气体）约占79%，即 $V_{O_2}:V_{N_2}\approx 1:3.76$。$N_2$ 在燃烧过程中一般不参加化学反应，但空气中的 N_2 总是与参加化学反应的 O_2 按一定的比例（1:3.76）进入燃烧体系。也就是说，燃烧中只要有1体积（或摩尔）的 O_2 参加反应，就必然有3.76体积（或摩尔）的 N_2 参与反应，从而需要4.76体积（或摩尔）的空气。因此，在研究物质的燃烧反应时，必须考虑 N_2 的参与，并将相应量的 N_2 写入燃烧反应方程式。

例如，碳完全燃烧的化学反应方程式为 $C+O_2 = CO_2$，每燃烧1mol的C，就要消耗1mol的 O_2，也必然有3.76mol的 N_2 同时被带入燃烧体系。所以，碳的燃烧反应方程式为

$$C+O_2+3.76N_2 = CO_2+3.76N_2+Q$$

氢气和甲烷的燃烧反应方程式分别为

$$H_2+\frac{1}{2}O_2+\frac{1}{2}\times 3.76N_2 = H_2O+\frac{1}{2}\times 3.76N_2+Q$$

$$CH_4+2O_2+2\times 3.76N_2 = CO_2+2H_2O+2\times 3.76N_2+Q$$

一般有机可燃物的分子式可表示为 $C_\alpha H_\beta O_\gamma$，其完全燃烧反应方程式通式可表示为

$$C_\alpha H_\beta O_\gamma+\left(\alpha+\frac{\beta}{4}-\frac{\gamma}{2}\right)O_2+\left(\alpha+\frac{\beta}{4}-\frac{\gamma}{2}\right)\times 3.76N_2$$

$$= \alpha CO_2+\frac{\beta}{2}H_2O+\left(\alpha+\frac{\beta}{4}-\frac{\gamma}{2}\right)\times 3.76N_2+Q$$

书写燃烧反应方程式时，首先令可燃物为1mol，其次必须在反应前后都写出 N_2，N_2 的化学计量系数为 O_2 的3.76倍，通式中 O_2 的化学计量系数为 $\left(\alpha+\frac{\beta}{4}-\frac{\gamma}{2}\right)$，用 A 表示。

二、纯净物完全燃烧所需空气量的计算

1mol可燃纯净物（单质或化合物）完全燃烧所需 O_2 为 Amol，则所需的空气量为4.76Amol。在实际的工作中，常常需要计算出单位体积或单位质量的可燃物完全燃烧所需空气量的体积，用 $V_{空}$ 表示。可燃物如为气态，其完全燃烧所需空气量常用 m^3/m^3 表示；如为液态或固态，则用 m^3/kg 表示。

（一）气态纯净物

根据理想气体状态方程 $pV=nRT$，在相同状态下，气体的摩尔比等于其体积比。由燃烧反应方程式可知，1mol气态纯净物完全燃烧需要 Amol的 O_2，所需的空气量为4.76Amol；则1m^3 气态纯净物完全燃烧需要 Am^3 的 O_2，所需的空气量为4.76Am^3，即

$$V_{空}=4.76A \quad (m^3/m^3) \tag{1-4}$$

【例题1-1】试求1m^3 乙炔完全燃烧所需的空气量。

解：$C_2H_2+\frac{5}{2}O_2+\frac{5}{2}\times 3.76N_2 = 2CO_2+H_2O+\frac{5}{2}\times 3.76N_2+Q$

已知：$A=\frac{5}{2}$

则：$V_{空}=4.76A=4.76\times\frac{5}{2}=11.9$（$m^3/m^3$）

答：$1m^3$ 乙炔完全燃烧所需的空气量为 $11.9m^3$。

（二）液态或固态纯净物

液态或固态纯净物，在标准状况（0℃、1.01325×10^5Pa）下完全燃烧所需的空气量可按式（1-5）计算，即

$$V_{空}=4.76A\times\frac{22.4}{M}\quad(m^3/kg)\tag{1-5}$$

式中 M——液态或固态可燃纯净物的摩尔质量（或分子量）。

【例题 1-2】试求 1kg 乙醇在标准状况下完全燃烧所需的空气量。

解：$C_2H_5OH+3O_2+3\times3.76N_2 = 2CO_2+3H_2O+3\times3.76N_2+Q$

已知：$A=3$，$M=46$

则：$V_{空}=4.76A\times\frac{22.4}{M}=4.76\times3\times\frac{22.4}{46}\approx6.95$（$m^3/kg$）

答：1kg 乙醇在标准状况下完全燃烧所需的空气量为 $6.95m^3$。

若液态或固态纯净物在常温常压（25℃、1.01325×10^5Pa）下完全燃烧，则所需的空气量可按式（1-6）计算，即

$$V_{空}=4.76A\times\frac{24.5}{M}\quad(m^3/kg)\tag{1-6}$$

那么，1kg 乙醇在常温常压下完全燃烧所需的空气量为

$$V_{空}=4.76A\times\frac{24.5}{M}=4.76\times3\times\frac{24.5}{46}\approx7.61\ (m^3/kg)$$

若是在非标态下完全燃烧，则所需的空气量可根据理想气体状态方程 $pV=nRT$ 进行计算。

【例题 1-3】试求 1kg 乙醇在 20℃、0.9 个大气压下完全燃烧所需的空气量。

解：根据乙醇的完全燃烧反应方程式可知，1mol 乙醇需要 3mol 的 O_2，而 1kg 乙醇的摩尔数为 $\frac{1000}{46}$ mol，需要 $3\times\frac{1000}{46}$ mol 的 O_2，则

$$\begin{aligned}V_{空}&=4.76V_{O_2}=4.76\times\frac{nRT}{p}\\&=4.76\times\frac{3\times\frac{1000}{46}\times8.314\times(273.15+20)}{0.9\times1.01325\times10^5}\\&\approx8.30\ (m^3/kg)\end{aligned}$$

答：1kg 乙醇在 20℃、0.9 个大气压下完全燃烧所需空气量为 $8.30m^3$。

三、混合物完全燃烧所需空气量的计算

（一）气态混合物

由多种已知分子式和体积百分含量 $V_i\%$ 的气体组成的气态可燃混合物，其完全燃烧所需的空气量可通过式（1-7）计算，即

$$V_{空}=4.76V_{O_2}$$
$$=4.76(A_1V_1\%+A_2V_2\%+\cdots\cdots+A_iV_i\%-O_2\%)$$

即

$$V_{空}=4.76\left(\sum_i A_iV_i\%-O_2\%\right)\quad (m^3/m^3)\qquad(1\text{-}7)$$

若混合气体中含有 N_2、CO_2 等既不燃烧也不助燃的气体，则不计入公式中。

【例题 1-4】试求完全燃烧 $1m^3$ 高炉煤气所需的空气量。已知高炉煤气的组成为 CO_2—12%、CO—25%、CH_4—1%、H_2—2%、N_2—60%。

解：高炉煤气中的可燃成分为 CO、CH_4 和 H_2，无助燃成分。其燃烧反应方程式为

$$CO+\frac{1}{2}O_2+\frac{1}{2}\times3.76N_2 = CO_2+\frac{1}{2}\times3.76N_2+Q$$

$$CH_4+2O_2+2\times3.76N_2 = CO_2+2H_2O+2\times3.76N_2+Q$$

$$H_2+\frac{1}{2}O_2+\frac{1}{2}\times3.76N_2 = H_2O+\frac{1}{2}\times3.76N_2+Q$$

由燃烧反应方程式可知：

CO 的 $A_i=\frac{1}{2}$，CH_4 的 $A_i=2$，H_2 的 $A_i=\frac{1}{2}$

将有关数值代入式（1-7），则

$$V_{空}=4.76\left(\sum_i A_iV_i\%\right)$$
$$=4.76\times(\frac{1}{2}\times25\%+2\times1\%+\frac{1}{2}\times2\%)$$
$$\approx0.74(m^3/m^3)$$

答：完全燃烧 $1m^3$ 高炉煤气所需的空气量为 $0.74m^3$。

（二）液态或固态混合物

设液态或固态混合物中各组分的分子量为 M_i，质量百分含量为 $C_i\%$，其完全燃烧反应方程式中 O_2 的系数为 A_i，则 1kg 液态或固态混合物在标准状况下完全燃烧所需的空气量为

$$V_{空}=4.76V_{O_2}$$
$$=4.76\times22.4\times\left(\sum_i\frac{A_iC_i\%}{M_i}-\frac{C_{O_2}\%}{32}\right)\quad(m^3/kg)\qquad(1\text{-}8)$$

【例题 1-5】已知木材的组成为 C—48%、H—5%、O—40%、N—2%、H_2O—5%，试求 1kg 这样的木材在标准状况下完全燃烧所需的空气量。

解：从燃烧反应方程式可知，C 的 $A_i=1$，H 的 $A_i=\frac{1}{4}$。

将有关数值代入式（1-8），则

$$V_{空}=4.76V_{O_2}$$
$$=4.76\times22.4\times\left(\frac{1\times48\%}{12}+\frac{\frac{1}{4}\times5\%}{1}-\frac{40\%}{32}\right)$$
$$\approx4.26(m^3/kg)$$

答：1kg 这样的木材在标准状况下完全燃烧所需的空气量为 $4.26m^3$。

四、理论空气量与实际空气量

利用可燃物发生完全燃烧的燃烧反应方程式计算出的空气量称为理论空气量，常见可燃物完全燃烧所需的理论空气量见表 1-6。

表 1-6 常见可燃物完全燃烧所需的理论空气量

可燃物	燃烧 $1m^3$ 物质所需的空气量（标况）		可燃物	燃烧 1kg 物质所需的空气量（标况）	
	m^3	kg		m^3	kg
乙炔	11.9	15.4	碳	8.89	11.44
氢	2.38	3.0	硫	3.33	4.3
一氧化碳	2.38	3.0	磷	4.3	5.56
甲烷	9.52	12.3	钾	0.7	0.9
丙烷	23.8	30.6	萘	10.0	12.93
丁烷	30.94	40.0	木材	4.26	5.84
水煤气	2.2	2.84	煤油	11.5	14.87
焦炉煤气	3.68	4.76	丙酮	7.35	9.45
乙烯	14.28	18.46	苯	10.25	13.2
丙烯	21.42	27.70	甲苯	10.3	13.3
丁烯	28.56	36.93	石油	10.8	14.0
硫化氢	7.14	9.23	汽油	11.1	14.35

然而，在实际燃烧过程中，由于环境条件一般不处于标准状况，并且实际燃烧所需的空气量也因各种因素的影响而大于理论计算值，因此要使可燃物完全燃烧，必须要供给过量的空气。可燃物完全燃烧所需的实际空气量与理论空气量之差称为超量空气；实际空气量与理论空气量之比称为通风系数，常用 α 表示，即

$$\alpha=\frac{V_{实}}{V_{理}}$$

α 值一般在 1 ～ 2 之间，各种状态的可燃物完全燃烧时的 α 经验值如下。

气态物质：α=1.02 ～ 1.2。

液态物质：α=1.1 ～ 1.3。

固态物质：α=1.3 ～ 1.7。

可燃物完全燃烧实际所需的空气量，可用通风系数 α 求算近似值。例如：

（1）1m^3 乙炔完全燃烧所需的实际空气量为

$$V_{实}=V_{理}\alpha=11.9\times(1.02\sim1.2)=12.138\sim14.280\ (m^3)$$

（2）1kg 乙醇在标准状况下完全燃烧所需的实际空气量为

$$V_{实}=V_{理}\alpha=6.95\times(1.1\sim1.3)=7.645\sim9.035\ (m^3)$$

（3）1kg 木材在标准状况下完全燃烧所需的实际空气量为

$$V_{实}=V_{理}\alpha=4.26\times(1.3\sim1.7)=5.538\sim7.242\ (m^3)$$

【思考题】

1．试计算 250m^3 丁烯完全燃烧所需的理论空气量和实际空气量。

2．试计算 1t 苯在 28℃、1 个大气压下完全燃烧所需的理论空气量和实际空气量。

3．已知某天然气的组成为 CH_4—85%、C_2H_6—10%、C_3H_8—4%、C_4H_{10}—1%，求 150m^3 天然气完全燃烧所需的理论空气量和实际空气量。

第四节 火 焰

一、火焰及其分类

《消防词汇 第 1 部分：通用术语》（GB/T 5907.1—2014）将火焰定义为发光的气相燃烧区域。火焰的存在是燃烧过程进行中最明显的标志。气体燃烧一定存在火焰；液体燃烧的实质是液体蒸发出的蒸气在燃烧，也存在火焰；固体燃烧如果有挥发性的热解产物产生，这些热解产物燃烧时同样存在火焰。无热解产物的固体燃烧，例如木炭、焦炭等，无火焰存在，只有发光现象的灼热燃烧，也称无焰燃烧。

（一）按状态不同分类

火焰按状态不同，可分为扩散火焰和预混火焰两类。

1. 扩散火焰

扩散火焰是指由扩散燃烧形成的火焰，扩散燃烧是可燃气体与空气边混合边完成燃烧反应。火焰的尺寸不大时，燃烧过程主要取决于空气和可燃物的相互扩散速度。扩散燃烧的火焰相对静止，而可燃物和氧化剂不断流向火焰处（燃烧区），因此扩散火焰属于静止火焰。液态和固态可燃物燃烧时由分解或蒸发产生的气体形成的火焰，一般为扩散火焰。

静止火焰有一种特殊情况是可燃物和空气或氧气事先已部分混合，但尚未完全混合，且混合物浓度必须小于爆炸下限的火焰。普通本生灯（煤气灯）的火焰，就是这种火焰。在本生灯中，事先混合好的气体从管口流出，其流速大于该混合物的正常燃烧速度，这时在灯口上即获得静止火焰。

2. 预混火焰

预混火焰是指由预混燃烧形成的火焰，预混燃烧是可燃气体与空气预先混合后完成燃烧反应。预混火焰是移动的，可燃物和氧化剂不动，因此预混火焰也叫运动火焰。例如，若将可燃气体和空气混合物导入一玻璃管内，从一端点燃混合物，便产生火焰，并且火焰向另一端传播。

（二）按通过火焰区的气流性质不同分类

按通过火焰区的气流性质不同，火焰可分为层流焰和湍流焰。处于层流焰与湍流焰之间的火焰，称为过渡焰。

1. 层流焰

由流体力学可知，层流是指流体的质点做一层滑过一层的运动，层与层之间没有明显的干扰。在层流焰中，反应物、产物各成分的混合和移动，全是由各向同性的分子运动来完成的。

2. 湍流焰

湍流是指流体在流动时，流体的质点有剧烈的干扰涡动。湍流焰比层流焰要短，火焰加厚，发光区模糊，有明显的噪声等。在湍流焰中，所有的燃烧过程都是由各向异性的涡流所造成的，在湍流焰燃烧的情况下，燃烧强化，反应率增大。这种情况可能是由于下列原因造成的。

①湍流使得火焰面变弯曲，增大反应面积（图 1-3）。

②湍流加剧热和自由基的运输速率，增大燃烧速率。

③湍流使已燃烧的热气与未燃烧的新鲜可燃气体迅速混合，缩短混合时间，提高燃烧速率。

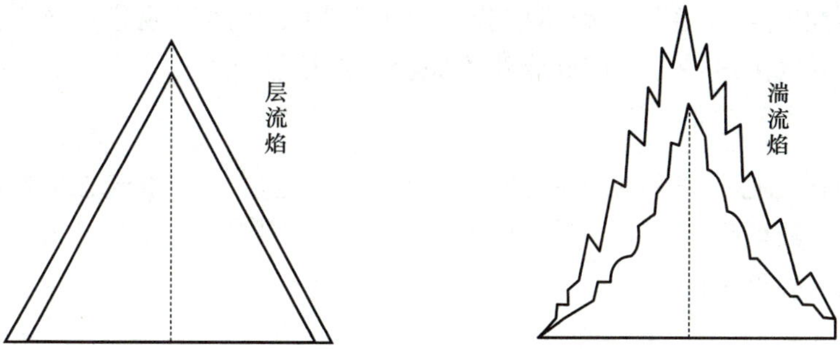

图 1-3　层流焰与湍流焰的外形

（三）根据光的明亮程度不同分类

根据光的明亮程度不同，火焰可分为显光火焰和不显光火焰两种。显光火焰是指光亮的火焰，通常情况下很容易被人看清。显光火焰又可分为熏烟火焰和无熏烟火焰两种。不显光火焰是指光亮度低的火焰，通常不易被人看清，尤其是强光下肉眼不易看到，例如甲醇燃烧时的火焰。

二、火焰的结构

火焰的结构从里到外可分为三层。每一层中，由于气体成分、燃烧进行的过程、温度不同而有着不同的特点。

（一）气态可燃物火焰

以本生灯为例，其火焰结构如图1-4所示。由一次空气供氧所形成的火焰峰面在内层，称为内焰；由二次空气供氧所形成的火焰峰面在外层，称为外焰。这种火焰比较稳定，温度较高，本生灯、气焊等火焰属于这一类。有的气体火焰无一次空气进入，只有一层圆锥形火焰，即只有外焰，如天然气井喷火焰，以及可燃气体容器或管路破裂时在泄漏处形成的喷流火焰等。

（二）液态可燃物火焰

液态可燃物的火焰结构，以蜡烛火焰为例，如图1-5所示，它由焰心、内焰和外焰三个区域组成。

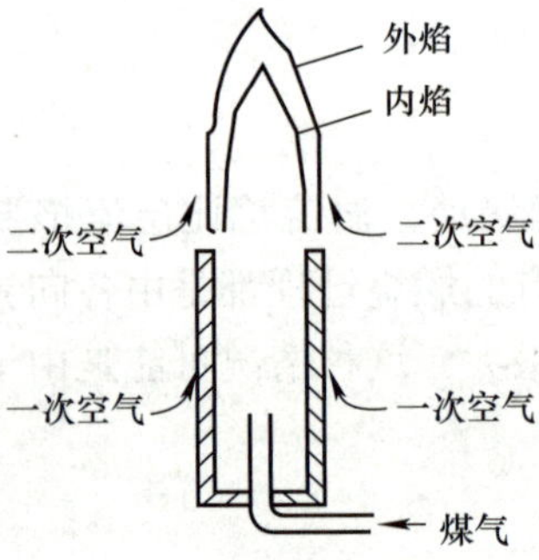

图1-4 本生灯火焰的构造

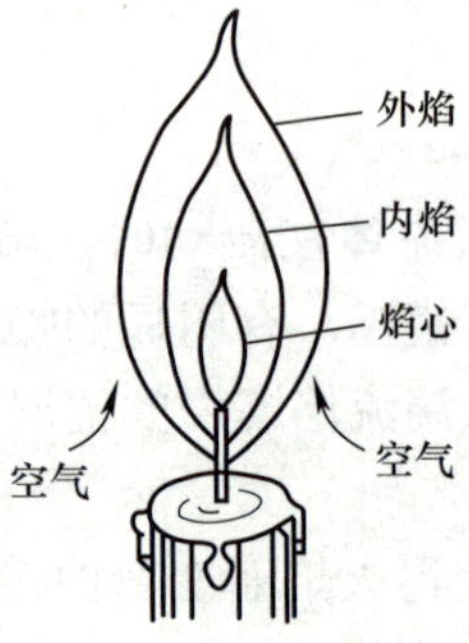

图1-5 蜡烛火焰的构造

1. 焰心

焰心是最内层亮度较暗的圆锥体部分，由可燃物受热蒸发或分解产生的气态可燃物所构成。焰心由于氧气浓度较低，因此燃烧不完全，温度较低。

2. 内焰

内焰为包围在焰心外部较明亮的圆锥体部分。在这层火焰中气态可燃物进一步分解，因氧气供应不足，故燃烧也不完全，但温度较焰心高。因火焰中的微小碳粒子受热发出较明亮的光，故内焰的亮度最强。

3. 外焰

外焰为包围在内焰外面亮度较暗的圆锥体部分。在这层火焰中，氧气供给充足，因此燃烧完全，燃烧温度最高。在外焰燃烧的往往是一氧化碳和氢气，炽热的碳粒很少，因此几乎没有光亮。

一切可燃性固体和液体燃烧时形成的火焰，都有焰心、内焰和外焰三个区域。但可燃气体燃烧时形成的火焰，只有内焰和外焰两个区域，而没有焰心区域，这是由于气体的燃烧一般无相变的过程。在火焰中，不同的部位有不同的温度，焰心的温度最低，外焰的温度最高。在火场上，固体表面的形状和堆放的方法不同，火焰的形状也不同；风力等外界环境因素的影响，也使固体、液体的火焰形状有所不同。

三、影响火焰的因素

可燃物在空气中燃烧的火焰特征与下列因素有关。

（一）可燃物中氧、碳的含量

有机可燃物在空气中燃烧时，其火焰的亮度（或颜色）主要取决于物质中氧和碳的含量。碳粒是导致火焰发光的首要因素。物质中氧含量越多，燃烧越完全，在火焰中生成的碳粒就越少，因而火焰的光亮度就越弱或不显光（呈浅蓝色）。如果物质中氧含量不多，而碳含量多，由于燃烧不完全，在火焰中能产生较多的碳粒，因此火焰亮度增加。当碳含量增加到一定程度时，火焰中的碳粒特别多，会使大量的碳粒聚结成炭黑，通常称这种火焰为熏烟火焰，例如乙炔、苯等在空气中燃烧时的火焰。

如果将可燃物的组成同它的火焰特征相比较，就可以发现这样的规律：氧含量在 50% 以上的可燃物燃烧时，通常发出不显光火焰（发蓝光，白天不易看见）；氧含量在 50% 以下的可燃物燃烧时，发出显光火焰；碳含量在 60% 以上的可燃物燃烧时，则发出显光并带有大量熏烟的火焰。

部分可燃物的元素组成与火焰的特征见表 1-7。

表 1-7　部分可燃物的元素组成与火焰的特征

物质名称	碳（%）	氧（%）	氢（%）	火焰的特征
甲酸	26	69.5	4.5	不显光
一氧化碳	43	57	—	不显光
乙酸	40	53.3	6.7	不显光
甘油	39.1	52.17	8.73	不显光
糖	42.1	51.5	6.4	不显光
甲醇	37.5	50	12.5	不显光
木材	49.5	44.2	6.3	显光
乙醇	52.2	34.8	13	显光但无熏烟
丙酮	62	27.65	10.35	显光且熏烟
硬脂酸	75	13.2	11.8	显光且熏烟
苯	92.3	—	7.7	显光且熏烟
乙炔	92.3	—	7.7	显光且熏烟

（二）供氧条件

火焰显不显光不仅与物质的组成有关，还与供氧条件有关。如果把纯氧引入火焰内，则显光火焰就会变成不显光火焰，而熏烟火焰就会变成无熏烟火焰。例如，乙炔在空气中燃烧时产生熏烟，而在纯氧中则无熏烟。对于气体燃烧的扩散火焰，如改变可燃物的流量，也会使火焰特征发生变化，例如气体喷嘴的直径在一定范围内时，火焰中不产生炭黑，即无熏烟；但随着喷嘴直径的增加，可燃物流量的增大、发光区的扩大，空气里的氧气就难以满足燃烧的消耗；当达到一定程度时便会产生炭黑。

（三）引进火焰中的离子成分

物质燃烧的火焰颜色是以燃烧物在火焰中的产物来确定的。某些无机物的微粒也能决定和影响火焰的显光特性和颜色。例如，在不显光的甲醇火焰中引进锶盐（Sr^{2+}），则火焰变为红色；而引进钠盐（Na^{+}），则火焰变为黄色。这是因为引进火焰中的盐离解并生成固体分子或金属原子，从而发射出对应的特征光线，焰火剂、信号弹、照明弹就是根据这一原理制成的。

部分无机物微粒对应的火焰颜色如下。

（1）Na 或 Na^{+}——黄色火焰。

（2）K 或 K^{+}——浅紫色火焰。

（3）Ca 或 Ca^{2+}——砖红色火焰。

（4）Ba 或 Ba^{2+}——黄绿色火焰。

（5）Sr 或 Sr^{2+}——红色火焰。

（6）Cu 或 Cu^{2+}——绿色火焰。

（7）Al、Mg——白色火焰。

（8）S 或 H_2S——淡蓝色火焰。

（9）P——黄色或黄绿色火焰。

四、火焰对灭火工作的影响

一般说来，气相燃烧的物质有火焰形成。火焰温度越高，火焰越明亮，辐射强度越高，对周围可燃物和人员的威胁就越大。因此，在火场上可以根据火焰特征采取相应措施。

（1）由于大多数可燃物燃烧都有火焰形成，因此在火场上根据火焰即可认定起火部位和范围。

（2）根据火焰颜色，可大致判定燃烧的物质，以便灭火时心中有数。

（3）根据火焰的大小与流动方向，可估计其燃烧速率和火势蔓延方向，以便及时确定灭火救援的最佳方案（含主攻方向、灭火力量与灭火剂种类等），迅速扑灭火灾，减少损失。

（4）掌握不显光火焰的特点，可防止火势扩大和灼伤人员。由于有些物质，如甲酸（HCOOH）、甲醇（CH_3OH）、二硫化碳（CS_2）、甘油、硫、磷等燃烧的火焰颜色呈蓝（黄）色，白天不易看见，这对灭火工作是不利的。因此，在扑救这类物质火灾时，一定要注意流散的液体是否着火，防止火势扩大和发生烧伤事故。

（5）可根据火焰颜色大致判断火场的温度，火焰颜色、燃烧温度的关系见表 1-8。

表 1-8 火焰颜色、燃烧温度的关系

火焰颜色	燃烧温度 /℃
暗	<400
稍有红色	500
深红色	700
樱红色	900
鲜明樱红色	1000
橙黄色	1100
鲜明橙黄色	1200
白光	1300
耀眼白光	>1500

【思考题】

1. 简述不同状态的可燃物的火焰结构与特点。
2. 试判断下列物质燃烧时的火焰特征：甲酸、甲醇、丙酮、苯、乙炔、一氧化碳、乙酸。
3. 简述火焰对灭火工作的影响。

第五节 燃烧热及燃烧温度

释放热量和产生高温产物是燃烧反应的主要特征。燃烧产物分为完全燃烧产物和不完全燃烧产物。完全燃烧产物是指可燃物中的 C 变成 CO_2（气）、H 变成 H_2O（液）、S 变成 SO_2（气）；而 CO、NH_3、醇类、酮类、醛类等是不完全燃烧产物。燃烧产物的温度取决于燃烧产物的热容和燃烧释放的热量。

一、燃烧热和热值

（一）燃烧热

燃烧热是指在常温常压（25℃、101kPa）下，1mol 可燃物完全燃烧生成稳定的化合物时所释放出的热量。如果体系发生反应，那么参加反应的各物质在化学成分发生变化的同时，伴随着系统内能量的变化。这种反应前后能量的差值以热的形式向环境散失或从环境中吸收，散失或吸收的热量就是反应热。对于燃烧反应，反应热等于燃烧热。根据化学热力学理论，对于定温恒压过程，反应热等于系统的焓变；对于定温定容过程，反应热等于系统内能的变化。

反应热的计算，可由盖斯定律求得。根据盖斯定律，对于任一定温恒压反应，反应热可由式（1-9）、式（1-10）计算得出，即

$$\Delta H^{\ominus}_{r,\ m}(T)=\left\{\sum \nu_B \Delta_f H^{\ominus}_B(\beta,\ T)\right\}_{产物}-\left\{\sum \nu_B \Delta_f H^{\ominus}_B(\beta,\ T)\right\}_{反应物} \tag{1-9}$$

$$\Delta H^{\ominus}_{r,\ m}(T)=\left\{\sum v_B \Delta_c H^{\ominus}_B(\beta,\ T)\right\}_{反应物}-\left\{\sum v_B \Delta_c H^{\ominus}_B(\beta,\ T)\right\}_{产物} \quad (1-10)$$

式中 $\Delta H^{\ominus}_{r,\ m}(T)$——$T$ 温度下的标准恒压反应热（kJ）；

v_B——参加反应物质的反应常数；

$\Delta_f H^{\ominus}_B(\beta,\ T)$——反应体系中化合物 B 的标准摩尔生成焓（kJ/mol）；

$\Delta_c H^{\ominus}_B(\beta,\ T)$——反应体系中化合物 B 的标准摩尔燃烧焓（kJ/mol）。

在温度 T 的标准状态下，由稳定相态的单质生成 1molβ 相的化合物的焓变，即化合物 B（β）在 T 温度下的标准摩尔生成焓 $\Delta_f H^{\ominus}_B(\beta,\ T)$。符号中的下标 f 表示生成反应，括号中的 β 表示 B 的相态。$\Delta_f H^{\ominus}_B(\beta,\ T)$ 的常用单位是 J/mol 或 kJ/mol。表 1-9 列出了一些常见物质的标准摩尔生成焓。

表 1-9 常见物质的标准摩尔生成焓（25℃）

物质名称	$\Delta_f H^{\ominus}_B$ / (kJ/mol)	物质名称	$\Delta_f H^{\ominus}_B$ / (kJ/mol)	物质名称	$\Delta_f H^{\ominus}_B$ / (kJ/mol)
氢（g）	0	氧（g）	0	甲醇（g）	−200.7
一氧化碳（g）	−110.53	氮（g）	0	甲醇（l）	−238.7
甲烷（g）	−74.811	碳（石墨）	0	乙醇（g）	−235.1
乙炔（g）	226.7	碳（钻石）	1.897	乙醇（l）	−277.7
苯（g）	82.93	水（g）	−241.82	丙酮（l）	−248.2
苯（l）	48.66	水（l）	−285.83	甲酸（l）	−424.72
丙烷（g）	−103.8	乙烷（g）	−84.68	乙酸（l）	−484.5
二氧化碳（g）	−393.51	甲苯（g）	50.00		

在温度 T 的标准状态下，由 1molβ 相的化合物 B 与氧气完全氧化反应的焓变，为物质 B（β）在 T 温度下的标准摩尔燃烧焓 $\Delta_c H^{\ominus}_B(\beta,\ T)$，符号中的下标 c 表示燃烧反应，括号中的 β 表示 B 的相态。$\Delta_c H^{\ominus}_B(\beta,\ T)$ 的常用单位是 J/mol 或 kJ/mol。表 1-10 列出了一些常见物质的标准摩尔燃烧焓。

表 1-10 常见物质的标准摩尔燃烧焓（25℃）

物质名称	$\Delta_c H^{\ominus}_B$ / (kJ/mol)	物质名称	$\Delta_c H^{\ominus}_B$ / (kJ/mol)	物质名称	$\Delta_c H^{\ominus}_B$ / (kJ/mol)
氢（g）	285.83	乙炔（g）	1299.6	丙酮（l）	1790.4
一氧化碳（g）	283.0	苯（l）	3267.5	乙酸（l）	874.54
甲烷（g）	890.31	苯乙烯（g）	4437	萘（s）	5153.9
乙烷（g）	1559.8	甲醇（l）	726.51	氯甲烷（g）	689.10
乙烯（g）	1411.0	乙醇（l）	1366.8	硝基苯（l）	3091.2

【例题 1-6】已知焦炉煤气的组成为：CO—6.8，H_2—57，CH_4—22.5，C_2H_4—3.7，CO_2—2.3，N_2—4.7，H_2O—3（均为体积百分数，%），求焦炉煤气的标准摩尔燃烧焓。

解：查表 1-10，得该煤气中各组分的标准摩尔燃烧焓分别为 $\Delta_c H_B^\ominus$（CO，g，298K）=283.0kJ/mol；$\Delta_c H_B^\ominus$（H_2，g，298K）=285.83kJ/mol；$\Delta_c H_B^\ominus$（CH_4，g，298K）=890.31kJ/mol；$\Delta_c H_B^\ominus$（C_2H_4，g，298K）=1411.0kJ/mol。

由式（1-10）得该煤气的标准燃烧热为

$$\begin{aligned}\Delta_c H_B^\ominus &= 283.0\times0.068+285.83\times0.57+890.31\times0.225+1411.0\times0.037\\ &= 434.69\ (\text{kJ/mol})\end{aligned}$$

（二）热值

对于很多可燃物，例如煤、木材、棉花、纸张、汽油等，由于没有确定的分子式，其摩尔质量无法确定，因此在实际计算中往往使用热值来表示燃烧热的大小。

热值是热的另一种表示形式，在工程上常使用。热值是指单位质量或单位体积的可燃物完全燃烧时所释放出的热量，又称发热量，通常用 Q 表示。对于液态和固态可燃物，表示为质量热值 Q_m，单位为 kJ/kg；对于气态可燃物，表示为体积热值 Q_V，单位为 kJ/m^3。

燃烧热和热值的本质相同，但表示单位不同，它们之间可以相互换算。热值有高热值和低热值之分。当可燃物中的水和氢元素燃烧生成的水以液态存在时，其热值称为高热值（Q_H）；当可燃物中的水和氢元素燃烧生成的水以气态存在时，其热值称为低热值（Q_L）。由于水从气态变为液态要释放出热量（即汽化热），因此高热值比低热值高。在试验条件下测得的热值就是高热值，而在火灾燃烧计算中常用低热值。

对于气态纯净物的高热值 Q_H 和低热值 Q_L，可通过下列两个经验公式进行计算，即

$$Q_H = \frac{1000\times\Delta H_c^\ominus}{22.4}\quad (\text{kJ/m}^3) \tag{1-11}$$

$$Q_L = Q_H - 1009MH\%\quad (\text{kJ/m}^3) \tag{1-12}$$

式中　$\Delta H_c^\ominus$——1mol 可燃气体在 25℃、1atm 条件下的燃烧热（kJ/mol），可取表 1-10 中的标准摩尔燃烧焓；

M——可燃气体的分子量；

$H\%$——可燃气体中氢元素的质量百分比含量。

【例题 1-7】试求甲烷的高热值 Q_H 和低热值 Q_L。

解：甲烷的分子量为 16，氢含量为 25%，从表 1-10 中查出甲烷的燃烧热（标准摩尔燃烧焓）=890.31kJ/mol。将已知数据代入式（1-11）和式（1-12），得

$$Q_H = \frac{1000\times890.31}{22.4}\approx 39746\ (\text{kJ/m}^3)$$

$$Q_L = 39746-1009\times16\times25\% = 39746-4036 = 35710\ (\text{kJ/m}^3)$$

答：甲烷的高热值 Q_H 为 $39746kJ/m^3$，低热值 Q_L 为 $35710kJ/m^3$。

对于液、固态单质或化合物的高热值 Q_H 和低热值 Q_L，也可通过下列两个经验公式进行计算，即

$$Q_H = \frac{1000 \times \Delta H_c^{\ominus}}{M} \quad (\text{kJ/kg}) \tag{1-13}$$

$$Q_L = Q_H - 22610H\% \quad (\text{kJ/kg}) \tag{1-14}$$

式中 $\Delta H_c^{\ominus}$——1mol 可燃液、固体在 25℃、1atm 条件下的燃烧热（kJ/mol），可取表 1-10 中的标准摩尔燃烧焓；

M——可燃液、固体的分子量；

$H\%$——可燃液、固体中氢元素的质量百分比含量。

【例题 1-8】试求乙醇的高热值 Q_H 和低热值 Q_L。

解：乙醇的分子量为 46，氢含量为 13%，从表 1-10 中查出乙醇的燃烧热（标准摩尔燃烧焓）=1366.8kJ/mol。将已知数据代入公式（1-13）和（1-14），得

$$Q_H = \frac{1000 \times 1366.8}{46} \approx 29713 \quad (\text{kJ/kg})$$

$$Q_L = 29713 - 22610 \times 13\% = 29713 - 2939.3 \approx 26774 \quad (\text{kJ/kg})$$

答：乙醇的高热值 Q_H 为 29713kJ/kg，低热值 Q_L 为 26774kJ/kg。

根据化学热力学提供的燃烧数据，利用式（1-11）、式（1-13）可方便求出相应的体积热值和质量热值。但对于很多固态和液态可燃物，如石油、煤炭、木材等，分子结构很复杂，摩尔质量很难确定。因此，它们燃烧放出的热量一般只用质量热值表示，且通常采用经验公式计算。常用的门捷列夫经验公式为

$$Q_H = 4.18 \times [8100C + 30000H - 2600 \times (O+N-S)] \quad (\text{kJ/kg}) \tag{1-15}$$

$$Q_L = Q_H - 600 \times (9H+W) \times 4.18 \quad (\text{kJ/kg}) \tag{1-16}$$

式中 C、H、S 和 W——可燃物中碳、氢、硫和水的质量分数；

$O+N$——可燃物中氧和氮的质量分数之和。

【例题 1-9】已知木材的组成为 C—43%、H—7%、O—41%、N—2%、H_2O—7%，试求 4kg 木材燃烧的高热值 Q_H 和低热值 Q_L。

解：将已知数据代入式（1-15）和式（1-16）得

$$Q_H = 4.18 \times [8100 \times 43\% + 30000 \times 7\% - 2600 \times (41\% + 2\%)] \approx 18664 \quad (\text{kJ/kg})$$

$$Q_L = 18664 - 4.18 \times 600 \times (9 \times 7\% + 7\%) \approx 16908 \quad (\text{kJ/kg})$$

答：4kg 木材燃烧的高热值 Q_H 为 4×18664=74656（kJ），低热值 Q_L 为 4×16908=67632（kJ）。

在实际火灾中，除氢气的热值较高外，很少遇到热值小于 12000kJ/kg 和大于 50000kJ/kg 的可燃物质。表 1-11 和表 1-12 分别列出了某些可燃气体和某些可燃固体、液体的热值。

表 1-11 某些可燃气体的热值

可燃气体	高热值		低热值	
	kJ/kg	kJ/m³	kJ/kg	kJ/m³
氢气	141900	12770	119480	10753
乙炔	49850	57873	48112	55856

（续）

可燃气体	高热值		低热值	
	kJ/kg	kJ/m³	kJ/kg	kJ/m³
甲烷	55720	39861	50082	35823
乙烯	49857	62354	46631	58321
乙烷	51664	65605	47280	58160
丙烯	49852	87030	45773	81170
丙烷	50208	93720	46233	83470
丁烯	48367	115060	45271	107530
丁烷	49370	121340	45606	108370
戊烷	49160	149790	45396	133890
一氧化碳	10155	12694	—	—
硫化氢	16778	25522	15606	24016

表 1-12　某些可燃固体和液体的热值

燃料名称	热值 /（kJ/kg）	燃料名称	热值 /（kJ/kg）
木材	7106 ～ 14651	无烟煤	31380
天然纤维	17360	褐煤	18830
石蜡	46610	焦炭	31380
淀粉	17490	炼焦煤气	32640
苯	40260	照明用煤气	20920
甲苯	40570	酒精	29290
航空燃料	43300	芳香烃浓缩物	41250
煤油	41382 ～ 46398	汽油	43510
烷烃浓缩物	43350	柴油	52050
环烷烃 - 烷烃浓缩物	43100	重油	41590
合成橡胶	45252	棉花	15700
聚苯乙烯	48967	聚乙烯	47137
天然橡胶	44833	聚氨酯泡沫	24302

在火灾条件下，可燃材料完全燃烧所需要的空气通常并不能完全进入燃烧的化学反应区，因此，火灾条件下的燃烧常常是不完全的，火灾时燃烧放出的热量比表中的数据要低。

（三）热值的估算

对火灾中常见的可燃物进行试验发现，绝大多数物质在完全燃烧时消耗单位体积的氧气所产生的热量是一个常数：17.1×10^3kJ/m³（25℃），其误差在 ±5% 以内。如果测得某物质燃烧时所消耗的氧气的体积，则可很容易估算出该物质燃烧时所释放出的热量。

火灾中常见可燃物完全燃烧时消耗单位体积的氧气所产生的热量见表1-13。

表1-13 火灾中常见可燃物完全燃烧时消耗单位体积的氧气所产生的热量

物质名称	热量/kJ	物质名称	热量/kJ	物质名称	热量/kJ
纤维素	17.79×10^3	聚异丁烯	16.72×10^3	聚乙烯	16.56×10^3
棉花	17.82×10^3	聚丁二烯	17.00×10^3	聚丙烯	16.57×10^3
报纸	17.54×10^3	聚苯乙烯	16.98×10^3	甲烷	16.42×10^3
木材	16.38×10^3	聚氯乙烯	16.81×10^3	苯	17.10×10^3
褐煤	17.17×10^3	有机玻璃	16.99×10^3	—	—
煤沥青	17.68×10^3	聚丙烯腈	17.81×10^3	平均值	17.1×10^3

二、燃烧温度

可燃物在燃烧时所放出的热量，一般仅有10%用于反馈（加热燃烧物），而大部分用于加热燃烧产物。因此，一般来说，燃烧产物所具有的温度也就是物质的燃烧温度，也称为火焰温度。在实际火灾中，物质的燃烧温度不是固定不变的，而是随着可燃物的种类、氧气供给情况、散热条件等因素的变化而变化。物质的燃烧温度有绝热燃烧温度和实际燃烧温度之分。

（一）绝热燃烧温度

为了比较各种物质之间的燃烧温度，一般使用燃烧的绝热燃烧温度（理论温度）进行计算。绝热燃烧温度是指可燃物质在空气中于恒压下完全燃烧，且没有热损失（燃烧产生的热全部用来加热产物）的条件下，产物所能达到的最高温度。物质的燃烧温度都不是固定的，视燃烧的条件而有所变化，主要影响因素是热损失的条件、空气与可燃物质的比例以及完全燃烧的程度等。为了比较不同物质的燃烧温度，对燃烧条件作如下统一规定。

（1）燃烧的初始温度已知。

（2）可燃物完全燃烧。

（3）可燃物与空气符合化学计量比配比。

（4）燃烧是绝热的，即燃烧反应放出的热量全部转化为燃烧产物的热焓增加。

（5）燃烧是在恒压条件下进行的。对于开放空间着火，可燃物在火场上燃烧时，燃烧产物不断向周围扩散膨胀，所以火场的环境压力没有多大增加，基本上保持初始压力。

根据热平衡原理，绝热燃烧温度可用式（1-17）计算，即

$$T_{理} = \frac{Q_L}{\sum \bar{C}_i V_i} \tag{1-17}$$

式中 $T_{理}$——绝热燃烧温度（℃）；

Q_L——可燃物的低热值（kJ/kg或kJ/m^3）；

$\bar{C}_i$——第i种燃烧产物的平均热容[kJ/（m^3·℃）]；

V_i——第i种燃烧产物的体积（m^3）。

由于 $\bar{C}_i$ 在恒压和恒容下数值不同，因此有绝热等压过程（如露天火灾时）和绝热等容过程（如密闭容器内燃烧）的计算方法。

需要指出的是，可燃物的低热值 Q_L 与其绝热燃烧温度 $T_{理}$ 不一定成正比。例如，氢气的低热值（10753kJ/m^3）大大低于液化石油气的低热值（38409kJ/m^3），而氢气的绝热燃烧温度（2130℃）却比液化石油气（2120℃）要高；但天然气的低热值和绝热燃烧温度比焦炉煤气都要高。燃烧产物的生成量和成分对绝热燃烧温度也有很大的影响。表 1-14 列出了部分可燃物的绝热燃烧温度。

表 1-14　部分可燃物的绝热燃烧温度

物质	绝热燃烧温度 /℃	物质	绝热燃烧温度 /℃
碳氢化合物		煤及其他可燃物	
甲烷	1800	烟煤	1647
乙烷	1895	氢气	2130
丙烷	1982	煤气	1600 ～ 1850
丁烷	1977	木材	1000 ～ 1177
戊烷	1965	镁	3000
己烷	2032	钠	1400
苯	2071	石蜡	1427
乙炔	2127	一氧化碳	1680
醇类		硫	1820
甲醇	1100	二氧化碳	2195
乙醇	1180	液化气	2110
石油及其产品		天然气	2020
原油	1000	石油气	2120
汽油	2681	磷	900
煤油	700 ～ 1030	氨	700
重油	1000		

（二）实际燃烧温度

实际燃烧温度是指可燃物在实际条件下燃烧的产物温度，也包括火场条件下的燃烧温度。由于在火场条件下物质燃烧进行得不完全，并且对周围的传热很多，因此实际燃烧温度总是低于绝热燃烧温度。例如，松树的绝热燃烧温度为 1605℃，而实际燃烧温度仅为 1090℃。实际燃烧温度受可燃物与氧化剂的配合比、燃烧速度及散热条件等因素的影响。若可燃物与氧化剂的配合比接近化学剂量比，则燃烧接近完全，燃烧速度快；若散热条件差，则燃烧温度接近理论燃烧温度。反之，就与理论燃烧温度差距较大。

根据试验测得，木屋在火灾时的最高温度一般为1100～1200℃，有时最高温度可达1340℃；800℃以上的高温持续时间较短，通常不超过20min（因为火焰窜出窗口外墙后很快将屋檐木骨架烧光，从而发生倒塌，温度也随之下降）；1000℃以上的温度通常只有1～4min；地板上的残火燃烧时间为45～120min。

耐火建筑物的室内温度，火灾初期在100℃以下，一般在50℃左右。一旦进入火灾发展期，温度急剧上升到800～1000℃。火灾最猛烈时，可燃物的发热量近半数被周围墙壁吸收，一部分热使室内温度上升，而另一部分热则从开口处向外辐射或和气流一起散发掉。室内温度与燃烧速度成正比，而与整个室内的表面积成反比。火灾最猛烈期的持续时间取决于可燃物的数量和燃烧速度。

（三）影响燃烧温度的主要因素

1. 可燃物的组成和性质

不同的可燃物，其热值不同，在相同条件下燃烧时，其燃烧温度也不相同。例如，酒精火焰为1180℃，二硫化碳火焰为2195℃，煤油灯火焰为780～1030℃，汽油为1200℃，天然气为2020℃，木材为1000～1177℃，火柴火焰为500～650℃，燃烧的烟卷为700～800℃。当然，燃烧温度不仅与可燃物的热值有关，还与燃烧产物有关。一般情况下，Q_L增大时，燃烧产物的体积$V_{产}$也会增大，$T_{理}$的增加幅度则主要看$Q_L/V_{产}$比值的增加幅度。几种可燃物在火场中燃烧温度的大致规律是：聚苯乙烯树脂>橡胶轮胎>木材>纸张>棉花。

2. 通风系数（α）和空气的富氧程度

（1）通风系数影响燃烧产物的生成量和成分，从而影响燃烧温度。绝热燃烧温度规定的条件是$\alpha=1$，在保证可燃物完全燃烧的情况下，若α值越大，则$T_{理}$越低。

（2）可燃物在氧气或富氧空气中燃烧时，其燃烧温度要比在空气中燃烧时要高。例如，氢气在空气中燃烧时，火焰的最高温度为2130℃，而在纯氧中燃烧时，火焰的最高温度可达3150℃。

3. 可燃物与空气的预热温度

可燃物与空气的预热温度越高，燃烧温度也就越高。根据实验，只要把燃烧用的空气预热，就能显著提高燃烧温度，而且对热值高的可燃物的效果更为明显。例如，对发生炉煤气和高炉煤气，当空气预热温度提高200℃，则可提高燃烧温度约100℃；而对于重油、天然气等燃料，预热温度提高200℃，则可提高燃烧温度约150℃。

4. 燃烧持续时间

燃烧持续时间不同，燃烧温度也不同。随着火灾延续时间的增长，燃烧温度也随之升高。据测定，起火后10min内，火焰温度一般为700℃左右；20min内为800℃左右；30min内为840℃左右；1h内为925℃左右；1.5h内为975℃左右；3h内为1050℃左右；4h内为1090℃左右。

火灾延续时间越长，被辐射的物体接受的热辐射就越多，邻近建筑物被烤燃起火的可能性也就越大。但是，当房屋倒塌或可燃物全部烧完时，温度就不再上升了。

三、燃烧温度的应用

根据某些物质的熔化状况或特征，可大致判定燃烧温度。例如钢材在 300 ～ 400℃时强度急剧下降，600℃时失去承重能力，因而没有保护层的钢结构是不耐火的。若钢材有蓝灰色或黑色薄膜，有微小裂缝，有时呈龟裂现象，则说明钢材经过高温作用；若钢材只有火烧过的颜色痕迹，表面有时有深红色的钢渣存在，则说明钢材虽然被火烧过但没有过热。玻璃窗在 700 ～ 800℃时软化，在 900 ～ 950℃时熔化。普通玻璃在热气流温度约 500℃时就会被烤碎；但当发生火灾时，由于变形，因此大多在 250℃左右便自行破碎了。

根据燃烧温度，可大体确定物质的火灾危险性大小和火势扩展蔓延的速度。一般情况下，物质的热值越高，燃烧温度越高，火灾危险性也就越大。这是因为在火场上，物质燃烧时所放出的热量是火势扩展蔓延和造成破坏的基本条件。物质燃烧时的发热量越大，火焰温度越高，它的辐射热就越大，气体对流的速度就越快。这不仅会使已经着火的物质迅速燃尽，还会引起周围的建筑物和物质受热着火，促使火势迅速扩展蔓延；不燃材料受高温作用后，也会逐渐降低或失去固有的机械强度而发生变形和毁坏，反过来又会加速火势蔓延。因此，在火场上，阻止热传播是阻止火势扩展蔓延和扑灭火灾的重要措施之一。

四、燃烧速率、热释放速率

（一）燃烧速率

可燃固体一旦被引燃，火焰就会在其表面或浅层传播。为维持稳定燃烧，体系得到的热量至少要等于体系向环境散失的热量。根据能量守恒定律可以得出燃烧的能量守恒方程式为

$$\dot{Q}_E+\dot{Q}_F=\dot{Q}_L+G_S L_V \tag{1-18}$$

将式（1-18）变形，可得到可燃固体的燃烧速率为

$$G_S=\frac{\dot{Q}_E+\dot{Q}_F-\dot{Q}_L}{L_V} \tag{1-19}$$

式中　G_S——可燃固体的燃烧速率 [g/（m^2·s）]；

$\dot{Q}_E$——固体表面面积上的加热速率 [kJ/（m^2·s）]；

$\dot{Q}_L$——固体表面向外界散失的热量 [kJ/（m^2·s）]；

L_V——固体的分解热（kJ/g）；

$\dot{Q}_F$——燃烧火焰供给固体的热通量 [kJ/（m^2·s）]。

$\dot{Q}_F$由辐射热通量和对流热通量组成，二者的份额随着燃烧面积的变化而变化。除了燃烧火焰不明亮的固体外，在大面积（直径大于 1m）的燃烧中，火焰向固体表面传热以辐射为主。

假如在点燃可燃固体后撤去外部提供给固体表面的热通量，可燃固体的燃烧速率可由式（1-20）计算，即

$$G_S=\frac{\dot{Q}_F-\dot{Q}_L}{L_V} \tag{1-20}$$

（二）热释放速率

材料的热释放速率是指在规定的试验条件下，单位时间内材料燃烧所释放的热量。20 世纪 70 年代，人们认为热释放速率是表征火灾的重要参数之一；20 世纪 80 年代晚期，人们已经意识到热释放速率是表征火灾危险性的唯一重要参数，主要原因有以下三个。

（1）热释放速率是火灾发展的驱动力，通过积极的热反馈形式表现出来，即“热生热”，输入一定热量则产生更多的热量。

（2）多数燃烧参数与热释放速率相关，多数火灾产物有随热释放速率上升而增加的趋势，烟气、毒性气体、房间温度以及其他火灾危险变量通常随热释放速率的变化而变化。例如，评价材料燃烧产物毒性的参数毒性效率（即吸入 1g 燃烧产物产生的毒性效应）由火灾中材料的质量损失速率控制，而质量损失速率则与火灾的热释放速率密切相关。显然，热释放速率越大，质量损失速率越大，单位时间内吸入的毒性气体越多，毒性效率就越高。

（3）热释放速率越大，意味着对生命安全的威胁越大。热释放速率越大，暗示着火场温度和辐射热量越高，对周围的生命安全威胁越大，火灾发展蔓延的速率也越快。

现代火灾科学研究表明，材料的热释放速率是火灾危害分析中的重要因素，它不仅对火灾发展起决定作用，而且还影响其他火灾灾害因素。材料的热释放速率也是材料燃烧性能中的重要参数。如果知道火灾中可燃物的燃烧速率，那么热释放速率可由式（1-21）计算，即

$$\dot{q}_c = G_S \Delta H_c A_F \mu \tag{1-21}$$

式中 $\dot{q}_c$——可燃固体的热释放速率（kJ/s）；

ΔH_c——标准状况下，可燃物完全燃烧释放的热量（kJ/kg）；

A_F——可燃固体的表面积（m^2）；

μ——放热系数，部分可燃固体的放热系数见表 1-15。

表 1-15 部分可燃固体的放热系数

固体名称	$\dot{Q}_E$/[kJ/（m^2·s）]	μ	$\mu_{对流}$	$\mu_{辐射}$
纤维素	52.4	0.716	0.351	0.365
聚甲醛	0	0.755	0.607	0.148
聚甲基丙烯酸甲酯	0	0.867	0.622	0.245
	39.7	0.710	0.340	0.370
聚丙烯	0	0.752	0.548	0.204
	39.7	0.593	0.233	0.360
聚苯乙烯	0	0.607	0.385	0.222
	39.7	0.464	0.130	0.334
聚氯乙烯	52.4	0.357	0.148	0.209

假设可燃固体表面接收的净热通量为 $\dot{Q}_{net}$，则有

$$\dot{Q}_{net}=\dot{Q}_E+\dot{Q}_F-\dot{Q}_L \tag{1-22}$$

结合式（1-19）、式（1-21）和式（1-22）得

$$\dot{q}_c=\dot{Q}_{net}A_F\mu\left(\frac{\Delta H_c}{L_V}\right) \tag{1-23}$$

式（1-23）表明，固体燃烧热释放速率与比值 $\Delta H_c/L_V$ 的关系十分密切。与 ΔH_c 或 L_V 相比较，$\Delta H_c/L_V$ 能更好地反映固体稳定燃烧特性。表 1-16 列出了部分可燃固体的 $\Delta H_c/L_V$ 值。值得注意的是，ΔH_c 是指在标准状况下，可燃物完全燃烧释放的热量，但在实际火灾中，可燃物大多不会发生完全燃烧，燃烧热不符合火灾实际，且火灾中可燃物的组成变化很大，热值很不固定。因而，应通过试验来认识可燃物的火灾燃烧特性，实体试验是火灾研究中最主要也是最可靠的方法。但实体试验的花费相当大，特别是火灾试验是破坏性试验，燃烧物过火后基本上不能再使用，因此利用较实物小许多倍的小型试验取得数据，且试验结果与大型燃烧试验结果之间存在良好相关性的试验方法及仪器设备受到了人们的关注。锥形量热仪与大型试验结果相关性好，它的出现使研究工作大为改观。锥形量热仪是以氧消耗原理为基础的新一代聚合物材料燃烧测定仪，由锥形量热仪获得的可燃材料在火灾中的燃烧参数有多种，包括热释放速率、总释放热、有效燃烧热、点燃时间、烟及毒性参数和质量变化参数等。锥形量热仪目前已成为实验室研究热释放速率的主要试验仪器。

表 1-16 部分可燃固体的 $\Delta H_c/L_V$ 值

可燃物	$\Delta H_c/L_V$	可燃物	$\Delta H_c/L_V$
硬质聚氨酯泡沫塑料（43）	5.14	聚甲基丙烯酸甲酯（粒状）	15.46
聚氧化甲烯（粒状）	6.37	甲醇（液体）	16.50
硬质聚氨酯泡沫塑料（37）	6.54	软质聚氨酯泡沫塑料（25）	20.03
软质聚氨酯泡沫塑料（1-A）	6.63	硬质聚苯乙烯泡沫塑料（47）	20.51
聚氯乙烯（粒状）	6.66	聚丙烯（粒状）	21.37
含氯 48% 的聚氯乙烯（粒状）	6.72	聚苯乙烯（粒状）	23.04
硬质聚氨酯泡沫塑料（29）	8.37	硬质聚乙烯泡沫塑料（4）	27.23
软质聚氨酯泡沫塑料（27）	12.26	硬质聚苯乙烯泡沫塑料（53）	30.02
聚酰胺（粒状）	13.10	苯乙烯（液体）	63.30
软质聚氨酯泡沫塑料（21）	13.34	庚烷（液体）	92.83

锥形量热仪测定的样品较小，标准试验条件下的样品尺寸为 10cm×10cm，然而建筑物内使用的物品多数由多种材料组成，具有较大的质量和体积，其热释放特性是锥形量热仪无法反映的。于是在锥形量热仪的基础上发展起来家具量热仪，家具量热仪测定的数据很接近实际火灾环境的结果，有很大的使用价值。表 1-17 为部分小尺寸电缆试样的热释放速率峰值，利用这些数据可以研究可燃物在火灾中的发展蔓延规律。

表 1-17 部分小尺寸电缆试样的热释放速率峰值

试样号	电缆材料	热释放速率峰值 /（kJ/s）
1	聚四氟乙烯（PTFE）	98
2	聚硅氧烷与玻璃丝编织衬垫	128
3	聚乙烯（PE）、聚丙烯（PP）	177
4	聚乙烯发泡塑料（XPE）	178
5	聚乙烯（PE）、尼龙 / 聚氯乙烯（PVC）	218
6	聚乙烯发泡塑料（XPE）/ 氯丁橡胶	302
7	聚乙烯（PE）/ 聚氯乙烯（PVC）	359

【思考题】

1. 试计算乙烯的高热值和低热值。
2. 试计算甲苯的高热值和低热值。
3. 试计算甲醛的高热值和低热值。
4. 影响燃烧温度的因素有哪些？

第六节 燃烧过程中的热量传递

由于温度差而引起热量传递的过程，称为传热或热传播。燃烧放出的热量，以热传导、热对流和热辐射三种方式向未燃物和周围环境传递，使未燃物温度升高、分子活化、反应加速，从而引起燃烧，推进火灾向前发展。因此，燃烧热既是燃烧的产物，又是继续燃烧的能量基础。火灾发生、发展的整个过程中始终伴随着热的传播，火场上的热传播是促使火势发展蔓延的主要因素。

热量传递与火灾

一、热传导

热传导又称导热，属于接触式传热，是连续介质直接传递热量而各部分之间没有相对宏观位移的一种传热方式。从微观的角度讲，之所以发生导热现象，是由于微观粒子（分子、原子或它们的组成部分）的碰撞、转动和振动等热运动引起能量从高温部分传到低温部分。在固体内部，只能依靠热传导的方式传热；在流体中，既有热传导又有热对流，但热对流为主要传热方式。

（一）影响热传导的因素

设有表面积为 F 的一块平板（或墙），如图 1-6 所示，厚度为 d，两侧表面的温度各为 T_1 和 T_2。

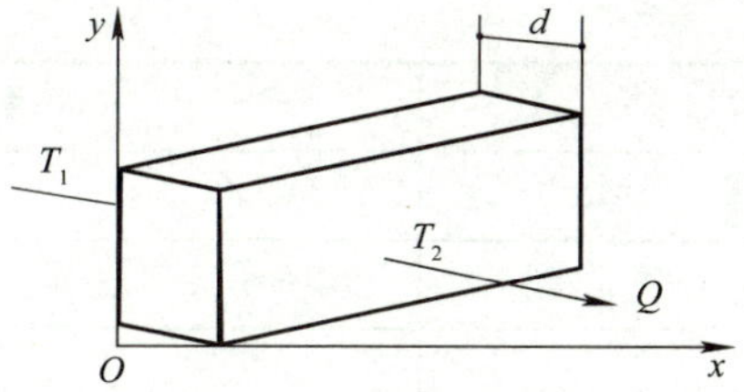

图 1-6 平板的导热

试验证明，单位时间内通过平板所传递的热量 Q 跟表面积 F、两侧表面的温差 ΔT（即 T_1-T_2）和时间 t 成正比，跟厚度 d 成反比，即

$$Q=\lambda\frac{\Delta T}{d}Ft \tag{1-24}$$

式中 λ——材料的热导率 [W/（m·K）]。

式（1-24）称为导热定律，又称傅里叶定律。从导热定律中可以看出影响热传导的因素主要有四个方面。

1. 温度差

温度差是热量传导的推动力。式（1-24）中的 $\frac{\Delta T}{d}$ 表示在导热方向单位距离上的温度变化，称为温度梯度。单位时间内传导的热量 Q 与温度梯度成正比，也就是说温差越大，导热方向的距离越小，则传导的热量也越多。在火场上，燃烧区温度越高，传导出的热量越多。

2. 热导率

热导率 λ 是指在稳定传热条件下，1m 厚的材料，两侧表面的温差为 1K 或 1℃，在 1s 内，通过 $1m^2$ 面积传递的热量，用 λ 表示，单位为 W/（m·K）。热导率表示物质的导热能力，即单位温度梯度时通过单位面积的热通量。不同物质的热导率不同，同种物质的热导率也会因材料的结构、密度、湿度、温度等因素的变化而变化。固体是强导热体，液体次之，气体最弱。但固体是多种多样的，其热传导能力也各有不同。金属一般是热的良导体，玻璃、木材、棉毛制品、羽毛、毛皮等非金属是热的不良导体。石棉的导热性能较差，常作为绝热材料。通常将 $\lambda<0.837$W/（m·K）的材料称为隔热材料。表 1-18 列出了常用材料在常温条件下的热导率。

表 1-18 常用材料在常温条件下的热导率

材料名称	热导率 λ/[W/（m·K）]
空气	0.023
水	0.58
冰	2.3
木材	0.17 ～ 0.40
钢材	58.2
混凝土	0.50 ～ 1.74

（续）

材料名称	热导率 λ/[W/（m·K）]
水泥砂浆	0.93
矿棉板	0.064
矿棉水泥板	0.52
石膏板	0.33
膨胀防火涂料	膨胀后 0.02 ～ 0.05
防火隔热涂料	0.07 ～ 0.20

3. 导热物体的厚度（距离）和截面面积

导热物体的厚度（距离）d 越小，截面面积 F 越大，相同条件下单位时间内传导的热量越多。例如通过较厚墙壁传导的热量要小于通过较薄墙壁的热量；通过截面面积较大的物体传导的热量要大于通过截面面积较小的物体传导的热量。

4. 时间

在其他条件相同时，时间越长，传导的热量越多。有些隔热材料虽然导热性能差，但经过长时间的热传导，也能使与其接触的可燃物燃烧。

（二）热传导与火灾

从消防观点来看，导热性良好的物质对灭火是不利的。火灾分区内燃烧产生的热量，经由导热性好的建筑构件或建筑设备传导，能蔓延到水平相邻房间或上下层房间，例如金属管壁可以把火灾分区的燃烧热传至另一侧，使得相近的可燃、易燃物燃烧，导致火场扩大。火灾通过热传导的方式蔓延，有两个特点：一是火灾现场必须有导热性好的媒介，如金属构件；二是蔓延的距离较近，一般为相邻的建筑空间。热传导导致火灾蔓延的规模是有限的，但为了阻止由于导热引起的火势扩展，在火灾扑救中，应不断地冷却被加热的金属构件，并防止构件塌陷伤人；迅速疏散、清除或用隔热材料隔离与被加热的金属构件相靠近的可燃物，以防止火势扩大。

二、热对流

热对流又称对流，是指流体各部分之间发生的相对位移，冷热流体相互掺混引起热量传递的现象。热对流中热量的传递与流体流动有密切关系。由于流体存在温差，因此在发生对流的同时，也存在导热现象，但导热在整个流体传热中处于次要地位。

（一）热对流的分类

根据引起对流的原因不同，热对流可分为自然对流和强制对流；根据流动介质的不同，热对流可分为气体对流和液体对流。

1. 自然对流和强制对流

（1）自然对流。自然对流是指流体的运动是由自然因素引起的。自然对流传热的机理是，当流体的一部分被加热时，密度降低，由于密度差而产生了浮力，结果较轻的流体微团上升，较重的（较冷的）流体微团下沉，流体产生对流，在流动的过程中，既有物质的交换，又有热量的交换，热量从高温区传递到低温区，并在传递过程中把相应介质加热。例如，高温设备附近空气受热膨胀向上流动，以及火灾中热气体（主要是气态燃烧产物）的上升流动，而冷（新鲜）空气则与其做相反方向流动。

（2）强制对流。强制对流是指流体微团的空间移动是由机械引起的。例如，通过排烟机、压气机、泵等使气体、液体产生强制对流。在发生火灾时，如果通风机械还在运行，它就会成为火势蔓延的主要途径。使用防烟、排烟等强制对流设施，能抑制火灾烟气的扩散和控制自然对流的方向，例如煤矿火灾用强制对流改变气流方向，可控制火势的蔓延方向。

2. 气体对流和液体对流

（1）气体对流。气体对流对火灾的发展蔓延有着极其重要的影响。气体对流自动维持燃烧的继续进行，而且燃烧越猛烈，它所引起的对流作用越强；反过来，对流作用越强，越会助长燃烧发展。因此，对流与燃烧的关系是燃烧引起对流，对流助长燃烧。

室内发生火灾时，气体对流的结果是在房间上部、顶棚下面形成一个热气层。由于热气体聚集在房间上部，因此如果顶棚或者屋顶是可燃结构，就有可能形成新的起火点；如果屋顶是钢结构，它有可能在热烟气流的加热作用下逐渐减小强度甚至垮塌。

总之，热气流（烟雾）的温度很高，它在流经途中能够加热可燃物甚至达到燃烧的程度，使火势发生蔓延。一般而言，烟雾流动的方向就是火势蔓延的方向，如果改变烟雾流动的方向，就可以改变火势蔓延的方向。

火灾中的热对流受许多因素的影响，主要有通风孔洞的面积和高度、燃烧区的温度等。通风孔洞越多，各个通风孔洞的面积越大，对流速率越大；通风孔洞所处位置越高，对流速率越大；燃烧区的温度越高，它与环境的温差越大，则燃烧区的热空气密度与非燃烧区的冷空气密度相差越大，气体对流的速率就越大。

（2）液体对流。液体对流是指液体受热后，受热部分因体积膨胀、密度减小而上升，而温度较低、密度较大的部分则下降，同时伴随着热量传递，最后使整个液体被加热。

液体对流对火势发展也有一定的影响。如果盛装在容器内的可燃性液体在局部受热后，通过对流能使整个液体升温，蒸气挥发速度加快，压力增加，就有可能引起容器的爆裂，以致酿成火灾、爆炸等事故。轻质油不易产生热对流，燃烧主要以热辐射形式传到液面使之迅速蒸发、燃烧，液面以下热对流较弱。

（二）热对流与火灾

热对流是火灾中热量传递的重要方式之一，尤其是发生在建筑内的火灾，它是影响初期火灾发展的主要因素。

高温热气流能加热在它流经途中的可燃物，会引起新的燃烧；热气流能够往任何方向传递热量，但一般向上传播；由起火房间延烧至楼梯间、走廊，主要是热对流的作用；通过通风孔洞进行的热对流，可使新鲜空气不断流进燃烧区，使燃烧持续发生；含有水分的重质油品燃烧时，由于热对流的作用，容易发生沸溢或喷溅。

为了防止火势通过热对流发展蔓延，在火场中应设法控制通风口，或者在热气流流经的途中设置水枪阵地冷却热气流，或者通过机械排烟把热气流导向没有可燃物或火灾危险较小的方向。

三、热辐射

辐射是物体通过电磁波传递能量的过程。如果发射的辐射能是物体内部与温度有关的内能所转化的，则称热辐射。热辐射的波长在 0.1 ～ 100μm 的范围内。在该波长范围内的辐射线称为热辐射线，其大部分能量位于波长为 0.7 ～ 25μm 的红外线区段中。

辐射换热是物体之间通过热辐射交换能量的过程。但它与导热和对流不同，辐射换热的物体之间不需要任何介质接触。热辐射以电磁辐射的形式发出能量，温度越高，辐射越强。辐射的波长分布情况随温度而变，当温度较低时，主要以不可见的红外光进行辐射；在 500℃以及更高的温度时，则以可见光、紫外线的方式进行辐射。

热辐射现象在自然界中普遍存在。例如，太阳供给地球的大量能量就是靠辐射方式传递的。火场上火焰的热量主要以辐射的方式向周围环境传播。阻断或屏蔽热辐射，是阻止火势扩展和扑灭火灾的重要措施，例如在建筑防火中所设立的防火间距，主要是考虑防止火焰辐射引起相邻建筑着火的间隔距离。

（一）热辐射的特点

（1）发射辐射热是各类物质的固有特征。任何物体的温度只要大于绝对零度，它就能以电磁波的方式从表面放出辐射热。

（2）任何物体不但能从自己的表面发射辐射热，而且可以吸收其他物体发射并投射到它表面的辐射热。

（3）热辐射过程伴随着能量形式的两次转化，即物体发射辐射热时，热能转换为辐射能；物体吸收辐射热时，辐射能转换为热能。

（4）热辐射的传递不需要通过任何介质，它能把热量穿过真空从一个物体传给另一个物体。

（5）当有两个物体并存时，温度较高的物体将向温度较低的物体辐射热能，直至两个物体温度渐趋平衡。

（6）辐射热辐射至另一物体表面后，可能部分被吸收，部分被反射，还有部分穿透过去。

（二）影响热辐射的因素

根据斯蒂芬 - 玻尔兹曼定律，绝对温度为 T 的物体单位时间发射的能量为

$$Q=\varepsilon\sigma T^4 F \tag{1-25}$$

式中 ε——辐射率，计算中可视为常数；

F——发射表面积（m^2）；

σT^4——从辐射物体表面发射出来的辐射强度，其中 σ 为斯蒂芬 - 玻尔兹曼常数，$\sigma=5.67\times10^{-8}$W/（$m^2\cdot K^4$）。

1. 辐射物体的温度

理论和试验表明，辐射物体在单位时间内，单位表面积所发出的辐射热与热源表面绝

对温度的 4 次方成正比（即 $Q \propto T^4$）。

2. 辐射热源与受辐射物体的距离

受辐射物体与辐射热源之间的距离越大，受辐射物体受到的辐射热越小，辐射热与距离的平方成反比（即 $Q \propto \frac{1}{d^2}$）。距离增加一倍，受到的辐射热减少到 1/4。

3. 物体表面情况

物体的颜色越深，表面越粗糙，吸收的辐射热越多；表面越光亮，颜色越浅，反射的辐射热就越多；透明物体仅吸收一小部分辐射热，其余辐射热能穿透透明物体。

（三）热辐射与火灾

（1）火场上可燃物燃烧形成的火焰，主要以辐射的方式向周围传递热量。火焰温度越高、面积越大，辐射强度越大。一般而言，火场上火势发展到最猛烈的时候，也就是火焰辐射能最大的时候，这不仅会促使已着火的物质迅速燃尽，而且会在很短时间内引起一定距离内的可燃物着火。

（2）辐射热作用于附近的密闭容器（罐、瓶），会使容器内的气体或液体受热膨胀，当内部压力超过其耐压强度就有可能使容器爆炸（爆裂），导致可燃气体或液体外溢，形成燃烧或爆炸。

（3）为了防止和阻止火势通过热辐射发展蔓延，可采取下列基本措施。

①在油罐壁上涂刷银粉。

②在危险品仓库的窗户玻璃上涂抹白漆。

③建筑物之间的防火间距满足规范要求。

④在石油化工塔群之间设置水幕。

⑤灭火时利用移动屏障或水枪水帘隔断或减少辐射热。

⑥设法冷却受到辐射热作用的物体。

⑦疏散、隔离和消除受辐射热威胁的可燃物。

【思考题】

1. 简述影响热传导的因素。
2. 简述影响热辐射的因素。
3. 简述热传播的三种方式对火灾的影响。

第七节 火灾烟气

大多数燃烧都会产生火灾烟气，统计结果表明，火灾中 80% 以上的遇难者是因吸入大量烟尘及有毒气体昏迷后致死的。火灾烟气具有遮光性、毒性、高温性、蔓延性等特性，对救助被困人员和火情控制都带来极大的困难，因此研究火灾烟气的产生、性质、危害具有重要的意义。

物质高温分解或燃烧时产生的固体和液体微粒、气体，连同夹带和混入的部分空气形成的气流称为火灾烟气。火灾烟气是一种复杂的混合物，包括以下几种成分。

① 可燃物热解或燃烧产生的气相产物，如未燃燃气、水蒸气、CO、CO_2 及其他有毒或有腐蚀性的气体。

② 由于卷吸而进入的空气。

③ 多种悬浮的微小固体颗粒和液滴。

一、火灾烟气的产生

可燃物完全燃烧会转化为稳定的气相产物，但扩散燃烧很难实现完全燃烧。燃烧反应物的混合基本上由浮力诱导产生的湍流流动控制，其中存在着较大的组分浓度梯度。在氧浓度较低的区域，部分可燃挥发分将经历一系列的热解反应，从而导致多种组分分子生成。例如，多环芳香烃碳氢化合物和聚乙烯可认为是火焰中碳烟颗粒的前身，它们在燃烧过程中会因受热裂解产生一系列中间产物，中间产物还会进一步裂解成更小的“碎片”，这些小“碎片”会发生脱氢、聚合、环化，最后形成碳烟颗粒。图 1-7 是聚氯乙烯形成碳烟颗粒的过程。正是碳烟颗粒的存在才使扩散火焰发出黄光，这些小颗粒的直径为 10 ～ 100nm，它们可以在火焰中进一步氧化。如果温度和氧浓度都不够高，它们便以碳烟的形式离开火焰区。

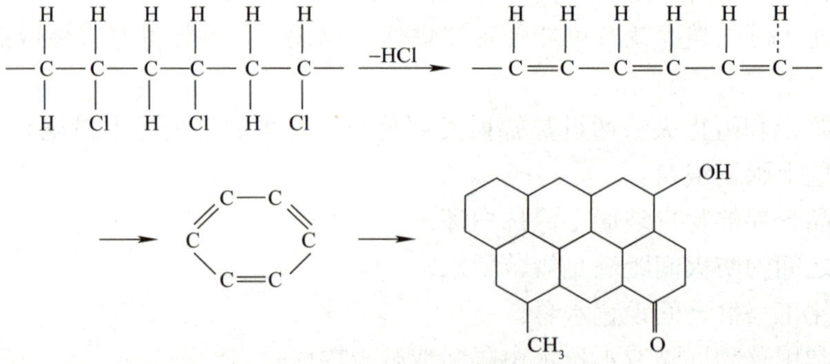

图 1-7 聚氯乙烯形成碳烟颗粒的过程

二、火灾烟气成分的影响因素

火灾烟气的成分主要取决于发生热解或燃烧的可燃物本身的化学组成和燃烧条件。

（一）化学组成对火灾烟气成分的影响

可燃物的化学组成是决定烟气成分、发烟量、发烟速率与烟气毒性的主要因素。无机可燃物多数为单质，在空气中燃烧时，其产物为该单质元素的氧化物。如碳、氢、磷、硫等燃烧时，可分别生成 CO、CO_2，H_2O，P_2O_5，SO_2；氮在一般条件下不参加燃烧反应，呈游离态 N_2 析出，但在特定条件下，氮也能被氧化生成 NO 或与一些中间产物结合生成 NH_3、HCN 等。有机化合物的主要元素是碳和氢，还可能含有氧、硫、磷、氮等元素，在空气中燃烧，可以生成 CO_2、H_2O、P_2O_5、SO_2 等完全燃烧产物；在空气不足或温度较低时燃烧，还会生成 CO、醛、酮、醇、醚、羧酸等不完全燃烧产物，这些不完全燃烧产物有继续燃烧或爆炸的危险。塑料、橡胶、纤维等各种高分子材料的燃烧，除生成 CO_2 外，还会生成 HCl、NH_3、HCN、光气（$COCl_2$）以及氮氧化物（NO_x）等有毒或有刺激性气体。建筑火灾中常见的可燃物及其主要燃烧产物见表 1-19。

表 1-19　建筑火灾中常见的可燃物及其主要燃烧产物

可燃物	燃烧产物
所有含碳可燃物	CO_2、CO
聚氨酯、硝化纤维等	NO、NO_2
硫及含硫类（橡胶）可燃物	SO_2
人造丝、橡胶、二硫化碳等	H_2S
磷类物质	P_2O_5、PH_3
聚氯乙烯、氟塑料等	HF、HCl、Cl_2
聚酰胺、三聚氰胺塑料等	NH_3、HCN
聚苯乙烯	C_6H_6
羊毛、人造丝等	羧酸类（甲酸、乙酸、己酸等）
木材、酚醛树脂、聚酯	醛类、酮类
高分子材料热分解	烃类（CH_4、C_2H_2、C_2H_4 等）

在相同条件下，不同可燃材料燃烧时的发烟量不一样。例如建筑中装饰用的聚氯乙烯高分子有机材料，其产生的烟气量为木材的 3 ～ 5 倍；CO、甲醛、甲醚、甲醇等物质燃烧基本上不产生烟气。木材及木制品当温度达到 300℃以上时，随着温度升高，燃烧区分解出的碳烟微粒减少，烟气量减少；而在相对高温时，高分子有机材料却能产生大量烟气。部分材料在不同温度时产生的烟气量见表 1-20。

表 1-20　部分材料在不同温度时产生的烟气量　（单位：m^3/g）

材料名称	温度		
	300℃	400℃	500℃
松木	4.0	1.8	0.4
杉木	3.6	2.1	0.4
普通胶合板	4.0	1.0	0.4
难燃胶合板	3.4	2.0	0.6
硬质纤维板	1.4	2.1	0.6
锯木屑板	2.8	2.0	0.4
玻璃纤维增强塑料	—	6.2	401
聚氯乙烯	—	4.0	10.4
聚苯乙烯	—	12.6	10.0
聚氨酯（人造橡胶之一）	—	14.0	4.0

在相同条件下，不同可燃材料燃烧时的发烟速率不一样。单位时间内单位质量可燃物的发烟量称为发烟速率。表 1-21 是由试验得到的部分材料在不同加热温度时的发烟速率。从该表中可以看出，木材类在加热温度超过 350℃时，发烟速率一般随温度升高而降低；高

分子有机材料在相近的温度范围内，发烟速率则有所提高，而且高分子有机材料的发烟速率比木材要大得多，这是由于高分子有机材料在燃烧时发烟量大、燃烧速率快。

表 1-21 部分材料在不同加热温度时的发烟速率 [单位：m^3/（s·g）]

材料名称	加热温度/℃					
	300	350	400	450	500	550
针枞	0.72	0.80	0.71	0.38	0.17	0.17
杉	0.61	0.72	0.71	0.53	0.13	0.13
普通胶合板	0.93	1.08	1.10	1.07	0.31	0.24
难燃胶合板	0.56	0.61	0.58	0.59	0.22	0.20
硬质板	0.76	1.22	1.19	0.19	0.26	0.27
微薄板	0.63	0.76	0.85	0.19	0.15	0.12
苯乙烯泡沫板 A	—	1.58	2.68	5.92	6.90	8.96
苯乙烯泡沫板 B	—	1.24	2.36	3.56	5.34	4.46
聚氨酯	—	—	5.00	11.5	15.0	16.5
玻璃纤维增强塑料	—	—	0.50	1.00	3.00	0.50
聚苯乙烯	—	—	1.00	4.95	—	2.97

（二）燃烧条件对火灾烟气成分的影响

燃烧条件是指环境的空间条件、供热条件和供氧条件。燃烧条件良好，燃烧进行得比较完全，生成的产物不能再发生燃烧，这种燃烧称为完全燃烧，其燃烧产物称为完全燃烧产物；反之，燃烧条件不好，燃烧进行得不完全，生成的产物还能再发生燃烧，这种燃烧称为不完全燃烧，其燃烧产物称为不完全燃烧产物。例如碳素材料在燃烧条件良好时产生的烟气主要含 CO_2 和 H_2O；在发生不完全燃烧时生成的烟气主要含碳粒和高沸点的液体薄雾，可以再次发生燃烧或爆炸。木材在空气供给充足的条件下燃烧，主要生成 CO_2、水蒸气和灰分；在空气供给不足的条件下燃烧，会产生 CO、甲醇、丙酮、乙醛、乙酸以及其他干馏产物等。木材在不同温度下的热分解产物见表 1-22。

表 1-22 木材在不同温度下的热分解产物

组成		阔叶林类			针叶林类		
		300℃	400℃	500℃	300℃	400℃	500℃
生成物（%）	木炭	45.9	33.6	29.8	49.2	35.4	31.5
	木醋酸	24.7	28.8	30.2	24.0	36.7	27.7
	木焦油	16.8	21.1	21.3	14.4	21.4	22.8
	木煤气	12.1	16.0	18.5	12.1	15.3	18.0
	损失	0.5	0.5	0.2	0.3	1.2	—

（续）

组成		阔叶林类			针叶林类		
		300℃	400℃	500℃	300℃	400℃	500℃
木炭（%）	碳（C）	73.5	83.4	90.5	74.3	84.2	90.4
	氢（H）	5.1	3.9	3.2	5.3	4.3	3.4
木煤气（%）	二氧化碳（CO_2）	65.4	57.1	50.7	64.3	57.9	49.3
	一氧化碳（CO）	30.4	30.2	29.9	29.1	29.2	29.7
	甲烷（CH_4）	1.6	8.4	14.6	3.6	9.3	15.7
	烃类（C_nH_m）	1.5	2.5	2.2	1.0	1.9	2.1
	氢气（H_2）	1.1	1.8	2.6	2.0	1.7	3.2

在现代建筑中，高分子有机材料大量用于家具用品、建筑装修、管道及其保温、电线绝缘等方面。一旦发生火灾，高分子有机材料燃烧不仅迅速，加快火势的扩展蔓延，而且会产生大量有毒浓烟，其危害远远超过一般可燃材料。

三、火灾烟气的特性

（一）窒息性

在火灾现场，可燃物燃烧消耗空气中的氧气，使烟气中的氧含量大大低于人们生理正常所需要的数值，从而给人体造成危害。表 1-23 列出了不同含量的 O_2 对人体健康的影响。

表 1-23　不同含量的 O_2 对人体健康的影响

O_2 的含量（%）	对人体健康的影响
16 ～ 12	呼吸和脉搏加快，引起头疼
14 ～ 9	判断力下降，全身虚脱，发绀
10 ～ 6	意识不清，引起痉挛，6 ～ 8min 死亡
6	5min 致死

CO_2 是许多可燃物的主要燃烧产物，在空气中，CO_2 含量过高会刺激呼吸系统，引起呼吸加快，从而导致窒息。表 1-24 列出了不同含量的 CO_2 对人体健康的影响。

表 1-24　不同含量的 CO_2 对人体健康的影响

CO_2 的含量（%）	对人体健康的影响
0.55	6h 内不会有任何症状
1 ～ 2	有不适感
3	呼吸中枢受到刺激，呼吸加快，脉搏加快，血压升高
4	有头痛、晕眩、耳鸣、心悸等症状
5	呼吸困难，喘不过气，30min 内引起中毒
6	呼吸急促，呈困难状态
7 ～ 10	数分钟内意识不清，失去知觉，出现紫斑，以致死亡

（二）毒性、刺激性、腐蚀性

火灾烟气中常含有CO、CO_2、氰化氢、卤化氢、氮氧化物、光气及醛、醚等多种有毒和刺激性气体。在着火房间等场所，这些气体的含量极易超过人们生理正常所允许的限值，造成中毒或刺激性危害。有的产物或水溶液具有较强的腐蚀性作用，会造成人体组织坏死或化学灼伤等危害。表1-25列出了常见气体的危险特性及其允许限值。

表1-25 常见气体的危险特性及其允许限值

分类	气体名称	长期允许限值 / （mg/m^3）	火灾疏散条件限值 / （mg/m^3）
单纯窒息性	缺 O_2	—	>14%（体积百分数）
毒害性、单纯窒息性	CO_2	5000	3%（体积百分数）
毒害性、化学窒息性	CO	50	2000
毒害性、化学窒息性	HCN	10	200
毒害性、化学窒息性	H_2S	10	1000
刺激性、腐蚀性	HCl	5	3000
刺激性	NH_3	50	—
毒害性、刺激性	Cl_2	1	—
刺激性、腐蚀性	HF	3	100
毒害性、化学窒息性	$COCl_2$	0.1	25
刺激性、腐蚀性	NO_2	5	120
刺激性、腐蚀性	SO_2	5	500

研究表明，火灾中的死亡人员约有一半是由CO中毒引起的，另外一半则由直接烧伤、爆炸压力以及其他有毒气体引起。对火灾死亡人员进行的生理解剖表明，CO和HCN是主要的致死毒气。火灾烟气的毒性不仅来自气体，还可能来自悬浮固体颗粒或吸附于烟尘颗粒上的物质。尸检表明，大多数死者的气管和支气管中含有大量烟灰沉积物、高浓度的无机金属等。

（三）高温性

火灾是在时间和空间上失去控制的燃烧，能产生大量热量。热量以热传导、热辐射及热对流的形式向外传递。火灾烟气是燃烧或热解的产物，在物质的传递过程中，它携带大量热量离开燃烧区，温度非常高，火场上火灾烟气往往能达到300～800℃，甚至超过多数可燃物的热分解温度。

（四）流动性

相同温度下，火灾烟气的密度一般要比空气的密度大，特别是合成树脂类物质所产生的烟气密度比空气大；但因体积受热膨胀，故火灾烟气的实际密度比周围空气要小，导致向上升腾，具有流动性。在建筑火灾中，门、窗、走廊、楼梯、管道、孔洞等是烟气流动的主要途径。火灾烟气能加热流经途中的可燃物，使可燃物受热分解从而着火，促使火势迅速蔓延。

（五）减光性

由于火灾烟气中存在大量悬浮固体和液体烟粒，具有较强的减光作用，因此火场中的能见距离明显降低，从而影响人员的安全疏散，阻碍救援人员接近着火点和救人。火灾烟气的减光作用可以用减光系数 K_c 来表示。当可见光通过烟气层时，烟粒使光线的强度减小，光线减弱的程度与烟粒的浓度有函数关系。烟气减光作用测量装置示意图如图 1-8 所示。

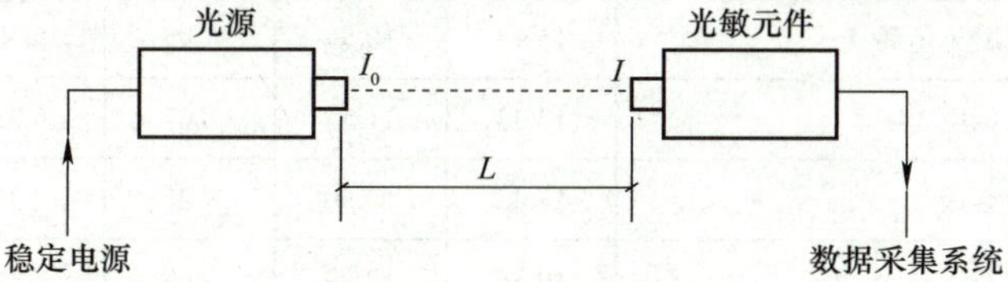

图 1-8 烟气减光作用测量装置示意图

假设光源与受光物体之间的距离为 L，无烟时受光物体处的光线强度为 I_0，有烟时受光物体处的光线强度为 I，根据朗伯 - 比尔定律得

$$I=I_0\exp(-K_cL) \quad (1\text{-}26)$$

$$K_c=-\ln(I/I_0)/L \quad (1\text{-}27)$$

式中 I——有烟时受光物体处的光线强度（cd）；

K_c——烟气的减光系数（m^{-1}）；

L——光源与受光物体之间的距离（m）；

I_0——无烟时受光物体处的光线强度（cd）。

上式表明，在相同距离 L 和一定的光源强度 I_0 下，当受光物体处的光线强度 I 下降，则减光系数 K_c 增大，即烟气中的烟粒浓度增大，人的能见距离减小。能见距离是指人们在一定环境下能看到某一物体的最远距离，它与减光系数的关系式可表示为

$$S=R/K_c \quad (1\text{-}28)$$

式中 S——能见距离（m）；

R——比例系数，根据试验数据确定。

由于火灾烟气的减光作用，人们在火场中的能见距离必然下降，这会对安全疏散造成严重影响。当能见距离降到 3m 以下时，逃离火场就十分困难。

进一步的研究表明，人的能见距离与火灾烟气的颜色、周围物体的亮度、背景亮度及人对光线的敏感度都有关。在白色的烟气中人的能见距离较低；自发光标志的能见距离比反光标志的能见距离大；前方照明与后部照明之间存在相当大的差别，背景光的散射可大大减小发光物的能见距离。对于建筑中的自发光标志和反光标志，其能见距离可近似用以下两式计算，即

反光标志能见距离 $$S=(2\sim4)/K_c \quad (1\text{-}29)$$

自发光标志能见距离 $$S=(5\sim10)/K_c \quad (1\text{-}30)$$

由此可见，火灾情况下的安全疏散指示标志采用自发光型较好。

反光型饰面材料的能见距离和不同功率的电光源标志的能见距离分别见表 1-26 和表 1-27。

表 1-26 反光型饰面材料的能见距离 （单位：m）

反光系数	室内饰面材料名称	火灾烟气的减光系数 K_c/m^{-1}					
		0.2	0.3	0.4	0.5	0.6	0.7
0.1	红色木地板、黑色大理石	10.40	6.93	5.20	4.16	3.47	2.97
0.2	灰砖、铸铁、钢板地面	13.87	9.24	6.93	5.55	4.62	3.96
0.3	红砖、混凝土地面	15.98	10.59	7.95	6.36	5.30	4.54
0.4	水泥砂浆抹面	17.33	11.55	8.67	6.93	5.78	4.95
0.5	木板、胶合板	18.45	12.30	9.22	7.23	6.15	5.27
0.6	白色大理石	19.36	12.90	9.68	7.74	6.45	5.53
0.7	白墙、白色调和漆	20.13	13.42	10.06	8.05	6.93	5.75
0.8	浅色瓷砖、白色乳胶漆	20.80	13.86	10.40	8.32	6.93	5.94

表 1-27 不同功率的电光源标志的能见距离 （单位：m）

I_0/cd	电光源类型	功率 /W	火灾烟气的减光系数 K_c/m^{-1}				
			0.5	0.7	1.0	1.3	1.5
2400	荧光灯	40	16.95	12.11	8.48	6.52	5.65
2000	白炽灯	150	16.59	11.85	8.29	6.38	5.53
1500	荧光灯	30	16.01	11.44	8.01	6.16	5.34
1250	白炽灯	100	15.65	11.18	7.82	6.02	5.22
1000	白炽灯	80	15.21	10.86	7.60	5.85	5.07
600	白炽灯	60	14.18	10.13	7.09	5.45	4.73
350	白炽灯、荧光灯	40.8	13.13	9.36	6.55	5.04	4.37
222	白炽灯	25	12.17	8.70	6.09	4.68	4.06

此外，人的能见距离还与火灾烟气的刺激性有关。在浓度大且刺激性强的烟气中，眼睛不能长时间睁开，不能较好地辨别方向，这势必影响行走速度。试验表明，当减光系数为 $0.4m^{-1}$ 时，人通过刺激性烟气的行走速度仅是通过非刺激性烟气时的 70%；当减光系数大于 $0.5m^{-1}$ 时，速度降至约 0.3m/s，相当于蒙上眼睛时的行走速度。

（六）爆炸性

烟气中的不完全燃烧产物，如 CO、H_2S、HCN、NH_3、苯、烃类等，一般都是易燃物质，而且这些物质的爆炸下限都不高，极易与空气形成爆炸性的混合气体，使火场有发生爆炸的危险。

四、火灾烟气的蔓延

建筑火灾中产生的高温烟气，其密度比冷空气小，由于浮力作用向上升腾，遇到水平楼板或顶棚时，改为水平方向流动，这就形成了烟气的水平扩散。这时，如果高温烟气的温度不降低，那么上层将是高温烟气，而下层是常温空气，形成明显分离的两个层流流动。实际上，烟气在流动扩散过程中，一方面总有冷空气掺混，另一方面受到楼板、顶棚等建筑围护结构的冷却，温度逐渐下降，火灾烟气也会逐渐下降。火灾烟气在走廊流动过程中的下降状况如图 1-9 所示。

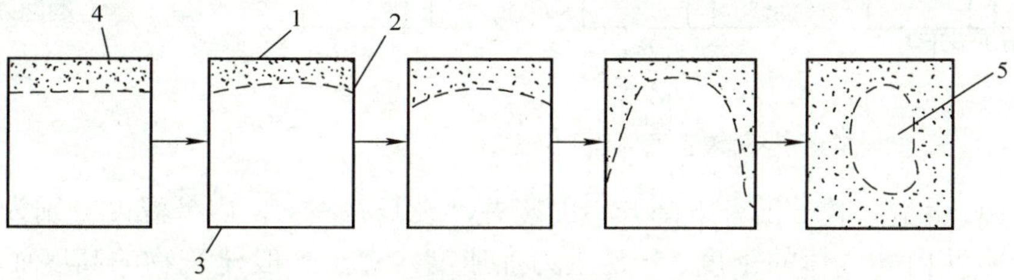

图 1-9 火灾烟气在走廊流动过程中的下降状况

1—顶棚 2—墙壁 3—地板 4—烟气 5—空气

当高层建筑发生火灾时，火灾烟气蔓延一般有三条路线：第一条，也是最主要的一条，为着火房间→走廊→楼梯间→上部楼层→室外；第二条，为着火房间→室外；第三条，为着火房间→相邻上层房间→室外。蔓延的途径主要有内墙门洞口、外墙门窗口、房间隔墙、空心结构、闷顶、楼梯间、各种竖井管道、楼板上的孔洞及穿越楼板或墙壁的管线和缝隙等。

对主体为耐火结构的建筑来说，造成蔓延的主要原因有以下几个。

①未设有效的防火分区，火灾在未受限制的条件下蔓延。

②洞口处的分隔处理不完善，火灾穿越防火分隔区域蔓延。

③防火隔墙和房间隔墙未砌至顶板，火灾在吊顶内部空间蔓延。

④采用可燃构件与装饰物，火灾通过可燃的隔墙、吊顶、地毯等蔓延。

火灾烟气的蔓延速率与烟气温度和蔓延方向有关。烟气在水平方向的扩散流动速率较小，在火灾初期为 0.1 ～ 0.3m/s，火灾中期为 0.5 ～ 0.8m/s；烟气在垂直方向的扩散流动速率为 1 ～ 5m/s，在烟囱效应作用下可达 6 ～ 8m/s。

五、火灾烟气蔓延的驱动力

建筑中引起烟气蔓延的驱动力较多，如烟囱效应、火风压、外界风的影响、空气调节系统造成的压差等。

（一）烟囱效应

建筑物内部发生火灾时，室外较冷，室内较热，因此室内空气的密度比外界小，这便产生了使气体向上运动的浮力。高层建筑往往有许多竖井，如楼梯井、电梯井、管道井、电缆井等，在这些竖井内，气体的上升运动十分显著，流速可达 6 ～ 8m/s，这就是烟囱效应，是一种自然的气体流动规律。

烟囱效应气体流动示意图如图 1-10 所示。

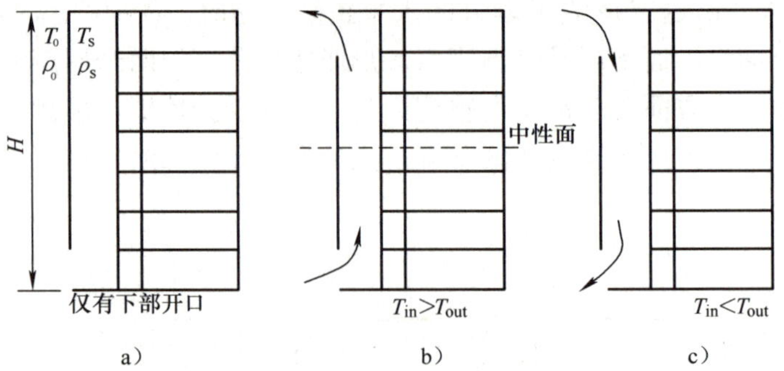

图 1-10 烟囱效应气体流动示意图

烟囱效应

如图 1-10a 所示，对于仅有下部开口的竖井，设竖井高 H，内外温度分别为 T_s 和 T_0，ρ_s 和 ρ_0 分别为竖井内外气体的密度，g 是重力加速度（对于一般建筑物的高度而言，可认为重力加速度不变）。如果在地板平面的大气压力为 P，则建筑高 H 处内部和外部的压力分别为

$$P_s=P-\rho_s gH$$

$$P_0=P-\rho_0 gH$$

因此，竖井高 H 处内外压力差为

$$\Delta P_{s0}=(\rho_0-\rho_s)\ gH \tag{1-31}$$

当竖井内部温度比外部温度高时，其内部压力也会比外部压力高。如果竖井的上部和下部都有开口，气体就会向上流动，且在 $P_0=P_s$ 的高度形成压力中性平面（简称中性面），如图 1-10b 所示。

中性面的计算较为复杂，不同开口建筑物的中性面位置估算方法不同。

（1）具有连续侧向开缝的竖井，可用式（1-32）估算。

$$\frac{H_N}{H}=\frac{1}{1+(T_s/T_0)^{1/3}} \tag{1-32}$$

式中 H_N——中性面的高度（m）；

H——最底端开口到最顶端开口的距离，可近似为建筑物高度（m）。

式（1-32）表明，具有连续侧向开缝的竖井，当内外温差不大时，中性面高度约为建筑物高度的一半；火灾发生后，随着建筑内部温度的升高，中性面高度将下降。

（2）具有上下侧向开口的竖井，可用式（1-33）估算。

$$\frac{H_N}{H}=\frac{1}{1+(T_s/T_0)(A_1/A_2)^2} \tag{1-33}$$

式中 A_1——下部开口的面积（m^2）；

A_2——上部开口的面积（m^2）。

式（1-33）表明，火灾温度越高，即 T_s 越大，H_N 越小，即中性面下降；下部开口面积 A_1 越大，H_N 越小，即中性面下降。在进行自然排烟设计时，应适当加大竖井底部的开口面积，这样有利于上层对外排烟。

通过与前面类似的分析可知，距离中性面任意高度 h 处的内外压差为

$$\Delta P_{s0}=(\rho_0-\rho_s)\ gh \tag{1-34}$$

式（1-34）即为烟囱效应表达式，由于距离中性面任意高度 h 处存在压力差，因此竖井内部的气体将产生向上或向下的流动。这种在垂直的围护物中，由于气体对流导致烟尘和气流向上或向下流动的效应，称为“烟囱效应”。

为更直观地描述影响烟囱效应的因素，对式（1-34）的参数进行近似计算。根据理想气体状态方程式

$$PV=nRT=\frac{m}{M}RT$$

$$\rho=\frac{m}{V}=\frac{PM}{RT}$$

可得

$$\rho_0=\frac{P_0M_0}{RT_0}\qquad \rho_s=\frac{P_sM_s}{RT_s} \tag{1-35}$$

将式（1-35）中的 P_0 和 P_s 近似看作大气压力 P，M_0 和 M_s 近似看作空气摩尔质量 M，则式（1-34）可改写为

$$\Delta P_{s0}=PMgh(1/T_0-1/T_s)/R \tag{1-36}$$

式中　g——重力加速度（m/s^2）；

P——地板平面的大气压力（Pa）；

h——距离中性面的高度（m）；

T_0——外界空气的绝对温度（K）；

T_s——竖井中空气的绝对温度（K）；

V——气体的体积（m^3）；

n——气体物质的量（mol）；

m——物质的质量（g）；

T——气体的绝对温度（K）；

M_0——外界气体摩尔质量（g/mol）；

M_s——竖井中气体的摩尔质量（g/mol）；

R——通用气体常数，对任意理想气体而言，R 约为 8.314J/（mol·K）；

M——空气摩尔质量（g/mol）。

PMg/R 为一常数，令 $PMg/R=K_s$，则式（1-36）可改写为

$$\Delta P_{s0}=K_s(1/T_0-1/T_s)\ h \tag{1-37}$$

式中　K_s——比例系数。

中性面的计算较为复杂，对于只有上下开口的建筑，中性面位置可用式（1-38）估算，即

$$\frac{h_1}{h_2}=\frac{A_2^2}{A_1^2}\cdot\frac{T_0}{T_F} \tag{1-38}$$

式中　h_1、h_2——中性面到开口下边缘和上边缘的距离（m）；

A_1、A_2——低处和高处开口的面积（m^2）；

T_F、T_0——火焰温度和环境温度（K）。

从式（1-37）可以看出，当上下开口的竖井内部温度比外部温度高时，火灾烟气就会在竖井内向上流动。这种内部气流上升的现象称为正烟囱效应，如图 1-10b 所示。反之，当竖井内部温度（T_{in}）比外部温度（T_{out}）低时，火灾烟气就会在竖井内向下流动。这种内部气流下降的现象称为逆烟囱效应，如图 1-10c 所示。

从式（1-37）还可以看出，距中性面的距离 h 越远，压力差就越大，烟囱效应越显著；管道内外温差越大，压力差也就越大，烟囱效应越显著。

烟囱效应是建筑火灾中烟气流动的主要因素。在正烟囱效应情况下，低于中性面火源产生的烟气将与建筑物内的空气一起流入竖井，并沿竖井上升。一旦升到中性面以上，烟气便可由竖井流出来，进入建筑物的上部楼层。楼层间的缝隙也可使烟气流向着火层上部的楼层。若楼层间的缝隙可以忽略，则中性面以下的楼层，除了着火层外都将没有烟气。但若楼层间的缝隙很大，则直接流进着火层上一层的烟气将比流入中性面以下其他楼层的烟气要多，如图 1-11a 所示。

若中性面以上的楼层发生火灾，则由正烟囱效应产生的空气流动可限制烟气的流动，空气从竖井流进着火层能够阻止烟气流进竖井，如图 1-11b 所示。不过，楼层间的缝隙可引起少量烟气流动。如果着火层燃烧强烈，热烟气的浮力克服了竖井内的烟囱效应，则烟气仍可进入竖井继而流入上部楼层，如图 1-11c 所示。逆烟囱效应的气流可驱使比较冷的烟气向下运动，但在烟气较热的情况下，浮力较大，即使楼内起初存在逆烟囱效应，不久也会使烟气向上流动。

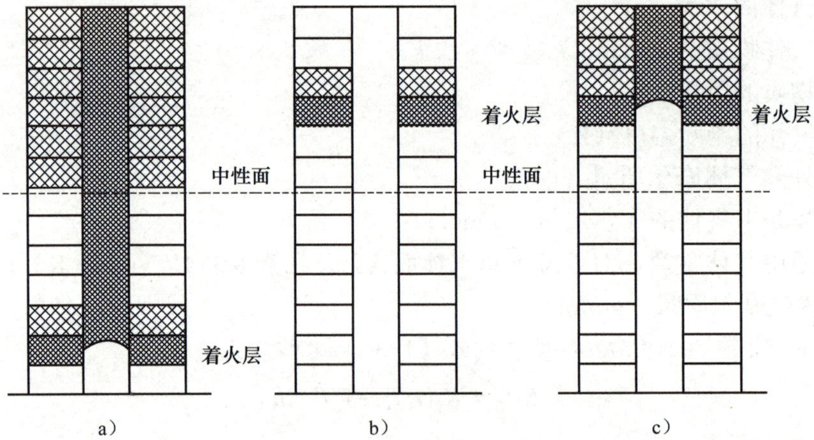

图 1-11 建筑物中正烟囱效应引起的烟气流动

案例

2013 年 12 月 26 日，某商厦发生一起天然气爆炸事故，导致 4 人死亡、38 人受伤，过火面积约 20000m^2，直接经济损失约 4743 万元。

事故的直接原因为：燃气有限公司工人在维修商场大门外中压管道时，错将中压管道与商场废弃天然气管道碰接。送气过程中，天然气从中压管道通过废弃天然气管道进入商场，在负一楼熟食操作间大量泄漏，并在负一楼顶部扩散形成爆炸性混合气体，达到爆炸极限，遇点火源引发爆炸。爆炸引发商场负一层、一层、二层和市总工会文化宫负一层、负二层相继着火。

此次事故造成4人遇难，其中2人死于宾馆客房，为CO中毒死亡。宾馆位于市总工会大楼5层，市总工会大楼位于商场东北面，地上建筑6层约22.2m，地上建筑均未过火。市总工会大楼与商场地标差约12m，两栋楼之间由一地下通道相连。商场负一层、一层、二层着火后，在烟囱效应的作用下，火灾烟气沿地下通道流向市总工会大楼，未被疏散的宾馆客房人员吸入有毒的火灾烟气中毒死亡。火灾烟气流动的过程中，高温烟气将市总工会文化宫负一层、负二层相继引燃。

（二）火风压

火风压是指建筑物内发生火灾时，在起火房间内，由于温度上升，气体迅速膨胀，对楼板和四壁形成的压力。火风压的影响主要在起火房间，若火风压大于进风口的压力，则大量火灾烟气通过外墙窗口由室外向上蔓延；若火风压等于或小于进风口的压力，则火灾烟气便全部从内部蔓延，当它进入楼梯间、电梯井、管道井、电缆井等竖向孔道以后，会大大加强烟囱效应。

（三）外界风的影响

风的存在可在建筑物的周围产生不同的压力分布，而这种压力分布能够影响建筑物内的烟气流动。建筑物外部的压力分布受多种因素的影响，包括风速和风向、建筑物的高度和形状等。若风朝着建筑物吹来，则可在迎风面产生较大的静压差（空气流动的动压头转变为静压头所产生的压差）。

在温度为293K时7m/s的风速可产生30Pa左右的压力差，会对建筑物内的烟气流动产生较大的影响。在背风面，风的影响比较小，甚至产生负压，有利于排烟。

建筑物的几何形状及毗邻情况可以引起复杂的压力分布。图1-12为风吹过有裙围建筑的楼房时平房上部的压力分布。

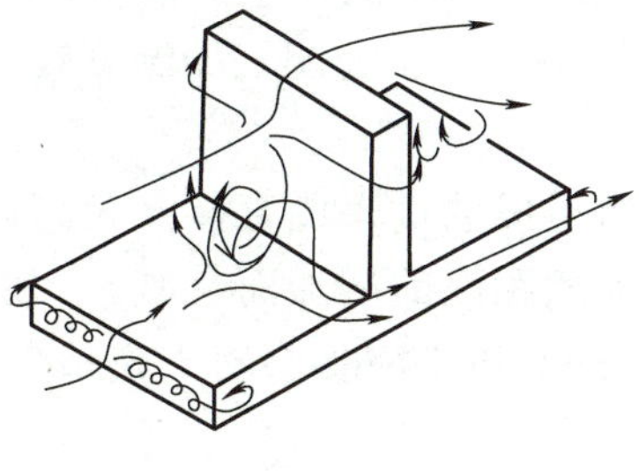

a）

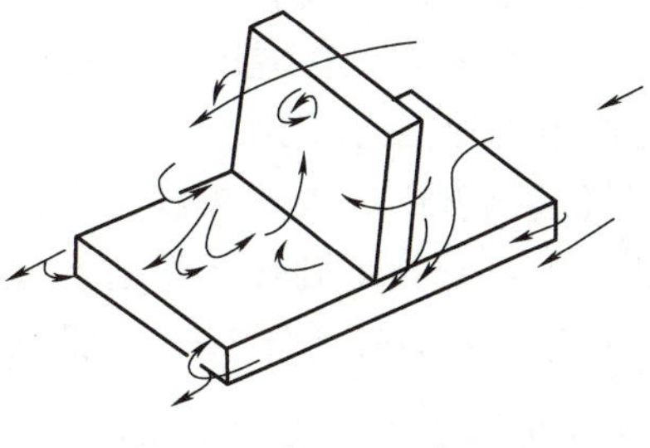

b）

图1-12 风吹过有裙围建筑的楼房时平房上部的压力分布

（四）空气调节系统造成的压差

在现代建筑中，为了通风和取暖而安装空气调节系统，其中的管道构成了楼内的通风网络。即使风机不工作，在烟囱效应的作用下，气体也可沿着管道流动。如果建筑物内发生火灾，通风管道将促使烟气在楼内蔓延。若风机正常工作，还会加剧烟气的蔓延。因此，应当在通风管道上安装防火阀，以便在火灾时切断着火区与其他部分的联通。

六、火灾烟气对灭火救援的影响

（一）火灾烟气对人员的影响

1. 火灾烟气会引起人员中毒

人员在火灾中死亡的原因主要有四种，即吸入烟气死亡、烧死、房屋坍塌埋压致死以及逃生失误致死。其中，吸入烟气死亡是主要死亡原因。火灾烟气中含有多种有毒物质，除了 CO 和 CO_2 外，还有氰化氢、卤化氢、氮氧化物等。研究表明，在火灾初期，当热量的威胁还不是很严重时，有毒气体已成为对火场中被困人员安全的首要威胁。在对火灾遇难者的尸体解剖中发现，死者血液中经常含有羰基血红蛋白，这是吸入 CO 的结果，还有一些火灾中，死者血液里含有氰化物。例如，2000 年 12 月 25 日，河南省洛阳市东都商厦发生特别重大火灾，死亡 309 人，起火点在地下二层的家具厅，家具燃烧产生的大量烟气沿楼梯间涌上了顶楼（四楼）的歌舞厅，在很短时间内造成大量人员死亡。事后调查表明，309 人全部是因为吸入有毒烟气中毒而亡。

2. 火灾烟气会引起人员窒息

火灾时由于吸入高温烟气，口腔、喉头肿胀，呼吸道阻塞窒息。此外，由于可燃物燃烧消耗空气中的氧气，因此空气中氧含量迅速降低，大大低于人体生理正常所需要的数值，从而给人体造成危害。数据表明，若仅仅考虑缺氧而不考虑其他气体影响，当空气中的氧含量降至 10% 时人就有窒息危险。但是，在火灾中仅仅由氧含量减小造成危害的情况很少，往往还有 CO、CO_2 和其他有毒成分生成的原因。

3. 火灾烟气会引起人员烫伤

火场烟气温度一般较高（300 ～ 800℃），人在火灾烟气中极易被烫伤。人的皮肤直接接触温度超过 100℃的烟气，几分钟后就会严重损伤。人在 100℃环境下就会出现虚脱现象，丧失逃生能力。据此有人提出，短时间内人的皮肤接触烟气的安全温度范围不宜超过 65℃，不过多数人无法在温度高于 65℃的空气中呼吸。另外，火灾烟气如湿度较大，也会造成人的极限忍受能力降低。

若烟气层高度尚在人的头部之上，这时高温烟气所造成的危害比直接接触高温烟气的危害要低。人员主要受到热辐射的影响，而热辐射强度随距离的增加而衰减。一般认为，在层高不超过 5m 的普通建筑中，烟气层的温度达到 180℃以上时便会对人造成威胁。

4. 火灾烟气会影响人员逃生行为

火灾烟气对人的行为抑制作用与受灾者对建筑物内的疏散通道熟悉程度有很大关系。对于那些不熟悉建筑物的人来说，火灾烟气会造成心理上的不安。在烟气浓度不断增大的情况下，烟气对眼睛和呼吸系统刺激增大，呼吸节奏被打乱，增加了恐惧感，人员不能集中精神，思考力和记忆力下降，往往会做出错误判断，不能正确逃生。

（二）火灾烟气对疏散的影响

在火灾区域以及疏散通道中，常常弥漫着大量含 CO 及各种燃烧产物的热烟气，烟气中的 SO_2、NO、NO_2 等刺激性气体，给眼、鼻、喉带来强烈刺激，导致视力下降、呼吸困难。烟气具有遮光性以及对眼睛的强烈刺激，使人的能见距离降低，这给疏散和灭火工作带来很大困难。

当疏散通道上部被烟气占据时，人们必须弯腰摸索行走，行走速度缓慢又不易找到安全出口，还可能走回头路。在大部分被烟气充满的疏散通道中，人们少时停留（如 1 ～ 2min）就可能昏倒，停留时间稍长（4min 以上）就可致死。因此，疏散通道必须设置防排烟设施。实际检测表明，疏散通道中的烟气浓度，当有防排烟设施时，一般为火灾室内烟气浓度的 1/300 ～ 1/100。为保证人员疏散安全，必须保持疏散时人们的能见距离不得小于某一数值，即疏散极限视距 D_{min}。根据建筑的用途不同和在住人员对建筑物的熟悉程度不同，疏散极限视距有如下规定。

（1）对住宅楼、教学楼、生产车间，因内部人员固定和对疏散路线熟悉，故取 D_{min}=5m。

（2）对各类旅馆、百货大楼、商场，因大多数人员为非固定人员，对疏散路线不太熟悉，故取 D_{min}=30m。

（三）火灾烟气对火灾扑救的影响

1. 烟气在一定条件下对燃烧有阻燃作用

从化学平衡的角度看，如果可燃物在一个密闭的房间内燃烧，随着燃烧的进行，燃烧产物的浓度会越来越高，而空气中氧气的浓度越来越少，燃烧速率也随之减小。当产物的浓度（如 CO_2、水蒸气等完全燃烧产物）达到一定程度时，燃烧就会停止。试验表明，当空气中的 CO_2 浓度达到 30% 时，大多数固体可燃物就不能再发生燃烧。

2. 为火情侦察提供参考与依据

不同的可燃物在不同的燃烧温度、不同的风向条件下，生成烟气的颜色、气味、浓度、流动方向等也不一样。从消防角度看，根据烟气的不同颜色和气味，往往可大致辨别出燃烧物；根据火场上烟气的流动方向，可大致判断火势蔓延方向和寻找火源（烟气的最下处可能就是起火点）；根据烟气的温度、浓度等特征，可大致判断燃烧速率和火灾发展阶段。表 1-28 列举了部分可燃物燃烧时生成烟气的特征。

表 1-28 部分可燃物燃烧时生成烟气的特征

可燃物	烟气的特征		
	视觉	嗅觉	味觉
木材	灰黑色	树脂嗅	稍有酸味
石油产品	黑色	石油嗅	稍有酸味

（续）

可燃物	烟气的特征		
	视觉	嗅觉	味觉
磷	白色	大蒜嗅	—
镁	白色	—	金属味
硝基化合物	棕黄色	刺激嗅	酸味
硫黄	—	硫嗅	酸味
橡胶	棕褐色	硫嗅	酸味
钾	浓白色	—	碱味
棉和麻	黑褐色	烧纸嗅	稍有酸味
丝	—	烧皮毛嗅	碱味
粘胶纤维	黑褐色	烧纸嗅	稍有酸味
聚氯乙烯纤维	黑色	盐酸嗅	稍有酸味
聚乙烯	—	石蜡嗅	稍有酸味
聚丙烯	—	石油嗅	稍有酸味
聚苯乙烯	浓黑烟	煤气嗅	稍有酸味
锦纶	白烟	酰胺类嗅	—
有机玻璃	—	芳香嗅	稍有酸味
酚醛塑料	黑烟	甲醛嗅	稍有酸味
醋酸纤维	黑烟	醋嗅	有酸味

3. 烟气流动有造成新的火源和促使火灾发展、蔓延的危险

火灾时，由于烟气的温度很高，又具有升腾的特征，因此烟气流到哪里，哪里就会聚热升温，极易起火燃烧。特别是可燃结构（如吊顶、隔墙等），在高温烟气的作用下具有受热自燃的可能，如果烟气中本身含有可燃气体（如 CO 等），且烟气温度在 500℃以上，在流经途中接触新鲜空气，就可能继续发生燃烧或爆炸；即使烟气中不含可燃气体，如果烟气温度很高，在流经途中，也能把可燃物加热，使其剧烈分解释放出可燃气体，造成新的起火点，甚至使火场上未着火的可燃物迅速分解着火而形成轰燃。

七、火灾烟气的控制

为减少火灾烟气对灭火救援的影响，建筑物通常设有防排烟系统。防排烟系统是防烟系统和排烟系统的总称。防烟系统的作用是把火灾烟气控制在划定的防烟分区内，不让它扩大蔓延到其他区域，防止建筑内大面积受害，减小救人灭火的难度。排烟系统的作用是及时把烟气排出建筑外，使疏散人员、救灾人员不被烟火所困，减少人员伤亡和财产损失，为救人灭火创造有利条件。

（一）防烟系统

防烟系统的设计应根据建筑物的高度、使用性质等因素，采用自然通风系统或机械加压送风系统。

自然通风是通过热压差和风压差作用进行的通风。室内外空气存在温度差、窗户开口之间存在高度差时就会形成热压差，室外气流在建筑物迎风面和建筑物背风面会形成风压差，热压差和风压差就会引起自然通风。

机械加压送风系统采用机械送风的方式，将足够的新鲜空气送入建筑物的楼梯间、前室、避难层（间）等空间，使其空气压力高于建筑物其他部位的空气压力，从而阻止火灾烟气侵入楼梯间、前室、避难层（间）等空间。加压送风口所在防火分区内，两只独立的火灾探测器或一只火灾探测器与一只手动火灾报警按钮的报警信号作为送风口开启和加压送风机启动的联动触发信号。这里要注意，消防联动控制器的联动控制需要加压送风场所的加压送风口开启，加压送风机启动。在通风空调系统的送、回风管上安装有防火阀，平时处于开启状态，当管道内气体温度达到70℃时自动关闭；防火阀关闭后相应区域的送风系统将停止工作。消防救援人员在人员疏散、物资疏散、组织内攻灭火等作业时要随手关闭防火门，并设置挡烟帘，防止火灾烟气侵入楼梯间、前室、避难层（间）影响救援工作。

（二）排烟系统

排烟系统用于将房间、走道等空间的火灾烟气排至建筑物外，分为自然排烟系统和机械排烟系统。多层建筑受外部条件影响较少，采用自然排烟系统较多。

自然排烟是利用浮力和外部风力作用，通过建筑物房间或走道的开口把烟气排至室外的排烟方式。这种排烟方式的实质是使室内外空气对流进行排烟。在自然排烟中，必须有冷空气的进口和热烟气的出口。自然排烟窗（口）设置在排烟区域的顶部或外墙，一般采用可开启外窗以及专门设置的排烟口进行自然排烟。

机械排烟系统用于将房间、走道等空间的烟气通过排烟风机排至建筑物外。机械排烟系统由挡烟设施（活动或固定挡烟垂壁、挡烟隔墙、挡烟梁）、排烟口、排烟防火阀、排烟管道、排烟风机和排烟风机控制柜等组成。当建筑物内发生火灾时，通常由现场人员手动控制或由感烟探测器将火灾信号传递给机械排烟系统控制器。挡烟设施将烟气控制在发生火灾的防烟分区内，并打开排烟口以及和排烟口联动的排烟防火阀，同时关闭空调通风系统内的防火调节阀（防止烟气从空调通风系统蔓延到其他非着火房间），最后由设置在屋顶的排烟机将烟气通过排烟管道排至室外。机械排烟系统管道上安装有排烟防火阀，平时处于关闭状态，发生火灾时，通过火警信号自动开启或人工开启进行排烟；当排烟管道内的温度达到280℃时，排烟防火阀自动关闭，相应区域排烟系统将停止工作。

【思考题】

1．名词解释：火灾烟气、能见距离、烟囱效应、正烟囱效应、逆烟囱效应。

2．火灾烟气有哪些性质？

3．火灾烟气对人员有哪些影响？
4．火灾烟气对疏散有哪些影响？
5．消防救援人员在火灾现场如何认识烟气的利弊？
6．火灾烟气的驱动力有哪些？
7．烟囱效应的影响因素有哪些？
8．简述建筑物防排烟的原理。

第八节 轰燃和回燃

一、室内火灾概述

建筑火灾通常从某种可燃物着火开始，最初发生在室内的某个房间或室内某个部位，然后由此蔓延到相邻的房间或区域以及整个楼层，最后蔓延到整个建筑物。室内火灾受可燃物、火焰、烟气羽流、烟气层、壁面和通风口等多因素的影响。室内平均温度是表征火灾燃烧强度的重要参数，常用室内平均温度随时间变化的情况描述室内火灾的发展过程，如图1-13所示。

建筑室内火灾发展过程

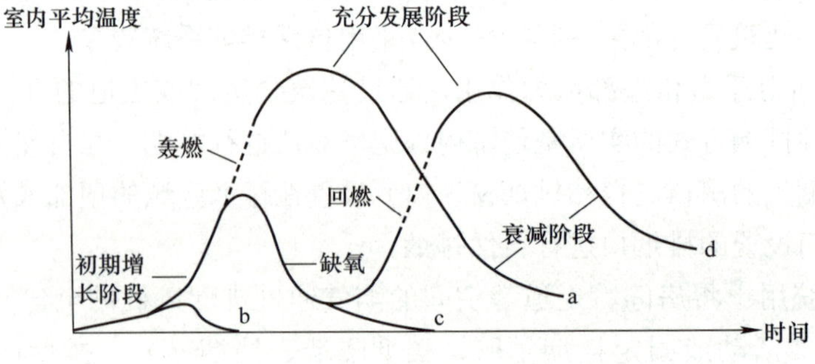

图1-13 室内平均温度－时间曲线

从图1-13可以看出，室内火灾的发展过程主要有四种情况，分别对应图中的四条曲线。下面分别对四条曲线代表的火灾发展过程进行分析。

（1）曲线a。室内有足够的可燃物，有足够的助燃物（即良好的通风条件），火灾发生后没有任何人为干预，火灾自由发展，直至可燃物全部烧完。该情况下的火灾可分成三个阶段，即火灾的初期增长阶段、充分发展阶段和衰减阶段。在火灾的初期增长阶段和充分发展阶段之间，有一个温度急剧上升的瞬变过程，即轰燃，它是火灾进入充分发展阶段的标志。

1）初期增长阶段从出现明火算起，此阶段主要为物料控制型燃烧，燃烧面积较小，只局限于着火点处的可燃物燃烧，局部温度较高，室内平均温度不高，各点的温度分布不平衡，其燃烧状况与敞开环境中的燃烧状况差不多。此阶段火势较小，是灭火的有利时机。

2）充分发展阶段从轰燃开始算起，此阶段既有物料控制型燃烧，又有通风控制型燃烧，以通风控制型燃烧为主。轰燃发生后，室内可燃物出现全面燃烧，可燃物的热释放速率很大，室温急剧上升，并出现持续高温，室内温度可超过 1000℃。火焰和高温烟气在火风压的作用下，会从房间的门窗、孔洞等处大量涌出，沿走廊、吊顶迅速向水平方向蔓延扩散。同时，由于烟囱效应的作用，火势会通过竖向的管井、共享空间等向上蔓延。轰燃的发生标志着火势的失控，产生的高温会对建筑物的衬里材料及结构造成严重影响。这是火灾中最危险的阶段。

3）衰减阶段是火灾逐渐熄灭的阶段，一般认为，火灾衰减阶段是从室内平均温度降到其峰值的 80% 时算起。此阶段随着室内可燃物数量的减少，火灾燃烧速度减慢，室内温度逐渐下降，直至火灾完全熄灭。

（2）曲线 b。火灾已经发生，但未发展到充分发展阶段就自动熄灭或被扑灭。室内火灾，如果起火点周边没有可燃物，为孤立火源，着火物质烧完后火灾会自行熄灭。室内火灾，即便不是孤立火源，但若火灾被及时发现、及时干预，且灭火行动高效，则火灾还未发展到充分发展阶段就会被扑灭。

（3）曲线 c。室内火灾发生后，有足够的可燃物，但燃烧空间相对密闭，燃烧一段时间后，室内氧含量逐渐降低，火灾由有焰燃烧转为阴燃，燃烧速度下降，火灾慢慢熄灭。

（4）曲线 d。室内火灾发生后，有足够的可燃物，但燃烧空间相对密闭，燃烧一段时间后，室内氧含量逐渐降低，火灾由有焰燃烧转为阴燃；但是，此时通风条件突然改变，热烟气流出，新鲜空气流入，发生回燃，室内再次发生有焰燃烧，火灾进入充分发展阶段。

二、轰燃

（一）轰燃形成的原因

建筑物内某个局部起火之后，可能出现以下三种情形：一是明火只在起火点附近存在，室内的其他可燃物没有受到影响。孤立位置起火时，多数是这种情形。二是如果通风条件不太好，明火可能自动熄灭，也可能在氧气浓度较低的情况下以很慢的速率维持燃烧。三是如果可燃物较多且通风条件足够好，则明火可以逐渐扩展，乃至蔓延到整个房间。

轰燃

轰燃是在第三种情形下出现的。室内局部发生火灾，燃烧的火焰面、聚集在楼板下的高温烟气、火灾环境下高温的天花板和墙壁都会产生热辐射，热辐射不仅加热正在燃烧的可燃物，还加热远离燃烧区未燃烧的可燃物。远离燃烧区未燃烧的可燃物受热后发生分解产生可燃气体，可燃气体达到一定的浓度且温度达到其燃点时，可燃气体就会被点燃，出现全室性气相火焰现象，燃烧的气体迅速点燃室内绝大多数可燃物表面，轰燃发生。

从轰燃的发生过程可以看出，轰燃是热量积累的结果，热量主要来自热辐射。建筑物室内可燃物接收到的辐射热源主要有三个方面：一是顶棚下方的热烟气层，这是促使可燃物发生分解的主要热源；二是顶棚与侧壁所有热表面；三是火焰，包括火羽流与顶棚射流。

（二）轰燃的临界条件

为了从定量的角度说明出现轰燃的临界条件，沃特曼在一长宽高为3.64m×3.64m×2.43m的房间内进行了试验，并测出要使室内发生轰燃的基本定量条件是：地板平面处至少要接收到20kW/m^{2}的热通量，可燃物燃烧速率必须大于40g/s，并维持一段时间。休格拉德在高2.7m的室内进行试验并提出，顶棚温度达到600℃才能出现轰燃，并以此作为基本判据。

（三）轰燃的征兆

轰燃的发生是很难预测的。有时室内发生火灾后不久，轰燃就发生了，使房屋整体形成一片火海；有时火灾发生了很长时间，却一直不发生轰燃。尽管目前尚无法准确预测轰燃发生的时间，但按照通常的经验，建筑火灾内部发生轰燃的征兆有以下几点。

（1）开始产生灼热皮肤的辐射热，几秒钟后辐射热强度达到10kW/m^2。

（2）室内的热气流使人无法坚持，室内温度接近450℃。

（3）门热得烫手，木质部分平均温度超过320℃。

（4）室内顶棚及门窗充满高热浓烟或烟从窗口上部喷出，并呈翻滚现象。

（5）烟气层降至离地面1m左右，并出现滚动现象。

（四）影响轰燃的因素

1. 室内燃烧物的性质

合成纤维及其制品起火后比天然纤维及其制品更容易发生轰燃，因为合成纤维的燃烧能很快产生大量烟气并产生高热，短时间内就有发展成轰燃的危险。轰燃时间的提前到来，将给灭火及查找和救助被困人员带来不利影响。

2. 房屋的条件

（1）房间大小决定了轰燃发生的先后。两个大小不同，但强度一致的房间，当发生火灾后，小房间先发生轰燃。

（2）与房间内保温有关。在房间顶棚、壁体的空间内充填保温材料，会使燃烧时产生的热量难以传导消散，使更多的热产生辐射作用，因此保温房间要比不保温房间更快发生轰燃。

（3）用塑料纸和可燃性胶粘剂装饰的顶棚和墙壁，在火灾中更容易燃烧，增加室内的热量，使轰燃更快发生。

（五）轰燃的危害

轰燃发生后，可燃物全部进入燃烧状态，火焰充满整个空间。燃烧破坏力极强，危害较大。轰燃的危害主要体现在以下几方面。

1. 轰燃对人员逃生危害大

轰燃发生后，氧含量急剧下降，在轰燃的鼎盛期，氧含量只有 3% 左右。对处在着火房间的人员来说，氧含量下降到 6% 后，5min 内就会死亡。在缺氧的条件下人员会失去活动能力，从而不能逃离火场。此外，轰燃温度极高（可达 1100℃），极易造成人员灼伤。

2. 轰燃易加快火势蔓延

轰燃发生后，火焰面上的热辐射不仅直接危害着火房间以上的房间，而且严重威胁毗邻的建筑物，喷出的火焰是造成建筑物楼层间及建筑物与建筑物之间火势蔓延的主要驱动力。

3. 轰燃会破坏建筑物结构

轰燃发生后，不仅仅是装饰物等在燃烧，建筑物的支撑结构也会受到破坏。如承重墙受到火势侵袭，承重能力降低，导致建筑物坍塌。

（六）轰燃的安全防范

轰燃是热量累积的结果，热量主要来自火灾烟气、扩展顶棚、火焰的热辐射，火灾救援中既要防范轰燃的发生，更要防范轰燃发生时对消防救援人员的危害。

预防轰燃的发生，一是加强火场的排烟散热；二是强制冷却，用“开花水”对火灾烟气、扩展顶棚、可燃物进行强制冷却。减小轰燃对消防救援人员的危害，一是设立安全员、观察哨，不间断地对火场进行侦查，发现轰燃征兆后及时撤离；二是强化安全意识，加强安全防护。

案例

2018 年 9 月 19 日 16 时 15 分，某保鲜库发生火灾。指挥中心接警后，先后调派 3 个消防救援站和 1 个专职队共 11 辆消防车、48 名指战员到场处置。16 时 32 分，首批救援力量 3 辆消防车、13 名指战员到场，铺设 2 条干线及 2 支水枪实施搜救灭火，辅助组架设排烟机对火场进行排烟。16 时 38 分，搜救发现被困工人陈某某在保鲜库内距入口约 4m 处，随即将其救出。16 时 42 分，保鲜库内突然发生轰燃，造成聚氨酯泡沫材料猛烈燃烧，内部货架倒塌，竹竿、木质模具散落，进攻通道被堵塞。

保鲜库具有通风差、出口少、较密闭、排烟难、散热难泄压面少等特点，保温材料多为聚氨酯泡沫材料，这类材料燃烧速度快、热值高、火势蔓延快，易产生大量易燃易爆的有毒有害气体。由于空间密闭、燃烧热值高、火灾烟气多、散热难，因此保鲜库易发生轰燃。

扑救保鲜库火灾时，内攻人员必须严格落实个人防护安全措施，并做好出入登记、安全提示等。组织内攻时，应充分利用热成像仪、可燃气体探测仪进行侦察检测，并进行风险评估。内攻作业时，水枪阵地应尽量设置在建筑物承重墙、承重柱或门梁处，紧急撤离时可沿水带撤离。

三、回燃

回燃

（一）回燃的产生

封闭空间火灾发生一段时间后，由于新鲜空气补充不足，不能满足加快燃烧的要求，火灾逐步进入缺氧性燃烧状态，但室内温度较高，可燃物继续分解，烟气中逐渐积累大量可燃气体。当通风条件突然改变时，在火风压的作用下，热烟气从通风口涌出，在通风口处与新鲜空气形成非均匀预混气体，非均匀预混气体发生燃烧，火焰由室外烧回室内，室内再次发生有焰燃烧，这种燃烧现象称为回燃。

帕格内等人使用一个长宽高为2.4m×1.2m×1.2m的模型进行回燃传播试验，该试验以甲烷燃烧器为火源，先将模型开口全部关闭，使燃烧器的火焰逐渐缩小，最终缺氧而窒息；然后打开模型一端的开口，经过一段时间的延时，启动电火花点火器，形成的火焰由点火源开始，大体沿室内上半部由热烟气和冷空气交界区所形成的非均匀可燃混合气体处迅速蔓延开来，甚至从开口窜出。

根据以上现象可知，烟气回燃是一种发生在烟气层下表面附近的非均匀预混燃烧。可燃烟气层处于室内上半部，如无强烈扰动，后期进入的新鲜冷空气一般会沉在下面。两者在交界面处扩散掺混，生成可燃混合气体。若气体扰动较大，混合区将会加厚，但这种可燃混合气体通常不均匀。一旦遇到点火源，可燃混合气体就可燃烧，并以火焰传播的形式向外扩展。

（二）回燃的征兆

回燃的发生很难精准预判，按照通常的经验，可以通过以下几点来预判。

（1）相对封闭的空间进行了较长时间的燃烧，燃烧状态由有焰燃烧转为阴燃。

（2）室内温度很高，超过可燃物的热分解温度。

（3）热烟气接近地面，门窗被熏黑。

（4）通风条件突然改善。

（三）回燃的安全防范

回燃是通风条件改变的结果，主要为通风控制型燃烧。在相对密闭的空间，通风条件改变和室内高温是发生回燃的基本条件。消防救援人员在进入密闭的室内进行人员搜救及火灾扑救时必须防范回燃的发生及其对自身的危害。

防范回燃的发生，一是坚持非必要不破拆密闭着火空间的门窗，如果因救人、内攻等需要开启门窗，人员应采取限位措施，按照门控技术实施，及时出水冷却热烟气；二是火场散热排烟应在房间顶棚或墙壁上部开口，可燃烟气应直接排到室外；三是打开通风口时，应沿开口向房间内喷射“开花水”，人员应避开泄压面。

防范回燃对消防救援人员的危害，一是设立安全员、观察哨，不间断地对火场进行侦查，发现回燃征兆后及时撤离；二是强化安全意识，加强安全防护；三是消防救援人员进入密闭着火房间前，应使用热成像仪等器材检测房间温度，严格按照门控技术开展作业。

案例

2014 年 5 月 1 日 14 时 01 分，某居民楼 13 层住宅发生火灾。消防部门接警后，调派 5 个消防中队、13 辆消防车、100 余名指战员赶赴现场扑救。14 时 07 分，辖区中队到达现场，经侦察，发现该楼层南侧阳台有烟雾冒出，有群众从楼内自行疏散，具体人员被困情况不明。到场指战员即刻展开战斗，在破拆防盗门过程中，由于锁牙被切割破坏，在外部风力作用下突然开启，大量高温浓烟瞬间涌出，充满楼道和电梯前室，随即发生回燃。

扑救高层建筑火灾，应充分考虑高空风力强、住宅房间密闭、火灾荷载大、蔓延途径多等不利因素，预判烟热流动方向及对内攻人员可能造成的威胁，科学确定人员疏散、排烟散热和内攻灭火方案。破拆入户门时要采取限位措施，防止突然大面积开启后大量热烟气涌出。开启入户门前，应使用热成像仪等器材检测房间温度，严格按照门控技术开展作业。

【思考题】

1．什么是轰燃与回燃？
2．简述轰燃产生的原因、征兆、危害、影响因素。
3．简述回燃产生的原因及预防措施。
4．简述轰然与回燃的异同。

第二章　着火与灭火基本理论

知识目标

❍　了解着火的过程和着火的条件、放热和散热的关系、链式反应理论及其应用、引燃的特征和电火花引燃的机理。

❍　熟悉着火方式的分类、热自燃理论的基本观点、链式反应的分类、电极熄火距离。

❍　掌握着火方式的判断、着火的临界温度、出现火焰的临界温度、灭火滞后现象、链式反应的特点和过程、最小点火能量。能运用热自燃理论和链式反应理论分析着火的条件和灭火的措施。

素养小知识

着火与灭火基本理论是学习并掌握消防燃烧学的重要基础，通过理论的深入学习，能促进对火灾现象与特征的理解和掌握。同时，基本理论的局限性能更好地激发我们在前辈研究的基础上，秉持大胆质疑、小心求证的科学精神，不断推动消防燃烧学理论的创新。

第一节　着火方式与着火条件

一、着火过程

从燃烧过程的化学动力学可知，任何一个燃烧反应，都存在一个从反应的引发到剧烈反应的自动加速过程，这个过程就是着火。在着火过程中，可燃物与氧化剂接触混合，经历了由无化学反应、缓慢化学反应向剧烈化学反应状态的过渡，并在某个瞬间出现火焰，最终由缓慢氧化状态变为剧烈燃烧状态。在着火过程中，化学反应速率发生了跃变，即化学反应在极短时间内从低速状态加速到高速状态，而出现火焰则是着火过程的重要标志，如图 2-1 所示。

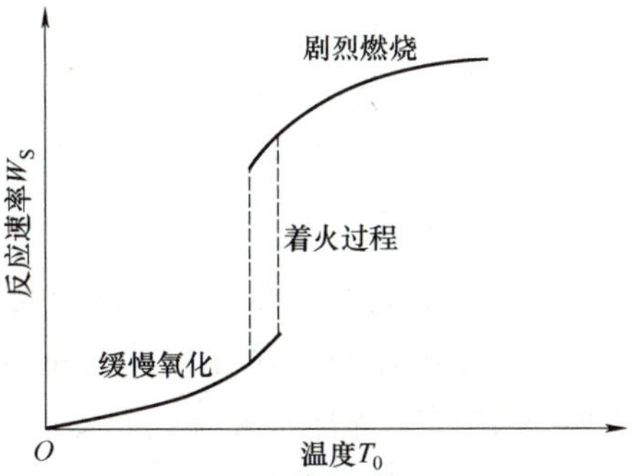

图 2-1　着火过程中的化学反应速率

二、着火方式

可燃物的着火方式一般可分为自燃和引燃两种。

自燃是在没有外部火花、火焰等点火源的直接作用下，可燃物因受热或依靠自身反应（物理、化学、生物反应等）发热并蓄热，导致温度不断升高并自行发生燃烧的现象。如油锅过热而着火、火柴摩擦而着火、炸药受撞击而爆炸、黄磷暴露在空气中而自燃、烟煤因堆积过高而自燃、枯枝树叶或稻草秸秆等长时间堆积而自燃等。根据热源的不同，自燃可以分为自热自燃和受热自燃。

引燃则是将火花、火焰、炽热体等高温热源作用于可燃物的某个局部，使该局部受到强烈加热而首先着火、燃烧，然后燃烧以一定的速率逐渐扩大传播到可燃物的其他部分或整个反应空间。在大部分火灾中，可燃物都是通过引燃方式而着火的。

当然，这种着火方式的分类，并不能十分恰当地反映出它们之间的联系和差别。例如，自热自燃和受热自燃都是既有自身化学反应的作用，又有外部热量的作用；而自燃和引燃的差别也仅仅是整体加热和局部加热的不同而已，绝不是“自动”和“受迫”的差别。

三、着火条件

在常温下，绝大多数可燃物与空气接触混合，只能进行缓慢的氧化，并不会着火燃烧，这说明着火的发生需要具备一定条件。

在一定的初始条件下，可燃物不能保持低温的缓慢氧化状态，而是出现一个急剧的自动加速过程，使可燃物在某个瞬间达到高温的剧烈燃烧状态，这个初始条件称为着火条件。这里需要注意以下几点。

（1）达到着火条件并不表明可燃物已经着火，而只是可燃物已经具备了着火的可能，会出现着火的过程。

（2）着火条件并不只是一个简单的初温条件，而是化学动力学参数、流体动力学参数和传质传热学参数的综合体现。例如，对于某一种具体的可燃预混气体而言，在封闭的条件下，其着火条件可由下列函数关系表示，即

$$f(T_0, P, \alpha, d, v_0)=0 \tag{2-1}$$

式中 T_0——预混气体初始温度（环境温度）；

P——预混气体初始压力；

α——对流换热系数；

d——容器直径；

v_0——环境气流速率。

【思考题】

1. 在着火的过程中，可燃物的反应状态有何变化？这一变化的实质和标志分别是什么？

2. 木材燃烧、液化石油气爆炸、油锅起火、香烟点燃、汽油发动机燃烧、柴油发动机燃烧分别属于哪种着火方式？

3. 自燃和引燃这两种着火方式有何异同？

4. 着火条件有哪些？当可燃物具备着火条件时是否已经着火？

第二节 热自燃理论

一、谢苗诺夫热自燃理论

任何可燃物与助燃物混合的反应系统，一方面会进行缓慢氧化而放出热量，使系统温度升高；另一方面又会因存在温度差而向外散热，使系统温度下降。苏联科学家谢苗诺夫提出：着火是放热与散热共同作用的结果。如果放热大于散热，系统就会出现热量积累，温度升高，反应加速，最终发生自燃；相反，如果散热大于放热，系统温度下降，则不能自燃。

热自燃理论

二、放热与散热的分析

设有一个球形容器，体积为 V，表面积为 F，内部充满某种反应热为 ΔH 的可燃预混气体，现对其放热和散热进行分析。为使问题简化，作如下假设。

（1）环境温度为 T_0，反应开始时预混气体温度与环境温度相同，反应过程中预混气体的瞬间温度为 T。

（2）反应开始时容器的壁温与环境温度 T_0 相同；反应过程中，壁温升高，与预混气体温度相同。

（3）反应过程中，容器内既无自然对流，也无强迫对流，容器内各点的温度、浓度相同。

（4）着火前反应物浓度变化很小，近似认为不变。

（5）环境与容器之间有对流换热，对流换热系数为 α，它不随温度变化。

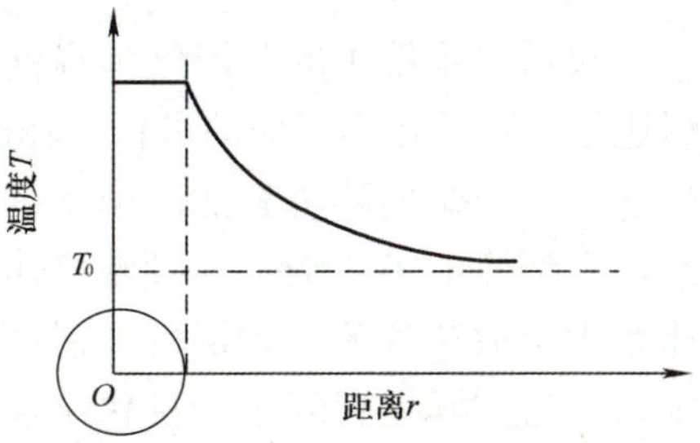

图 2-2 热自燃理论分析模型简化示意图

该分析模型的简化示意图如图 2-2 所示。

用 $Q_{放}$ 表示预混气体在单位时间内由化学反应放出的热量，即放热速率；用 $Q_{散}$ 表示预混气体在单位时间内向外界环境散发的热量，即散热速率，则

$$Q_{放}=V\Delta H W_S \tag{2-2}$$

$$Q_{散}=\alpha F(T-T_0) \tag{2-3}$$

式中 ΔH——可燃预混气体的化学反应热；

W_S——可燃预混气体的化学反应速率。

根据燃烧反应速率方程 $W_S = K_0 C_A^a C_B^b \exp\left(\frac{-E}{RT}\right)$ 可知，化学反应速率 W_S 与预混气体温度 T 成指数关系，所以 $Q_{放}$ 是预混气体温度 T 的指数函数，而 $Q_{散}$ 则与预混气体温度 T 成正比例关系。将 $Q_{放}$ 和 $Q_{散}$ 分别对预混气体温度 T 作图即得到放热曲线和散热曲线，如图 2-3 所示。当预混气体浓度不同时，反应速率 W_S 不同，因而可得到一组放热曲线；当环境温度 T_0 不同时，可得到一组平行的散热曲线；当改变 αF 时，可得到一组斜率不同的散热曲线。

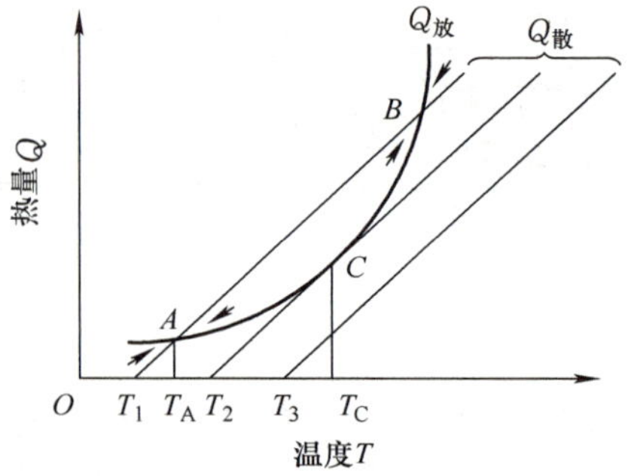

图 2-3 放热曲线与散热曲线

三、热自燃理论着火分析

（一）着火条件

热自燃理论着火分析

从图 2-3 可以看出，当改变环境温度 T_0 分别为 T_1、T_2、T_3 时，放热曲线 $Q_{放}$和散热曲线 $Q_{散}$之间的关系有三种情况：第一种是有 A、B 两个交点；第二种是只有 C 一个交点；第三种是没有交点。现对这三种情况进行简要分析。

1. 当环境温度较低时，如 $T_0=T_1$

起初，系统中的预混气体温度等于环境温度 T_1，所以散热速率为零，这时化学反应缓慢进行；随着化学反应的进行，释放出少量热量，使预混气体温度上升，与环境温度之间产生温差，开始向环境散热。由于此时放热速率大于散热速率，因此预混气体温度将不断上升，直到等于 T_A。此后，预混气体温度将保持稳定，因为当预混气体温度高于 T_A 时，放热速率小于散热速率，预混气体温度将下降，回到 T_A。由此可知，A 点是一个可以达到的稳定点，它实际上代表了一种化学反应速率很小的缓慢氧化状态。显然，在这样的初始条件下，预混气体的温度不会自动持续升高，反应也不能自动加速而着火，这说明预混气体还不具备着火条件。

从 A 点到 B 点的过程中，散热速率一直大于放热速率。因此，如果仅依靠自身的反应，预混气体温度不可能继续升高，所以 B 点是达不到的。另外，B 点是一个不稳定点，如果有一个微小增温扰动，使预混气体温度略大于 T_B，这时由于放热速率总是大于散热速率，因此预混气体温度将会越来越高；如果有一个微小降温扰动，使预混气体温度略低于 T_B，这时由于散热速率总是大于放热速率，因此预混气体温度将会越来越低，直至返回 T_A。

2. 当环境温度较高时，如 $T_0=T_3$

这时，由于放热速率总是大于散热速率，因此预混气体温度将会不断升高，化学反应不断加速，最后必然导致着火。

3. 当环境温度恰好时，如 $T_0=T_2$

这时，放热曲线 $Q_{放}$和散热曲线 $Q_{散}$刚好相切于 C 点。C 点具有以下重要特点。

（1）C 点能达到。因为在 C 点以前放热速率总是大于散热速率，所以预混气体温度会

从 T_2 自动升高到 T_C。

（2）C 点是一个不稳定点。若有一个微小增温扰动，使预混气体温度略大于 T_C，则放热速率总大于散热速率，预混气体温度自动升高，化学反应速率自动增大，直至着火。

由上述分析可以得出热自燃理论的一个重要结论：T_2 是发生着火的临界温度（即着火的初温条件），超过这个温度，预混气体就会自动升温、反应自动加速，最终着火。在分析过程中，保持压力和对流换热系数恒定，由此得出着火的临界温度。进一步分析可知，若保持压力和环境温度恒定，可得出着火的临界对流换热系数；保持环境温度和对流换热系数恒定，可得出着火的临界压力，如图 2-4、图 2-5 所示。

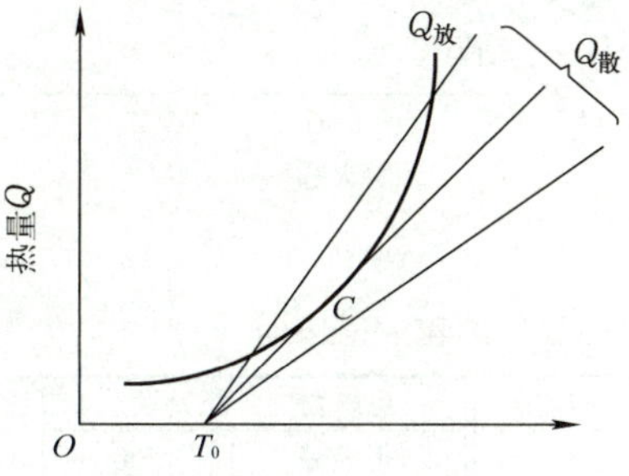

图 2-4　着火的临界对流换热系数

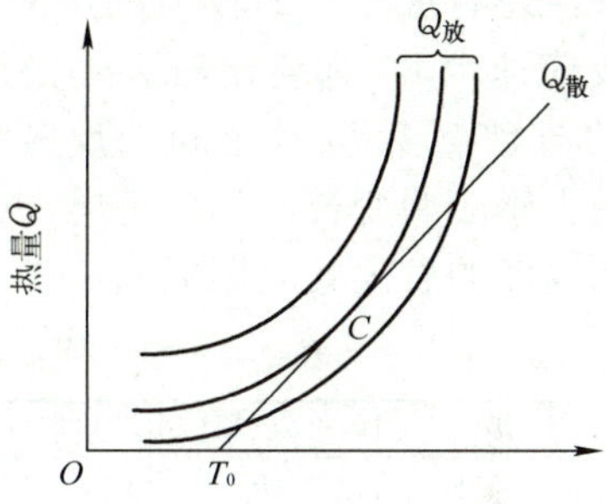

图 2-5　着火的临界压力

对临界点 C 进行分析可知：在 C 点以前，由于放热速率与散热速率之差越来越小，因此从 T_2 到 T_C 是一个缓慢升温的过程；而在 C 点以后，由于放热速率与散热速率之差越来越大，因此会出现急剧升温。C 点标志着由低温缓慢氧化状态到高温剧烈燃烧状态的过渡，也就是说预混气体在 C 点以后一定会着火，T_C 则是可能出现火焰的最低临界温度，可近似取 T_C 为预混气体的自燃温度（自燃点）。自燃点 T_C 与很多因素有关，它受预混气体的性质、放热速率和散热速率等因素影响，如图 2-6 所示。如果在试验时将外界条件固定，那么自燃点 T_C 就只与预混气体的性质有关，此时测得的自燃点 T_C 就可以用来评定可燃预混气体的自燃难易程度。

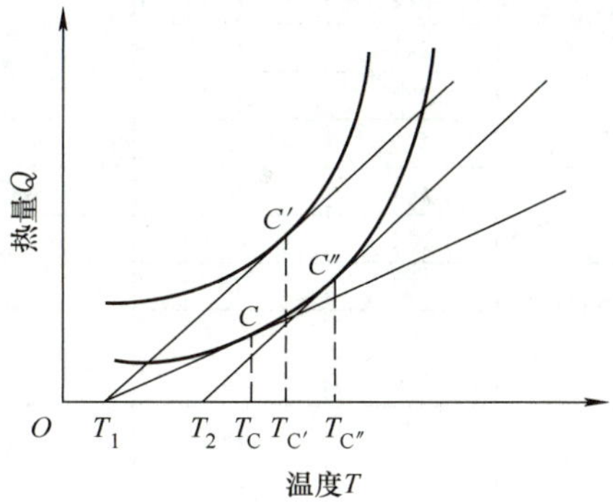

图 2-6　放热速率和散热速率对自燃点的影响

（二）着火感应期

在热自燃理论分析中，只考虑了可燃预混气体在达到临界温度 T_2 的条件下，有着火的可能，并没有考虑发生着火需要的时间长短。如前所述，可燃预混气体的温度在达到 T_C 之前，经历了由 T_2 到 T_C 的缓慢升温过程，那么，要经过多长时间才能升温至 T_C 而着火呢？于是引出了着火感应期的概念。

在热自燃理论中，着火感应期是指当预混气体在已经具备着火条件的情况下，由初始状态达到温度开始剧升的瞬间所需的时间，也就是图 2-3 中预混气体温度从着火临界温度 T_2 升高到自燃点 T_C 所需的时间。预混气体初始温度不同，其着火感应期 t 也不同，如图 2-7 所示。

从图 2-7 中可以看出，初始温度为 T_1 时，T-t 曲线永远达不到自燃点 T_C，这意味着着火感应期为无穷大，预混气体只能在 T_A 温度进行缓慢氧化；初始温度为 T_2 时，经过 t_1 后，T-t 曲线与 T_C 直线相交，即着火感应期为 t_1；初始温度升高至 T_3，着火感应期则缩短为 t_2；当初始温度升高至 T_C 后，着火感应期则为 0。由此可见，预混气体初始温度越高，其着火感应期 t 越短。影响着火感应期的因素除了初始温度以外，还有很多，如较大的反应热 ΔH 和较高的反应速率 W_S 都会使着火感应期变短，而较高的自燃点 T_C 以及较高的反应活化能 E 都会使着火感应期变长。部分可燃物在空气中不同初始温度的着火感应期见表 2-1。

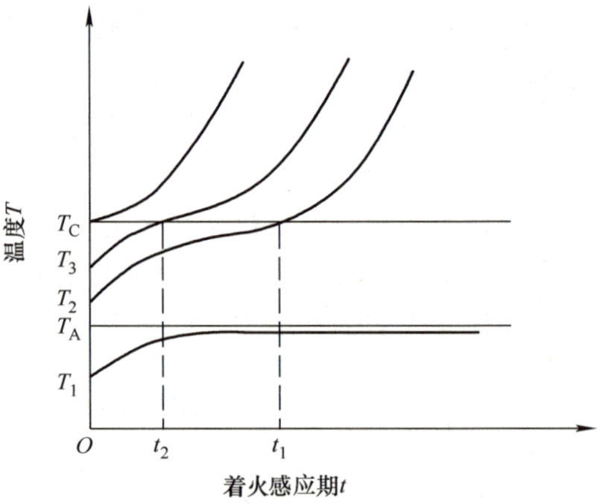

图 2-7 不同初始温度时的着火感应期

表 2-1 部分可燃物在空气中不同初始温度的着火感应期

可燃物	初始温度 /℃	着火感应期 /s	可燃物	初始温度 /℃	着火感应期 /s	可燃物	初始温度 /℃	着火感应期 /s
乙烷	515	10	1- 十六碳烯	240	78	正戊醇	300	13
丙烷	504	6	苯	592	32	异戊醇	347	13
正丁烷	405	6		562	42	环己醇	300	40
异丁烷	477	18	甲苯	568	48	甲醛（37%）	424	14
正戊烷	287	10	间二甲苯	563	54	环己酮	420	17
	284	24		528	61	苯乙酮	571	13
	247	30	对二甲苯	564	42	正戊醚	171	18
	223	101		529	69	正己醚	187	37
异戊烷	427	6	乙苯	432	18	二苯醚	646	12
正己烷	261	30	正丙基苯	456	12		618	15
	234	57	异丙基苯	467	6	亚硝酸戊酯	200	12
2- 甲基戊烷	307	6		424	91	丁酸	452	13
	304	12	正丁基苯	438	6	甲酸乙酯	455	14
正辛烷	240	54		412	9	己二酸	422	19
	220	132	异丁基苯	456	12	醋酸异丁酯	423	4
异辛烷	447	12		428	16	丙酸戊酯	378	2
	418	27	联苯	577	36	硬脂酸丁酯	355	2
正壬烷	234	66		566	39	异丁胺	378	4
	206	130	1- 甲基萘	547	24	乙酰替苯胺	547	12
正癸烷	232	54	十氢化萘	272	18	苯胺	617	4
	208	124	蒽	540	17		593	6
正十二烷	204	214	环戊烷	385	6	二苯胺	634	60
正十四烷	202	158	环己烷	270	102	苄基氯	585	17
正十六烷	230	66		260	206	乙酰氯	930	5
	205	141	煤油	249	66	丁基氯	265	10
1- 戊烯	298	18		229	210	邻二氯苯	638	9
1- 己烯	272	72	石油醚	288	15	3- 氯三氟甲苯	566	9
1- 辛烯	256	72	航空汽油	471	3			
1- 癸烯	244	78		440	5			
1- 十四碳烯	239	66	正丁醇	359	18			

（三）着火极限

对于临界点 C，经分析发现，其临界温度 T_C、临界压力 P_C 是可燃气体浓度 X_f 的函数。若保持 P_C 不变，可得出临界温度 T_C 与可燃气体浓度 X_f 的函数曲线（图 2-8）；若保持 T_C 不变，可得出临界压力 P_C 与可燃气体浓度 X_f 的函数曲线（图 2-9）。

从图 2-8 和图 2-9 可以看出，自燃着火存在一定的极限，不在极限范围内，就不能着火。

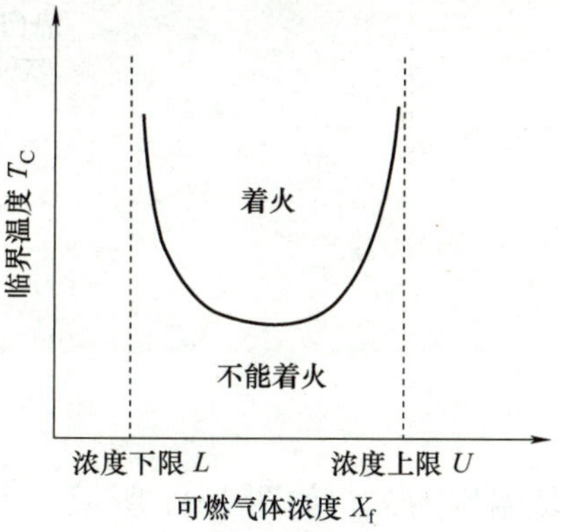

图 2-8 临界温度曲线

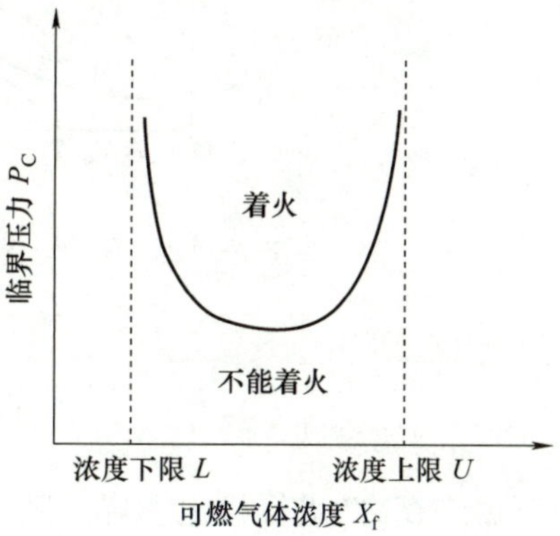

图 2-9 临界压力曲线

（1）浓度极限。存在着火浓度下限 L 和上限 U，如果系统中可燃物浓度太小或太大，则不论温度多高或压力多大都不会自燃着火。

（2）温度极限。在压力保持不变的条件下，降低温度，两个浓度极限相互靠近，着火浓度范围变窄；当温度低至某一临界值时，两个浓度极限合二为一；再降低温度，任何比例的混合气体均不能着火。这一临界温度值为该压力下的自燃温度极限。

（3）压力极限。在温度保持不变的条件下，降低压力，两个浓度极限相互靠近，着火浓度范围变窄；当压力低至某一临界值时，两个浓度极限合二为一；再降低压力，任何比例的混合气体均不能着火。这一临界压力值为该温度下的自燃压力极限。

很显然，不同的混合气体，其浓度极限、温度极限和压力极限是不同的。

四、热自燃理论灭火分析

（一）燃烧过程中放热曲线与散热曲线的关系

在讨论着火问题时，做过预混气体浓度不变的假定。这种假定虽具有近似性，但误差不大，因为着火前反应速率很慢。但预混气体一旦着火，预混气体浓度就会因燃烧而急剧降低。在非绝热情况下，预混气体浓度的变化比较复杂，预混气体浓度降低会使放热速率变慢，放热曲线不会始终上升，而会出现下降；而散热曲线与预混气体浓度变化的关系不大，仍呈直线。于是，放热曲线与散热曲线的交点在一般情况下不是原来的两个点，而是三个点 A、B、A'，如图 2-10 所示。

如果提高环境温度至 T_2，使散热曲线与放热曲线相切于 C 点，则 A' 移到 A''。在这样的条件下，可燃预混气体必将出现着火的过程，而 A'' 点则是预混气体能够实现的理想的稳定反应状态——高温燃烧态，对应的 $T_{燃}$ 即为燃烧温度。由此可见，不考虑浓度变化的着火分析是不可能表明系统在燃烧时所处的状态的。

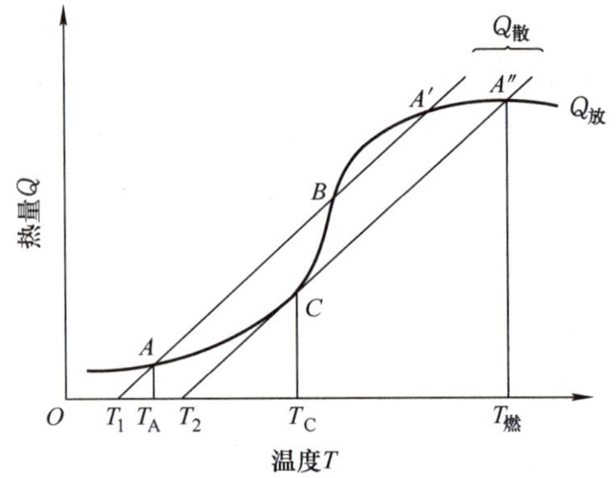

图 2-10 燃烧过程中放热曲线与散热曲线的关系

热自燃理论灭火分析

（二）灭火措施

1. 降低环境温度 T_0

设系统已经在 A''' 进行稳定燃烧，其对应的环境温度为 T_3，如图 2-11 所示。

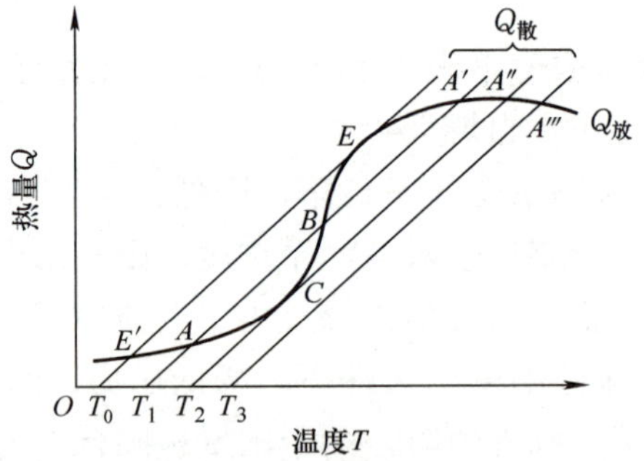

图 2-11 降低环境温度使系统灭火

要使系统灭火，将环境温度降低到 T_2，此时燃烧点 A''' 移到 A''，因 A'' 是稳定点，故系统在 A'' 点进行稳定燃烧。这就是说，环境温度降到着火的临界温度，系统仍不能灭火。同样，因 A' 点也是稳定燃烧态，故环境温度降低到 T_1 也不能灭火。

当环境温度降低到 T_0 时，放热曲线与散热曲线相切于 E 点。E 点是个不稳定点，系统出现一个降温扰动，由于散热速率大于放热速率，系统会自动降温；系统移到 E'，E' 是低温缓慢氧化态，这样系统就由高温燃烧态 A''' 过渡到低温缓慢氧化态 E'，即系统灭火。由此可以得出以下结论：

（1）灭火的条件是放热曲线与散热曲线相切。但切点位置在 E 点而不在 C 点，这是与着火条件不同之处。

（2）已着火系统的环境温度降到着火的临界温度 T_2 时，系统仍不能灭火。必须使环境温度降到低于着火（自燃）的临界温度，即降到 T_0 时系统才能灭火，这种现象称为灭火滞后现象。

2. 改善系统散热条件

设系统已经在 A''' 点进行稳定燃烧，系统的环境温度为 T_0，如图 2-12 所示。

现保持环境温度 T_0 不变，为使系统灭火，改善系统散热状态，即改变式（2-3）中 αF 值的大小，反映在 Q–T 图上就是改变散热曲线的斜率。增大系统的散热曲线斜率，使散热曲线与放热曲线相切于 C 点，相应的 A''' 点移向 A''，此时因 A'' 是稳定燃烧态，故系统不能灭火。继续增大斜率，使 A'' 点移向 A' 点，A' 也是稳定燃烧态，系统仍不能灭火。

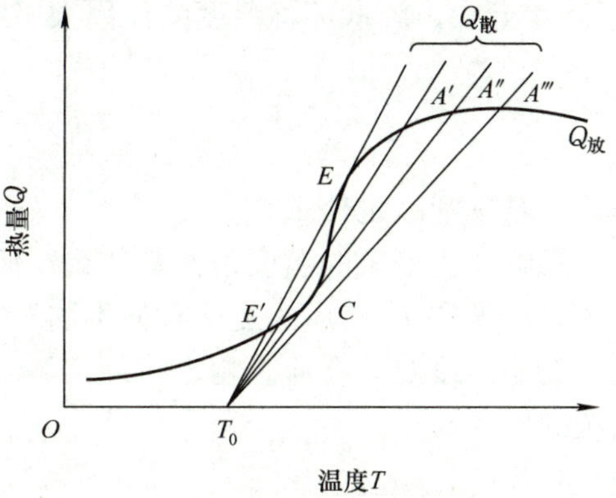

图 2-12　改善系统散热条件使系统灭火

如果进一步增大斜率，使散热曲线与放热曲线相切于 E 点，因 E 点是不稳定点，故系统将向 E' 移动，并在 E' 进行缓慢氧化，于是系统完成了从高温燃烧态 A''' 向低温缓慢氧化态 E' 的过渡，即系统灭火。

3. 降低系统预混气体浓度

设系统已经在 A''' 点进行稳定燃烧，系统的预混气体浓度为 C_0，环境温度为 T_0，如图 2-13 所示。

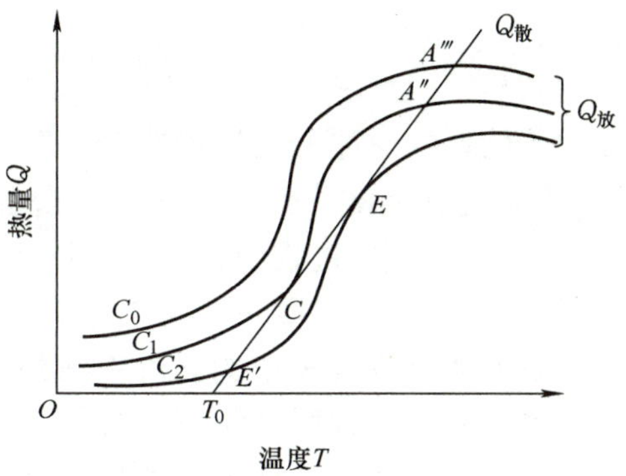

图 2-13　降低系统预混气体浓度使系统灭火

现保持环境温度 T_0 和散热条件不变，为使系统灭火，降低系统中预混气体的浓度 C_0，此时放热速率 $Q_{放}$将变小，放热曲线将下移。预混气体浓度从 C_0 降到 C_1，A''' 点移向 A'' 点，因 A'' 是稳定燃烧态，故系统不能灭火。继续降低预混气体浓度至 C_2，使散热曲线与放热曲线相切于 E 点，因 E 点是不稳定点，故系统将向 E' 移动，并在 E' 进行缓慢氧化，于是系统完成了从高温燃烧态 A''' 向低温缓慢氧化态 E' 的过渡，即系统灭火。

综上所述，根据热自燃理论，要想使已经着火的系统灭火，必须采取以下措施。

（1）降低系统氧气或可燃气体的浓度。

（2）降低环境温度。

（3）改善系统散热条件。

因为在灭火中存在灭火滞后现象，所以在采取上述措施时，必须使系统处于比着火时更不利的状态。进一步的研究指出，对于灭火，降低氧气浓度或可燃气体浓度的作用大于降低环境温度的作用；而对于防止着火，降低环境温度的作用大于降低氧气浓度或可燃气体浓度的作用。

【思考题】

1. 谢苗诺夫热自燃理论的基本观点是什么？
2. 根据热自燃理论，可燃物发生着火的温度条件是什么？何时会出现火焰？
3. 可燃物在着火过程中，温度在 T_C 前后的变化有何不同？
4. 什么是着火感应期？初始温度对其有何影响？
5. 自燃着火存在什么极限？
6. 什么是灭火滞后现象？
7. 根据热自燃理论的灭火分析，可提出哪些灭火措施？

第三节 链式反应理论

对于燃烧过程中的很多问题，根据热自燃理论可进行合理的解释，并且与试验结果也比较吻合，但也有很多现象不能解释，例如氢氧反应存在三个爆炸极限。因此，谢苗诺夫又提出了链式反应理论，该理论认为，燃烧是一种游离基（自由基）的链式反应。

一、链式反应的概念和组成

链式反应取意于似无数把锁的连接或船舶使用的锚链，即反应过程中，当一个分子被活化后，会引起许多分子连续不断地进行化学反应，每个基元反应可形象化地看成链锁一样一环扣一环。链式反应最大的特点是在反应过程中存在一种特殊的活性中间物——游离基，只要游离基不消失，反应就一直进行下去，直到反应完成。

游离基又称自由基，是单质或化合物分子中的共价键在外界能量（如光、热等）的作用下分裂而成的含有不成对价电子的原子或原子团，如 H·、HO·、·CH_3 等。自由基比分子有更多的活化能，活性非常强，在普通条件下不能稳定存在，很容易自行结合成稳定的分子，或与其他分子碰撞产生新的自由基。当反应物中产生少量的自由基后，便会相继发生一系列链式反应，在反应中自由基始终交替生成和消失，使反应不断地自动循环发展，直至反应物全部反应完为止。当自由基全部消失时，链式反应就会中断，燃烧也就停止。

链式反应过程一般由三个阶段组成：链引发、链传递、链终止。

（一）链引发

链式反应中初始产生自由基的阶段称为链引发。要使分子分解产生自由基，就要使分子中较稳定的化学键断裂，这需要很大的能量，因此链引发是一个比较困难的过程。引发的方法很多，常用的有热引发、光引发、氧化还原引发等。

（二）链传递

在链传递阶段，自由基不断与反应物分子碰撞发生反应，在生成产物的同时，也能够生成新的自由基，因此可以使反应不断进行下去。链传递阶段是链式反应的主体阶段，自由基等活泼粒子是反应链的传递物。

（三）链终止

在链终止阶段，若自由基与自由基碰撞或与容器壁、其他惰性分子碰撞后，因失去能量而成为稳定分子，自由基消失，则链式反应终止。例如，$H_2+Br_2 \longrightarrow 2HBr$ 由以下分步反应构成：

$$Br_2 \xrightarrow{\text{能量}} 2Br\cdot \quad \text{（链引发）}$$

$$\left.\begin{array}{l} Br\cdot+H_2 \longrightarrow HBr+H\cdot \\ H\cdot+Br_2 \longrightarrow HBr+Br\cdot \end{array}\right\} \quad \text{（链传递）}$$

$$\left.\begin{array}{l} H\cdot+H\cdot \longrightarrow H_2 \\ H\cdot+Br\cdot \longrightarrow HBr \\ Br\cdot+Br\cdot \longrightarrow Br_2 \end{array}\right\} \quad \text{（链终止）}$$

从链式反应的三个阶段及其特点可以看出：链引发，要依靠外界提供能量；链传递，可以自动发展；链终止，只要销毁一个自由基就可以销毁一连串的链传递。因此，在消防工作中可以得到以下启示。

（1）点火源可以提供和引发自由基的产生，因此控制和消除点火源是防火的关键。

（2）当可燃物已经着火时，应立即采取措施破坏能量的继续提供和链传递条件，中断链传递。

（3）不断探索和改革灭火工艺、设备，增加火场环境自由基与容器壁碰撞的概率，使自由基失去能量；不断研究阻燃技术和新型灭火剂，使其有效抑制自由基，使反应进入链终止阶段，燃烧迅速熄灭。

二、链式反应的分类

链式反应可分为直链反应和支链反应。碳氢化合物的燃烧大部分属于支链反应。

（一）直链反应

直链反应是指在链传递过程中每消耗一个自由基的同时又生成一个新的自由基，直至链终止。例如：

$$H_2+Cl_2 \longrightarrow 2HCl \quad \text{（总反应）}$$

$$\text{（1）} Cl_2 \longrightarrow 2Cl\cdot \quad \text{（链引发）}$$

$$\left.\begin{array}{l} \text{（2）} Cl\cdot+H_2 \longrightarrow HCl+H\cdot \\ \text{（3）} H\cdot+Cl_2 \longrightarrow HCl+Cl\cdot \end{array}\right\} \quad \text{（链传递）}$$

$$\left.\begin{array}{l}(4)\ 2H\cdot \longrightarrow H_2\\(5)\ H\cdot + Cl\cdot \longrightarrow HCl\\(6)\ 2Cl\cdot \longrightarrow Cl_2\end{array}\right\}\quad\text{（链终止）}$$

上述链式反应中，一旦形成 Cl• 自由基，就会按反应（2）、（3）不断反复进行。在整个链传递中，自由基的数目始终保持不变。

在直链反应的链传递过程中，虽然自由基的数目保持不变，但链传递的速率却是非常快的。据统计，每产生一个 Cl• 自由基往往能循环反应生成 $10^4 \sim 10^6$ 个 HCl 分子，直链反应才能终止，而这一循环一般发生在不到 1s 的时间内，所以直链反应的速率也是非常快的。

（二）支链反应

支链反应是指一个自由基在链传递过程中，生成最终产物的同时产生 2 个或 2 个以上自由基。自由基的数目在反应过程中随时间而增加，因此反应速率越来越大。例如：

$$2H_2 + O_2 \longrightarrow 2H_2O \quad\text{（总反应）}$$

$$(1)\ H_2 \longrightarrow 2H\cdot \quad\text{（链引发）}$$

$$\left.\begin{array}{l}(2)\ H\cdot +O_2 \longrightarrow HO\cdot +O\cdot\\(3)\ O\cdot +H_2 \longrightarrow H\cdot + HO\cdot\\(4)\ HO\cdot +H_2 \longrightarrow H_2O+H\cdot\\(5)\ HO\cdot +H_2 \longrightarrow H_2O+H\cdot\end{array}\right\}\quad\text{（链传递）}$$

$$\left.\begin{array}{l}(6)\ 2H\cdot \longrightarrow H_2\\(7)\ H\cdot +HO\cdot \longrightarrow H_2O\end{array}\right\}\quad\text{（链终止）}$$

将式（2）、（3）、（4）、（5）相加得

$$H\cdot +3H_2+O_2 \longrightarrow 2H_2O+3H\cdot$$

这就是说，一个 H• 自由基参加反应后，经过一个链传递形成最终产物 H_2O 的同时产生了 3 个 H• 自由基。这 3 个 H• 自由基又开始形成另外 3 个链，而每个 H• 又将产生 3 个 H• 自由基。这样，随着反应的进行，H• 自由基的数目不断增加，因此反应不断加速，如图 2-14 所示。

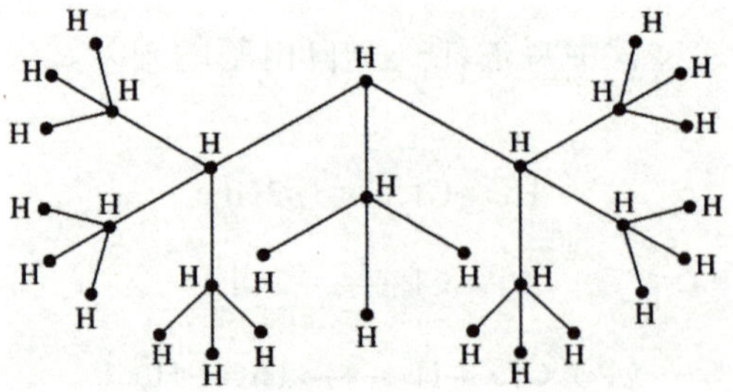

图 2-14 支链反应中氢原子数目增加示意图

自由基在链传递过程前后的数目之比称为倍增因子，用 α 表示。显然，在直链反应中 $\alpha=1$，在支链反应中 $\alpha>1$，而在氢氧反应中 $\alpha=3$。

三、链式反应理论着火分析

链式反应理论认为，反应自动加速并不一定要依靠热量的积累，也可以通过链式反应逐渐积累自由基的方法实现，直至着火。系统中自由基数目能否发生积累，取决于链式反应过程中自由基增长与销毁共同作用的结果，如果增长大于销毁，就会发生自由基的积累，反应就会自动加速，最终着火。

链式反应理论着火与灭火分析

（一）自由基的增长与销毁

在链引发阶段，通过外界能量的引发作用，反应分子会分解生成自由基。自由基的生成速率用 W_1 表示，因链引发是一个困难的过程，故 W_1 一般比较小。

在链传递阶段，支链反应的分支使自由基数目增加，例如氢氧反应中氢自由基的数目在链传递过程中以 1 个生成 3 个的速度增加。显然，自由基浓度 n 越大，自由基数目增长越快。设在链传递过程中自由基的增长速率为 W_2，$W_2=fn$，f 为增长速率常数。由于分支过程是由稳定分子分解生成自由基的过程，需要吸收能量，因此温度对 f 的影响很大。温度升高，f 值增大，W_2 也随着增大。增长速率 W_2 在自由基数目增长因素中起决定作用。

在链终止阶段，自由基与自由基碰撞或与容器壁、其他惰性分子碰撞后失去能量，变成稳定分子，自由基消失。设其销毁速率为 W_3，自由基浓度 n 越大，碰撞机会越多，销毁速率 W_3 越大，即 $W_3=gn$，g 为销毁速率常数。由于链终止反应是合成反应，需要放出能量，因此温度升高，g 值减小，W_3 也随着减小。

（二）链式反应着火条件

在链式反应过程中，自由基生成速率 W_1 很小，可以忽略，引起自由基数目变化的主要因素是自由基的增长速率 W_2 和销毁速率 W_3。由于温度对 W_2、W_3 的影响不同，因此在不同温度下，自由基数目的变化会出现不同的情况。

（1）系统处于低温时，W_2 很小，W_3 很大，因此很可能出现自由基的净增长速率 $\varphi=f-g<0$ 的情况，自由基数目不能积累，反应不会自动加速，因此系统不会着火。

（2）系统升高温度，W_2 增加，W_3 减小，可能出现 $\varphi=f-g=0$ 的情况，但自由基数目仍不能积累，反应不会自动加速，系统也不会着火。

（3）系统进一步升高温度，W_2 进一步增加，W_3 进一步减小，当达到一定的温度时，可能出现 $W_2>W_3$，即 $\varphi=f-g>0$ 的情况，自由基数目不断积累，反应不断自动加速，最终系统发生着火。

将以上三种情况反映在 W_S-t 图上，很容易找到着火条件，如图 2-15 所示。只有当 $\varphi>0$ 时，即自由基的增长速率 W_2 大于销毁速率 W_3 时，系统才能着火。而 $\varphi=0$ 是着火的临界条件，对应的温度则为着火的临界温度。

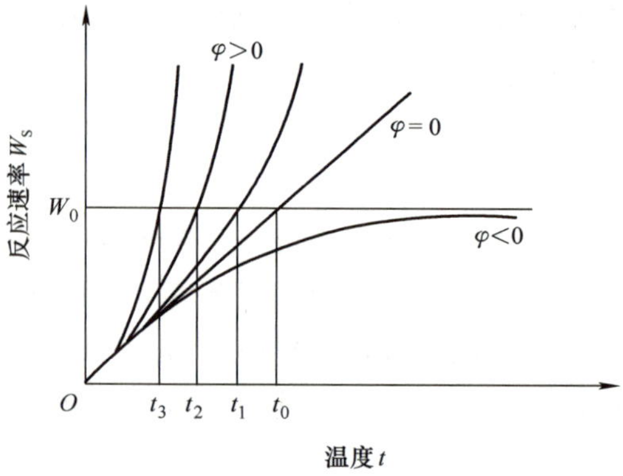

图 2-15 不同 φ 值的反应速率 W_S

注：W_S—总反应速率；W_0—常温下缓慢氧化状态的总反应速率；φ—自由基的净增长速率。

（三）链式反应对爆炸极限的影响

以化学计量浓度混合的氢气和氧气发生爆炸的临界温度和临界压力的关系如图2-16所示。

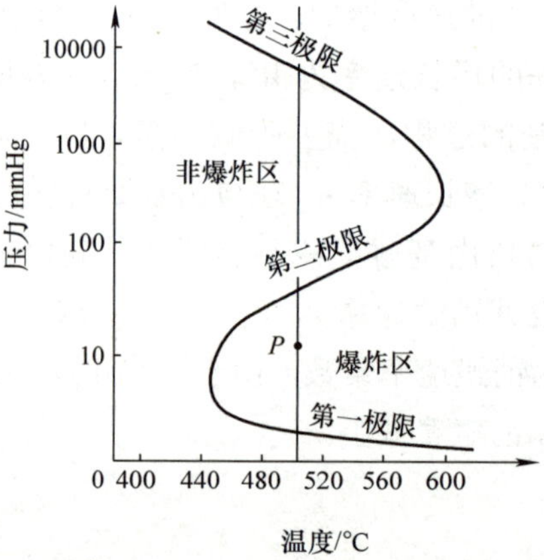

图 2-16 以化学计量浓度混合的氢气和氧气的爆炸极限

注：1mmHg=133.322Pa。

由图 2-16 可以看出，在 450℃以下时，氢氧混合气体由于反应速率太慢，因此任何压力下均不会发生爆炸；在 600℃以上时，氢氧混合气体在各种压力下均会发生爆炸；在 450 ～ 600℃范围内，随着压力的不同，存在爆炸区和非爆炸区，即氢氧反应有三个着火极限，这是热自燃理论无法解释的，现用链式反应理论进行简单解释。

设第一、二极限之间的爆炸区内有一点 P，保持系统温度不变而降低压力，P 点则向下垂直移动。此时，因氢氧混合气体压力较低，自由基不易与反应物分子发生碰撞，很容易快速扩散与容器壁碰撞，自由基销毁主要发生在容器壁上。压力越低，自由基销毁速率越大，当压力下降到某一值后，自由基销毁速率 W_3 有可能大于增长速率 W_2，即 $\varphi<0$，于是系统由爆炸转为不爆炸，爆炸区与非爆炸区之间就出现了第一极限。

如果保持系统温度不变而升高压力，则 P 点向上垂直移动。这时，因氢氧混合气体压力较高，自由基在扩散过程中，很容易与大量稳定分子碰撞或自由基之间碰撞而结合成稳定分子，故自由基主要销毁在气相中。随着压力增大，自由基在气相中的销毁速率也增大；当压力增加到某一值后，自由基销毁速率 W_3 有可能大于增长速率 W_2，即 $\varphi<0$，于是系统由爆炸转为不爆炸，爆炸区与非爆炸区之间就出现了第二极限。

压力再增大，氢氧混合气体又会发生新的链式反应，即

$$H\cdot + O_2 \xrightarrow{\text{高压}} HO_2\cdot$$

$$HO_2\cdot + H_2 \longrightarrow H_2O + HO\cdot$$

新的链式反应导致自由基增长速率 W_2 增大，出现 $\varphi>0$ 的情况，于是系统由不爆炸转为爆炸，这就是爆炸的第三极限。

【思考题】

1. 自由基是如何产生的？它有何特点？
2. 链式反应可分为哪几个阶段？对消防工作有何启示？
3. 链式反应的分类有哪些？有何区别？
4. 链式反应理论的基本观点是什么？

第四节　电火花引燃理论

一、引燃的特征

引燃与自燃在本质上没有什么差别，都需要外部能量的初始激发，都具有依靠热反应和（或）链式反应促使温度升高、反应加速的共同特征。此外，引燃还有如下特征。

（1）引燃仅在反应物的局部（点火源周围）进行，所加入的能量迅速在小范围引燃可燃物，所形成的火焰能向反应物的其余部分传播。

（2）引燃条件下的可燃预混气体通常温度较低，为保证着火成功并使火焰能在较冷的预混气体中传播，引燃的温度要远高于自燃温度。

（3）引燃的全部过程包括在可燃物局部形成火焰中心，以及火焰在可燃物中传播扩散两个阶段，其过程比自燃要复杂。

引燃与自燃一样，也有着火温度、着火感应期和着火浓度极限，但其影响因素更复杂，除可燃物的化学性质、浓度、温度、压力外，还有点火方法、点火能量和预混气体的流动性质等。

引燃的方法有很多，包括炽热体引燃、火焰引燃、电火花引燃等。到目前为止，引燃理论还不完善，大多是简化理论。但这些简化理论在质的方面说明了各种主要因素对引燃的影响，下面仅以电火花引燃为例来进行简要介绍。

二、电火花引燃的机理

电火花引燃是实验室测定可燃气体的燃烧性能、爆炸极限以及其他参数的一种常用的点火方式，也是发动机燃烧室中应用十分普遍的一种点火方式。

关于电火花引燃的机理有两种理论。

（1）着火的热理论。它把电火花看作一个外加的高温热源，由于它的存在，靠近它的局部预混气体温度升高（由于导热和对流作用），达到着火临界条件后自燃，然后依靠火焰传播使整个容器内的预混气体着火燃烧。

（2）着火的电离理论。该理论认为预混气体的着火是由于靠近火花部分的气体被电离而形成活性中心，提供了进行链式反应的条件，链式反应的结果使预混气体燃烧起来。试验表明，这两种机理同时存在，一般而言，低电压时电离理论起主要作用，但当电压提高后，热理论起主要作用。

根据热理论，电火花引燃预混气体大体可以划分为两个阶段。首先是电火花加热预混气体，使局部预混气体着火，形成初始的火焰中心；随后火焰中心向未燃预混气体传播，使整个预混气体燃烧。如果能够形成初始火焰中心并出现稳定的火焰传播，则表明引燃成功。

电火花引燃的特点是所需能量不大，如化学计量浓度的氢气 - 空气预混气体，电火花引燃的能量仅需 0.02mJ。

电火花引燃，通常由放在可燃预混气体中的两根电极间产生电火花放电来实现。电极可以是有法兰或无法兰的，通常用不锈钢制成。电火花可以用电容放电或感应放电来产生，电容放电是依靠电容器快速放电来产生电火花；而感应放电则是用断电器使电路断开引起电火花。以电容放电为例，放电能量为

$$E=\frac{1}{2}C(V_1^2-V_2^2) \tag{2-4}$$

式中 C——电容器电容（F）；

V_1、V_2——产生火花前后电容器的电压（V）。

三、最小点火能量

试验表明，对于某种预混气体，在一定的温度和压力下，只有当电火花的能量大于某一极限值时才能引燃成功，这个能引起一定浓度可燃物着火燃烧所需要的最小能量称为最小引燃能量，又称最小点火能量 E_{min}，它是衡量可燃物危险性的一个重要参数。不同可燃预混气体的最小点火能量见表 2-2。

从表 2-2 中可知，不同的可燃预混气体所需的最小点火能量 E_{min} 是不相同的。对于给定的预混气体，其预混气体比例、预混气体压力及初始温度不同时，最小点火能量 E_{min} 也不相同。

表 2-2 不同可燃预混气体的最小点火能量 E_{min} 和电极熄火距离 d_q（化学计量比，室温，1 个标准大气压）

可燃物	氧化剂	E_{min}/mJ	电极熄火距离 d_q/mm
氢	45% 溴	—	3.63
	空气	0.02	0.64
	氧	0.004	0.25
甲烷	空气	0.33	2.55
	氧	0.006	0.30

（续）

可燃物	氧化剂	E_{min}/mJ	电极熄火距离 d_q/mm
乙烯	空气	0.11	1.25
	氧	0.0025	0.19
乙炔	空气	0.03	0.76
	氧	0.0004	0.09
丙烷	空气	0.31	2.03
	氧	0.004	0.24
	氦空气	0.45	2.53
	氩空气	0.077	1.04
异丁烷	空气	0.34	2.20
1,3- 丁二烯	空气	0.24	1.25
正戊烷	空气	0.82	3.30
正己烷	空气	0.95	3.56
异己烷	空气	0.22	1.87
环己烯	空气	1.38	4.06
	空气	0.85	3.30
苯	空气	0.55	2.79
正庚烷	空气	1.15	3.81
异辛烷	空气	0.57	2.84
正癸烷	空气	0.30	2.06
异癸烷	空气	0.28	1.96
正丁基苯	空气	0.37	2.28
乙醚	空气	0.49	2.54
环氧乙烯	空气	0.11	1.27
环氧丙烯	空气	0.19	1.32
二硫化碳	空气	0.015	0.51

四、电极熄火距离

试验表明，当其他条件给定时，最小点火能量 E_{min} 与电极距离 d 有关，如图 2-17 所示。从图 2-17 中可以看出，电极距离 d 小于 d_q 时，无论多大的火花能量都不能使预混气体引燃，这个不能引燃预混气体的电极间最大距离 d_q 称为电极熄火距离。电极距离小于电极熄火距离 d_q 时，由于间隙太小，电极散热作用太大，因此初始火焰中心不能向周围预混气体传播。

对于不同的预混气体，d_q 和 E_{min} 两者间有如下关系：

$$E_{min} = Kd_q^2 \tag{2-5}$$

式中 K——比例常数，对于大多数碳氢化合物，K 值约为 7.12×10^{-3}J/cm^2。

从图 2-17 中还可以看出，在给定条件下，电极距离有一个危险值 $d_{危}$。电极距离等于 $d_{危}$时，最小点火能量 E_{min} 最小；电极距离大于或小于 $d_{危}$时，最小点火能量 E_{min} 增加。

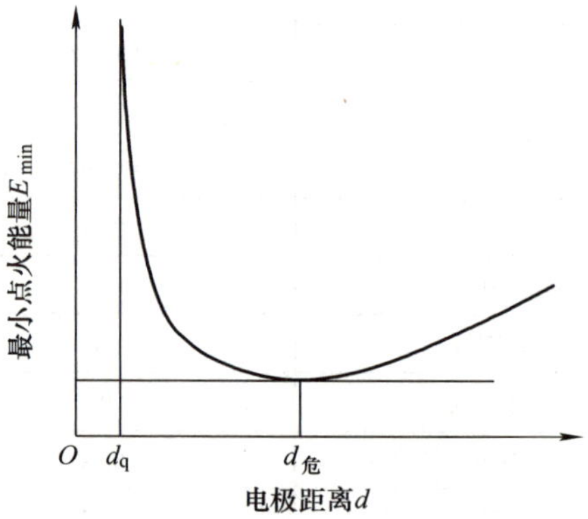

图 2-17 最小点火能量 E_{min} 与电极距离 d 的关系

【思考题】

1. 与自燃相比，引燃有何特征？
2. 电火花引燃的机理和特点是什么？
3. 什么是电极熄火距离？它在消防工作中有何应用？
4. 什么是最小点火能量？电极距离对其有何影响？

第三章　可燃气体的燃烧

知识目标

❍ 了解气体的特性及可燃气体的燃烧过程、可燃气体燃烧速率的表示方法及估算方法、爆炸的分类和爆炸压力、阻火装置和泄压装置。

❍ 熟悉气体的可压缩性和液化性、可燃气体的燃烧形式、爆炸极限的影响因素及破坏作用。

❍ 掌握气体的流动扩散性及扩散燃烧和预混燃烧的特点，掌握可燃气体燃烧速率的主要影响因素，掌握爆炸与爆炸极限的概念、爆炸极限的计算及应用，掌握可燃气体爆炸的条件、可燃气体爆炸的预防方法和措施。

素养小知识

可燃气体容易发生爆炸，易造成人员伤亡和财产损失，因此消防工作人员应熟悉和掌握气体燃烧的特点和爆炸预防措施，坚持“人民至上、生命至上”理念，有效防范和化解气体爆炸的风险，降低人民生命和财产损失。

第一节　气体的特性

《全国燃气事故分析报告》（2023 年 • 上半年综述）中指出，2023 年上半年共收集到媒体报道的国内（不含港澳台）燃气事故 294 起，造成 57 人死亡，190 人受伤，其中特别重大事故 1 起，较大事故 3 起。事故分布在全国 29 个省份、141 个城市。与燃气相关的交通运输事故 18 起，造成 6 人受伤。可燃气体最危险的燃烧形式是爆炸，且在特定条件下还会引起爆轰，对建筑物、工业设施等造成严重破坏，同时还会危及人身安全。因此，研究可燃气体的燃烧与爆炸，对预防此类事故的发生以及事故发生后的救灾具有重大意义。

一、流动扩散性

气体具有高度的流动扩散性。在一般情况下，不同气体能以任意比例混合，能够充满任何容器，并对容器壁产生压强。这是因为气体分子的热运动使各组分相互掺和，浓度趋向均匀一致。某一组分的扩散量与单位距离上其浓度的变化量（浓度梯度）成正比，在该组分浓度梯度大的地方，扩散量大，扩散速率快。

同温同压下，气体的扩散速率与其密度的平方根成反比（格拉罕姆扩散定律），即

$$v_i \propto \sqrt{\frac{1}{\rho_i}}$$

因为

$$\frac{\rho_A}{\rho_B}=\frac{M_A}{M_B}$$

所以

$$\frac{v_A}{v_B}=\sqrt{\frac{\rho_B}{\rho_A}}=\sqrt{\frac{M_B}{M_A}} \tag{3-1}$$

式中 v——气体的扩散速率（m/s）；

ρ——气体的密度（kg/m^3）；

M——气体的摩尔质量（g/mol）。

在相同条件下，气体的密度越小或摩尔质量越小，其扩散速率越快，在空气中达到爆炸极限范围所需的时间就越短。

【例题 3-1】试比较 Cl_2 和 H_2 泄漏后的扩散速率（假设容器管道内气体压力、温度相等）。

解：将 Cl_2 和 H_2 的摩尔质量代入式（3-1），得

$$\frac{v_{H_2}}{v_{Cl_2}}=\sqrt{\frac{M_{Cl_2}}{M_{H_2}}}=\sqrt{\frac{71}{2}}\approx 6$$

答：氢气泄漏的速率约是氯气的6倍。

在物质燃烧过程中，燃烧产物不断地溢出离开燃烧区，新鲜空气不断地补充进入燃烧区，其主要原因之一就是气体的扩散。低压气体的浓度梯度较小，其扩散速率主要由其与空气的相对密度来决定；高压气体的扩散速率主要由其冲力来决定，冲力越大，气体分子的能量越高，在周围介质中的浓度梯度越大，因而扩散速率越快，并且远远大于低压气体的自由扩散速率。

二、可压缩性和液化性

常温常压下的气体体积大，不便于储存、运输和使用。可以通过缩小气体分子间距离以减小气体体积，即气体可以被压缩，在一定的温度和压力条件下甚至可以被压缩成液体，因此气体通常以压缩气态或液化状态储存在容器中。但是，气体压缩成液态有一个极限压力和极限温度，若超过一定的温度，气体无论施加多大的压力都不可能液化，这一温度称为临界温度，即加压后使气体液化时所允许的最高温度，用℃表示。临界温度时使气体液化所需的最小压力称为临界压力，也就是在临界温度时的饱和蒸气压，用 MPa 表示。

通常临界温度较高的气体，如 NH_3、Cl_2、CO_2、SO_2 等气体，在常温常压下（低于它们的临界温度）加压即可液化。如在常温下，Cl_2 加压到 0.9 ~ 1.1MPa 时液化，石油气加压到 1.6MPa 时液化。临界温度较低的气体，如 O_2、CO、N_2 等，需经压缩并冷却到一定温度以下才能液化。如 O_2 需冷却到 −196 ~ −183℃并加压到 0.8 ~ 1.6MPa 时才能液化，N_2 需冷

却到 −170℃并加压到 0.2MPa 时才能液化。临界温度很低的气体，如 H_2 和 He 等，需经压缩并冷却到接近绝对零度的低温才能液化。因此，储存气体的容器有的是全压力罐，需要具备一定的耐压能力（如液化石油气储罐、液氯储罐、液氨储罐等）；有的是低温储罐，需具有承压和保低温作用（如液氧储罐、液氮储罐、液氢储罐等）；有的是冷冻储罐，只需具有保低温作用（如液化天然气储罐）。部分气体的临界温度和临界压力见表 3-1。

表 3-1　部分气体的临界温度和临界压力

物质名称	临界温度 /℃	临界压力 /kPa	物质名称	临界温度 /℃	临界压力 /kPa
He	−267.9	233.05	C_2H_4	9.7	5137.18
H_2	−239.9	1296.96	CO_2	31.1	7325.79
Ne	−228.7	2624.32	C_2H_6	32.1	4944.66
N_2	−147.1	3394.39	NH_3	132.4	11277.47
CO	−138.7	3505.85	Cl_2	144.0	7700.7
O_2	−118.8	5035.85	SO_2	157.2	7872.95
CH_4	−82.0	4640.69	SO_3	218.3	8491.04

三、受热膨胀性

气体具有受热膨胀性。因此，盛装压缩气体或液化气体的容器（钢瓶），如受高温、撞击等作用，气体就会急剧膨胀，产生很大的压力；当压力超过容器的耐压强度，就会引起容器的膨胀甚至爆炸，造成火灾事故。所以，对压力容器应有防火、隔热、防晒等防护措施，不得靠近热源、受热。

【思考题】

1. 试比较氨气和乙炔气体泄漏后的扩散速率（假设容器管道内气体压力、温度相等）。
2. 简述气体的特性。
3. 简述液氧的形成过程，并以此为例阐述气体压缩成液态必须具备的条件。

第二节　可燃气体的燃烧过程和燃烧形式

一、可燃气体的燃烧过程

可燃气体的燃烧，必须经过与氧化剂接触、混合的物理阶段和着火（或爆炸）的剧烈氧化还原反应阶段。

由于化学组成不同，各种可燃气体的燃烧过程和燃烧速率也不同。通常情况下，可燃气体的燃烧过程如下：

$$\text{可燃气体} \xrightarrow[\text{扩散}]{\text{氧化剂}} \text{可燃混合气体} \xrightarrow[\text{断键、活化}]{\text{火源}} \text{分子碎片、游离基} \xrightarrow[\text{连续氧化、燃烧}]{\text{火焰}} \text{产物、热量}$$

由于可燃气体燃烧不需要像固体、液体那样经过熔化、分解、蒸发等相变过程，而在常温常压下就可以按任意比例和氧化剂相互扩散混合，形成可燃的预混气体，当达到一定浓度后，遇点火源即可发生燃烧，因此可燃气体的燃烧速率通常大于固体、液体。组成单一、结构简单的气体（如H_2）燃烧只需经过受热、氧化过程，而复杂的气体要经过受热、分解、氧化等过程才能开始燃烧，因此，组成简单的可燃气体通常比复杂的可燃气体燃烧速率更快。从理论上讲，可燃气体在达到化学计量浓度时燃烧最充分，火焰传播速率可达到最大值。

二、可燃气体的燃烧形式

按照燃烧反应物进入反应区燃烧前是否混合，可燃气体的燃烧方式一般分为扩散燃烧和预混燃烧两种形式。

（一）扩散燃烧

扩散燃烧是人们在实际生产和生活中所认识和应用较早的一种燃烧方式，如家用燃气灶、工业用的锅炉和各种窑炉中的燃气。扩散燃烧是指可燃气体从喷口（管口或容器泄漏口）喷出，在喷口处与空气中的氧相互扩散，然后一边混合、一边燃烧的现象，一般为稳定燃烧。扩散燃烧可以是单相的，也可以是多相的，但只有气体燃料的燃烧是单相的。扩散燃烧的主要特征表现为下面两点。

1. 混合扩散因素起着控制作用

燃料与空气中的氧进行化学反应所需要的时间与通过混合扩散形成混合可燃气体所需要的时间相比，可以忽略不计，两个过程几乎同时进行。由于这种扩散控制的燃烧比较稳定，因此人们在生产生活中的正常用火常采用这种方式。

2. 扩散火焰较长

扩散燃烧过程中，气体扩散多少就烧掉多少，火焰稳定在相对固定的气体扩散空间内；而由于扩散过程存在浓度和温度的梯度，因此火焰会比较长，且温度的不同会使火焰不同区域在颜色上存在差别。在扩散燃烧中，由于氧进入反应带只是部分参加反应，因此经常产生不完全燃烧的炭黑。

根据气体流动状态的不同，扩散燃烧又分为层流扩散燃烧和湍流扩散燃烧。扩散燃烧的气体可能是相对稳定不动的，如容器中或飘散在空气中的气体，这种燃烧主要受传热和分子扩散的控制。但扩散燃烧的气体也可能是在空间、管道、喷嘴或泄漏孔处流动的，此时气体的流动状态就会对燃烧产生严重影响。

在层流状态下，可燃气体与氧气的混合依靠分子扩散进行，其燃烧速度完全取决于可燃气体扩散速度。在湍流状态下，由于大量气团的无规则运动，分子扩散得到强化，氧气进入反应带后完全参与反应，所以燃烧所需的时间会大大缩短，燃烧更充分。扩散火焰由层流状态过渡到湍流状态主要受可燃气体的黏度、温度和雷诺数的影响。绝热温度越高的火焰一般会在相对较高的雷诺数下进入湍流状态；相反，绝热温度相对较低的火焰会在较低的雷诺数下转变为湍流状态。另外，由于可燃气体流经的空间粗糙度和流经的物体形状和大小不同，扩散燃烧的火焰状态也会发生变化。为了提高可燃气体的燃烧效率，在工业和民用炉具的使用过程中要进行炉具喷嘴的设计并合理调节参与燃烧的燃气和空气的比例。

有学者采用不同尺寸的同心套管做成烧嘴，研究煤气和空气的燃烧现象时发现，当煤气流速增大时，火焰长度增大；空气流速增大时，则火焰长度减小。当煤气流速增大至雷诺数 =4500 时，空气的喷出速度对火焰长度的影响则比较小，这是因为此时已不再是层流扩散燃烧，而是湍流扩散燃烧，燃烧所需时间更短，燃烧更充分。

（二）预混燃烧

预混燃烧也称动力燃烧，是指可燃气体与氧气在燃烧之前混合，形成一定浓度的可燃混合气体，被火源点燃所引起的燃烧，即通常所说的气体爆燃。这种火焰比较短，无明显轮廓。如液化石油气泄漏到空气中，长时间得不到疏散，其浓度就会达到可以燃烧的范围，一旦遇到火源就会发生爆燃，像一个火球腾空而起。预混燃烧时燃烧速度快，温度高，火焰传播速度快，通常会伴随压力的升高而具有爆炸效应。

预混燃烧分为层流预混燃烧和湍流预混燃烧两种状态，而且两种燃烧状态也会相互转化。在开放空间以层流状态燃烧的火焰遇到障碍物时，其湍动程度加强，更容易进入湍流燃烧。所以，当大型化工装置中弥漫有大量可燃气体时，一旦遇到火源，燃烧很可能从初期的层流预混燃烧转变为湍流预混燃烧，燃烧速度加快引起更大程度上的破坏。

气体泄漏燃烧指的是可燃气体或液体蒸气从生产、使用、储存、运输等装置、设备、管线中泄漏引起的燃烧，兼具扩散燃烧和预混燃烧的特征。若泄漏气体为单纯的可燃气，则可划归到扩散燃烧一类，否则可划归到预混燃烧。

如果气体在系统中已形成爆炸性混合气体，则燃烧可能产生以下几种后果。

（1）气体泄漏速度大于气体燃烧速度时，产生脱火和吹熄。

（2）气体泄漏速度等于气体燃烧速度时，产生稳定火焰。

（3）气体泄漏速度小于气体燃烧速度时，产生回火。

脱火、吹熄和回火都属于不稳定现象，是燃烧器工作过程中所不允许出现的情况。吹熄和脱火会造成燃气在燃烧室及其周围环境中累积，会有大量燃气与空气形成预混气体空间，在二次点燃时很可能发生快速的爆燃，严重时可能出现空间爆炸事故。回火则可能造成火焰进入燃气供应和储存设备引起爆炸。

回火临界速度与燃料的种类、成分、温度及烧嘴口径等有关，可燃混合气体的输送管道上必须设置防回火装置（火焰捕捉器）。

【思考题】

1．根据可燃气体燃烧过程的控制因素不同，可燃气体的燃烧形式有哪几种？

2．简述扩散燃烧与预混燃烧的特点。

3．根据气体泄漏速率与燃烧速率的不同，燃烧会产生哪几种后果？

4．气体的层流状态燃烧与湍流状态燃烧是如何相互转换的？

第三节 可燃气体的燃烧速率

物质燃烧速率是表示可燃物质在单位时间内燃烧快慢的物理量，是制订防火措施和确定灭火战斗行动的重要参数之一。

一、可燃气体燃烧速率的表示方法

可燃气体燃烧速率是以火焰传播速率（即火焰的移动速率，单位：cm/s）减去由于燃烧的可燃气体温度升高而产生的膨胀速率。由于可燃气体燃烧形式的不同，燃烧速率差异较大，其表示方法也不同。

（一）扩散燃烧速率

可燃气体发生扩散燃烧时，其燃烧速率取决于燃烧时可燃气体与助燃气体的混合速率。这种燃烧主要是从孔洞喷出的可燃气体与空气的扩散燃烧，可近似认为一旦可燃气体喷出与助燃气体混合后就会很快全部燃烧完。若能控制可燃气体流量，就能控制扩散燃烧速率。一般以单位面积、单位时间内可燃气体流量或线速度来表示扩散燃烧速率，单位为 $m^3/(m^2 \cdot s)$、$cm^3/(cm^2 \cdot s)$、m/s、cm/s。

油气井喷火灾、工业装置及容器破裂口喷出燃烧，都属于扩散燃烧，其扩散燃烧速率可用气体喷出速率估算。气体（或蒸气）喷出速率与压力密切相关，压力不同，估算方法也不同。

1. 低压气体容器喷出速率估算

低压设备中无相变或不发生剧烈相变介质的泄漏量，可用不可压缩流体的流量公式推算，即

$$Q = \mu A\sqrt{\frac{2\Delta p}{\rho}} \tag{3-2}$$

式中 Q——气体流量（m^3/s）；

μ——流量系数，可取 0.60 ～ 0.62；

A——孔口面积（m^2）；

Δp——内外压差（10^5Pa）；

ρ——气体密度（kg/m^3）。

压力小于 1.5MPa 的气体，在单位时间、单位面积内的喷出速率也可用式（3-3）计算，即

$$v = 0.87\sqrt{\frac{p_1 - p_0}{\rho}} \tag{3-3}$$

式中 v——气体喷出速率 [m/s 或 $m^3/(m^2 \cdot s)$]；

p_1——设备内气体的压力（10^5Pa）；

p_0——外部环境压力（一般为大气压力，10^5Pa）。

【例题 3-2】某压力为 9×10^5Pa 的气体储罐发生裂口喷出火焰，已知该气体密度为 1.96kg/m³，环境压力约为 1×10^5Pa，求气体的喷出速率。

解：$v=0.87\sqrt{\dfrac{p_1-p_0}{\rho}}=0.87\times\sqrt{\dfrac{9-1}{1.96}}\approx1.75(\mathrm{m/s})$

答：气体的喷出速率为 1.75m/s。

2. 高压气体容器喷出速率估算

储存或处理高压气体设备的气体喷出燃烧以及油气井喷火灾，因在较高压力下喷出气体或蒸气，所以呈现喷出速率快、火焰极不稳定的特征。火焰根部距喷出口的距离（该段距离是利用射流切割灭火的最佳部位）随着泄放压力的增大而增大。

高压条件下气体的喷出速率计算，可按压缩流体的等熵流动处理，即

$$v=\sqrt{\frac{2Kp_0}{(K-1)\rho_0}\left[1-\left(\frac{p}{p_0}\right)^{\frac{K-1}{K}}\right]} \tag{3-4}$$

式中　v——开口处气体喷出速率（m/s）；

p_0——容器内气体压力（10^5Pa）；

ρ_0——气体密度（$\mathrm{kg/m^3}$）；

p——环境压力（10^5Pa）；

K——喷出气体的热容比（C_P/C_V）。常见气体的 K 值见表 3-2。

表 3-2　常见气体的 K 值

气体名称	K 值	气体名称	K 值
空气	1.40	一氧化氮	1.4
氮气	1.40	二氧化氮	1.31
氧气	1.397	一氧化二氮	1.274
氢气	1.412	氰化氢	1.31
甲烷	1.315	硫化氢	1.32
乙烷	1.18	二氧化硫	1.25
丙烷	1.13	氯气	1.35
正丁烷	1.10	氨	1.32
丙烯	1.15	氯甲烷	1.28
乙烯	1.22	氯乙烷	1.19
一氧化碳	1.395	过热蒸汽	1.30
二氧化碳	1.295	干饱和蒸汽	1.135

当环境压力 $p=1\times10^5\,\text{Pa}$，且容器内气体压力 p_0 较高时，式（3-4）中的 $\left[1-\left(\frac{p}{p_0}\right)^{\frac{K-1}{K}}\right]$ 趋近于1，此时式（3-4）可换成式（3-5）进行估算，即

$$v=\sqrt{\frac{2Kp_0}{(K-1)\ \rho_0}} \tag{3-5}$$

3. 液化气体喷出速率估算

存储液化石油气等液化气体的设备，由于液化气体对外界大气条件而言处于过饱和状态，当设备破裂发生泄漏时，立即呈减压状态，此时超过饱和条件的过量热转化为汽化潜能，闪蒸和敞开蒸发相继发生，因此喷出的气流中带有相当比例的液滴及飞雾。液化气体喷出速率计算式（估算）为

$$v_{\mathrm{m}}=C\rho\left[\frac{\rho\rho_{\mathrm{V}}(1+\delta)}{\delta}\right]^{1/2} \tag{3-6}$$

式中 v_{m}——液化气体喷出速率 [kg/（m²·s）]；

C——两相混合物的等温声速（m/s）；

ρ——两相混合物的密度（kg/m³）；

ρ_{V}——液化气体的气相密度（kg/m³）；

δ——喷出时两相混合物的气、液质量比。

其中，ρ 值可由式（3-7）估算，即

$$\rho=\frac{1+\delta}{\dfrac{\delta}{\rho_{\mathrm{V}}}+\dfrac{1}{\rho_{\mathrm{L}}}} \tag{3-7}$$

式中 ρ_{L}——液化气体的液相密度（kg/m³）。

当环境为大气压力时，δ 值可由式（3-8）估算，即

$$\delta=1-\exp\left[-\frac{C_{\mathrm{L}}}{\lambda}(T_{\mathrm{L}}-T_0)\right] \tag{3-8}$$

式中 λ——液化气体的汽化潜热（kJ/kg）；

C_{L}——液化气体的汽化比热容 [kJ/（kg·K）]；

T_{L}——液化气体的初始温度（K）；

T_0——喷出气流的温度（K）。

在强烈喷泄期间，δ 值比较稳定。随着外泄压力下降，喷出速率减小。

（二）预混燃烧速率

通常可燃气体发生预混燃烧时，其燃烧速率用其化学计量浓度时的火焰传播速率表示，

单位为 m/s 或 cm/s。由于影响预混燃烧的因素较多，因此预混燃烧速率计算起来很复杂。以下给出几个理论计算式，供参考。

1. 燃烧前沿正常传播速率

燃烧前沿的传播过程包含质量交换和热量交换过程，并含有化学反应，其正常传播速率（即层流传播速率）可用式（3-9）近似计算，即

$$v_L = \frac{1}{\rho_0 C_P}\sqrt{\frac{2\lambda(q_W)_{平均}}{T_K - T_0}} \tag{3-9}$$

式中 v_L——燃烧前沿正常传播速率（m/s）；

ρ_0——未燃气体密度（kg/m^3）；

C_P——未燃液体比热容 [J/(g·K)]；

λ——未燃气体热导率 [W/(m·K)]；

$(q_W)_{平均}$——反应区内平均热释放速率（kW/m^2）；

T_K——火焰温度（K）；

T_0——未燃混合物的初始温度（K）。

当已知火焰高度 L 和可燃混合物的流量时，也可用式（3-10）计算其燃烧前沿正常传播速率，即

$$v_L = \frac{V}{\pi r_0\sqrt{L^2 + r_0^2}} \tag{3-10}$$

式中 v_L——火焰燃烧前沿正常传播速率（m/s）；

V——可燃混合物的流量（m^3/s）；

L——火焰高度（m）；

r_0——管口半径或喷出口当量直径的 1/2（m）。

从式（3-10）可以看出，火焰燃烧前沿正常传播速率越快，火焰高度越低；火焰燃烧前沿正常传播速率随可燃混合物流量的加大而加快。当气体喷出口的管口半径和可燃气体混合物成分一定时，增加流量，将使火焰长度增大。若流量相同，火焰燃烧前沿正常传播速率较大的可燃混合物（如氢气）燃烧的火焰较短，而火焰燃烧前沿正常传播速率较小的可燃混合物（如一氧化碳）燃烧的火焰较长。试验证明，火焰稳定在喷出口上的条件是前沿面上可燃混合物的流量与火焰燃烧前沿正常传播速率大小相等（方向相反），否则便会发生回火或脱火。

2. 多种可燃气体混合物的火焰传播速率

多种可燃气体混合物（如工业煤气）的火焰传播速率（最大值），可根据单一气体的传播速率（最大值）按式（3-11）计算，即

$$v_{L混} = \frac{\frac{P_1}{L_1}v_1 + \frac{P_2}{L_2}v_2 + \frac{P_3}{L_3}v_3 + \ldots}{\frac{P_1}{L_1} + \frac{P_2}{L_2} + \frac{P_3}{L_3} + \ldots} \tag{3-11}$$

式中 P_1、P_2、P_3——各单一可燃气体占可燃物质成分的体积百分比；

v_1、v_2、v_3——各单一可燃气体的火焰传播速率（最大值）（m/s）；

L_1、L_2、L_3——对应于 v_1、v_2、v_3 的各单一可燃气体的含量。

式（3-11）计算出的是近似值，而且只适用于同族可燃气体的混合物。对于含有不同族的可燃气体的混合物，如含有氢气、一氧化碳及甲烷的可燃混合气体，则需用试验测定。

如果可燃气体中含有惰性气体，则火焰的传播速率比不含惰性气体的火焰传播速率要慢。

（三）常见气体的燃烧速率

气体的燃烧方式不同，可燃气体的含量不同，燃烧速率也不同。此外，压力、测定方法、温度等也会影响燃烧速率。

部分可燃气体及部分可燃液体蒸汽与空气混合物在标准状态下的预混燃烧速率见表 3-3。

表 3-3 部分可燃气体及部分可燃液体蒸汽与空气混合物在标准状态下的预混燃烧速率

物质名称	含量（%）	燃烧速率 /（cm/s）	物质名称	含量（%）	燃烧速率 /（cm/s）
甲烷	9.80	67.0	丙烯	5.04	43.8
	9.96	33.8	丁烯	3.87	43.2
乙烷	6.28	40.1	2- 甲基 -1- 丙烯	3.83	37.5
	6.50	85.0	2- 甲基 -1- 丁烯	3.12	39.0
丙烷	4.54	39.0	1- 丙烯	5.86	69.9
	4.60	82.0	1- 丁烯	4.36	58.1
丁烷	3.52	37.9	1- 戊烯	3.51	52.9
	3.60	82.0	1- 己烯	2.97	48.5
戊烷	2.92	38.5	环己烷（气）	2.65	38.7
	3.07	42.6	苯（气）	3.34	40.7
己烷	2.51	38.5	2- 甲基丙烷	3.48	34.9
庚烷	2.26	38.6	2，2- 二甲基丙烷	2.85	33.3
氢气	38.5	483	2- 甲基丁烷	2.89	36.6
炼焦煤气	17.0	170	2，2- 二甲基丁烷	2.43	35.7
焦炭煤气	48.5	73.0	2，3- 二甲基丙烷	2.45	36.3
水煤气	43.0	310			
乙烯	7.10	142			
	7.40	68.3			

二、可燃气体燃烧速率的主要影响因素

可燃气体的扩散燃烧速率由可燃气体的流速决定，而预混燃烧速率则受可燃气体的性质、组成、初始温度及燃烧体系与环境的热交换等因素的影响。

（一）可燃气体的性质和组成

（1）可燃气体的还原性越强，氧化剂的氧化性越强，则燃烧反应的活化能越小，燃烧速率就越快。如$H_2+F_2 = 2HF$的反应，即使在冷暗处也可瞬间完成，而且反应剧烈；而H_2与O_2的混合气体，在一定高温下才会发生爆炸，速率低于H_2和F_2的混合气体反应速率。

（2）可燃气体和氧化剂浓度越大，分子碰撞机会越多，反应速率越快。当可燃气体在空气中的浓度稍微高于化学计量浓度时，燃烧速率最快，爆炸最剧烈，产生的压强和温度均最高。若可燃气体浓度过大，往往发生快速燃烧（爆燃），而不是爆炸，并伴随出现向前翻卷的火焰，未燃尽的可燃气体和不完全燃烧产物与周围空气混合，再次形成扩散火焰继续燃烧。

（3）惰性气体的影响。惰性气体加入混合气体中必然消耗热能，并使可燃气体燃烧反应中的自由基与惰性气体分子发生碰撞销毁的机会增加。因此，混合气体中惰性气体含量增大，火焰传播速率减小，燃烧速率会降低。惰性气体对火焰传播速率的影响如图3-1所示。

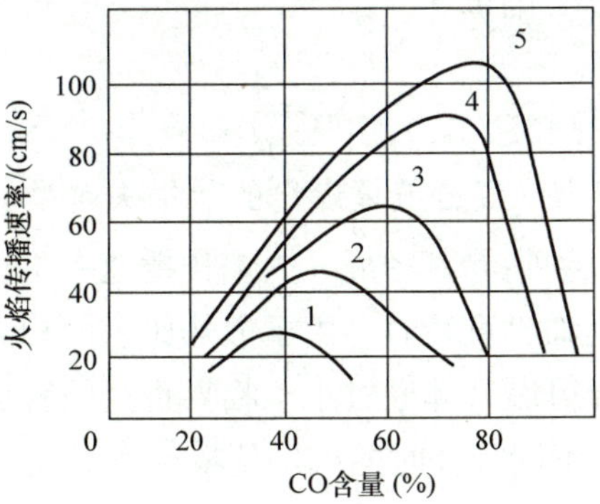

图 3-1 惰性气体对火焰传播速率的影响

1—87%N_2+13%O_2　2—79%N_2+21%O_2　3—70%N_2+30%O_2　4—60%N_2+40%O_2　5—11.5%N_2+88.5%O_2

（二）可燃气体的初始温度

化学反应温度对反应速率的影响，表现在反应速率常数k与温度T的关系上。根据式（1-2）可知，k与T呈指数关系，T的一个较小变化，将会使k发生很大变化。按范特霍夫规则估算，温度每升高10℃，反应速率为原来速率的2～4倍。根据试验数据，燃烧速率与可燃气体初始温度的关系为

$$v = v_0\left(\frac{T}{T_0}\right)^n \tag{3-12}$$

式中　v、v_0——温度为T和T_0时的燃烧速率（m/s）；

n——试验常数，一般为1.7～2.0。

可燃气体被加热后会大大提高燃烧速率，其火焰传播速率明显增大。一氧化碳混合物的温度对火焰传播速率的影响如图3-2所示。

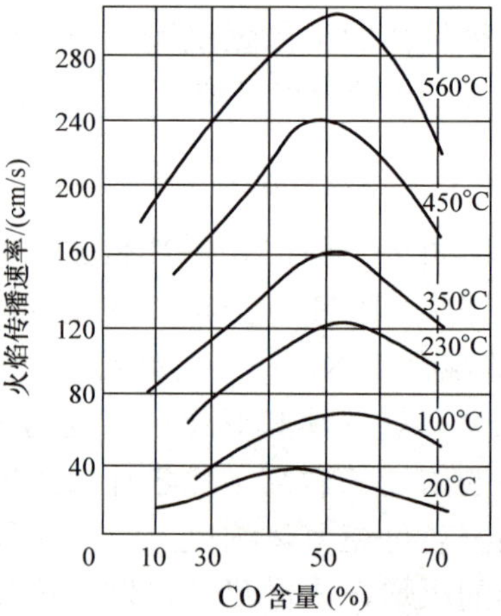

图3-2 一氧化碳混合物的温度对火焰传播速率的影响

（三）燃烧体系与环境的热交换

容器或管道的直径、材质决定了燃烧体系在环境中的热损失大小。热损失越大，燃烧速率越小。

1. 管径

可燃气体在容器或管道内发生燃烧，容器、管道的直径对火焰传播速率有明显的影响。

设一管道长L，截面是半径为r的圆，当这段管道内充满可燃气体时，混合气体与管壁接触的比表面积为

$$S_{比}=\frac{管壁总面积}{混合气体体积}=\frac{2\pi rL}{\pi r^2L}=\frac{2}{r} \tag{3-13}$$

若用截面圆的直径d表示，则为

$$S_{比}=\frac{4}{d}$$

显然，管径越大，$S_{比}$越小，混合气体燃烧的热损失越少。一般而言，火焰传播速率随管径的增大而增大，但当增大到临界直径后，火焰传播速率不再增大；管径减小时，火焰传播速率随之减小，当管径小到临界直径时，由于散热比表面积大，热量损失大于反应热，因此火焰熄灭。正在燃烧的混合可燃气体通过小于临界直径的管道时，温度会降至燃点以下而熄灭。甲烷-空气的混合物在不同管径时的火焰传播速率见表3-4。

表3-4 甲烷-空气的混合物在不同管径时的火焰传播速率 （单位：cm/s）

甲烷含量（%）	管径/cm					
	2.5	10	20	40	60	80
6	23.5	43.5	63	95	118	137
7	35	60	73.5	120	145	165
8	50	80	100	154	183	203
9	63.5	100	130	182	210	228
10	65	110	136	188	215	236
11	54	94	110	170	202	213
12	35	74	80	123	163	185
13	22	45	62	101	130	138
13.5	—	40	—	90	115	132

2. 管道、容器材质的导热性

在可燃气体与环境热交换的比表面积相同的情况下，发生燃烧的管道、容器，其材质的导热性越好，燃烧体系向环境的散热量越大，热量的损失必然造成燃烧速率的降低和火焰传播速率的降低，甚至使燃烧停止。

【思考题】

1. 可燃气体的燃烧速率如何表示？
2. 可燃气体的燃烧速率估算方法有哪些？
3. 影响可燃气体燃烧速率的主要因素有哪些？

第四节 可燃气体的爆炸

一、爆炸的基本知识

（一）爆炸的定义

爆炸是指在周围介质中瞬间形成高压的化学反应或状态变化，通常伴有强烈的放热、发光和声响。例如，炸药化学能量的高速释放会产生爆炸；高速碰撞时，弹体动能急剧变化，也能产生爆炸；高速粒子束（加强激光束、相对论电子束、重离子束）作用于物质上，同样能形成爆炸；工业技术上的高压放电，高压容器受热，乙炔管道回火，都会产生爆炸；煤粉或面粉悬浮于空气中、天然气与空气的混合物，在一定条件下也会产生爆炸。

（二）爆炸的特征

一般地说，爆炸是一种极其迅速的物理和化学能量释放过程，在此过程中，系统的潜能转变为机械能，然后对外做功。

整个爆炸过程体现出以下两个方面的基本特征。

（1）内部特征：发生爆炸时，大量气体和能量在有限的体积内突然释放或急剧转化，并在极短时间内在有限空间内积聚，造成高温高压等非常态，对邻近介质形成急剧的压力突跃和随后的复杂运动，显示出不寻常的移动或机械破坏效应。这个突然上升的压力是产生破坏作用的直接原因。

（2）外部特征：爆炸将能量以一定的方式转变为原物质或产物的压缩能，随后物质由压缩态膨胀，在膨胀过程中做机械功，进而引起附近介质的变形、破坏和移动，同时由于介质振动而发生一定的声响效应。热量是爆炸能量的源泉，快速使有限的能量高度积聚，生成或存在的气体则是能量转换与释放的工作介质。

（三）爆炸发生的条件

由于爆炸性质不同，其爆炸机理、原因也不同。就其本质原因而言，爆炸现象的发生是由物质系统的能量、速度和气体三种要素的变化而引起的。

物理爆炸是一种因体系中物理能量失控而导致物质以极快的速度释放能量，转变为光、热、机械能等能量形式的爆炸现象。物理爆炸发生的条件可归结为：爆炸体系内存有高压气体或在爆炸瞬间生成高温高压气体或蒸气而急剧膨胀，以及爆炸体系与周围介质之间发生急剧的压力突变。

从爆炸反应特征看，化学反应要成为爆炸反应必须同时具备以下三个条件：反应的放热性、反应的快速性、生成或存在气体物质。这三个条件常被称为“化学爆炸三要素”。

1. 反应的放热性

热是爆炸能量的源泉，爆炸反应只有在爆炸物自身提供能量的条件下才能自动进行。没有这个条件，爆炸过程就不能发生。显然，依靠外界供给能量来维持其分解的物质，不可能具有爆炸的性质。以不同条件下硝酸铵的分解反应为例，反应式如下：

$$NH_4NO_3 \longrightarrow NH_3 + HNO_3 - 170.7kJ$$

$$NH_4NO_3 \longrightarrow N_2 + 2H_2O + 0.5O_2 + 126.4kJ$$

从以上两个反应可以看出，硝酸铵在低温加热条件下只会发生缓慢分解反应，反应过程需要吸收能量，所以根本不会发生爆炸；但在雷管引爆条件下，则会发生快速放热的分解反应和猛烈爆炸。

另外，反应的放热不完全取决于放热量的多少，还取决于放热速度的快慢。例如氮和溴的混合物在较低的温度下就会发生爆炸，虽然此反应的热效应只有35.2J/mol。

2. 反应的快速性

只有在发生快速的反应时，释放的有限能量才能高度聚积，最终形成压力的突然变化。由于过程的高速性，爆炸物内所具有的能量在极短时间内放出，达到极高的能量密度，所以爆炸物具有巨大的做功功率和强烈的破坏作用，而一般的燃料燃烧虽然能够放出大量的热，但未必能发生爆炸。例如，1kg木材完全燃烧的放热量约为16700kJ，燃烧反应约需要10min；而1kg TNT炸药完全爆炸所释放出的热量仅为4200kJ，但爆炸过程只需几十微秒。正是由于爆炸反应过程极短，速度极快，反应热来不及移出而全部集中在爆炸物原有体积内，因此爆炸会产生一般化学反应无法达到的极高能量密度，产生巨大的功率，造成强烈的破坏力。

3. 生成或存在气体物质

爆炸瞬间爆炸物定容地转化为气体产物，其密度要比正常条件下气体的密度大几百倍到几千倍，从而造成10^9Pa以上的高压；同时，由于反应的放热性，这样处于高温、高压下的气体产物必然急剧地膨胀，把爆炸物的势能变成气体运动的动能，对周围介质做功。在这个过程中，气体产物既是造成高压的原因，又是对外界介质做功的工作介质。爆炸反应的这一必要条件可以用铝热剂反应来说明，反应式如下：

$$8Al + 3Fe_3O_4 \longrightarrow 4Al_2O_3 + 9Fe + 3168kJ$$

从上述反应可以看出，铝热剂的反应热效应很大，而且反应速度也相当快，通常其反应热效应足以将产物加热到2500℃左右的高温，但铝热剂并不具备爆炸能力，只是一种高热燃烧剂，其根本原因是反应过程不能产生气体产物。

在某些情况下，有足够的放热性和快速性，虽不生成气体，但也会发生爆炸。例如，研细的大量铝热剂在空气中燃烧时，由于铝热剂及周围空气受热膨胀，也会发生爆炸。但是，这种爆炸是空气受热后产生的，并不是铝热剂本身发生的。气体物质在爆炸时，气体体积不会增加，往往还可能减少，例如氢气和氧气混合形成的爆鸣气。

（四）爆炸的分类

1. 按爆炸的原因和性质分类

按爆炸的原因和性质不同，可将爆炸分为物理爆炸、化学爆炸和核爆炸。

（1）物理爆炸。由物理变化引起的爆炸，通常是物质因状态或压力发生突变而引起的爆炸。例如，当高压蒸汽锅炉的过热蒸汽压力超过锅炉能承受的程度时，锅炉破裂，高压蒸汽骤然释放出来，形成爆炸；陨石落地对目标的撞击等物体高速碰撞时，物体高速运动产生的动能，在碰撞点的局部区域内迅速转化为热能，使受碰撞部位的压力和温度急剧升高，碰撞部位发生急剧变形，伴随巨大响声，形成爆炸；自然界中的雷电也属于物理爆炸，它是由带有不同电荷的云块间发生强烈的放电现象，使能量在10^{-7}～10^{-6}s内释放出来，放电区达到极大的能量密度和高温，导致放电区空气压力急剧升高并迅速膨胀，对周围空气产生强烈扰动，从而形成闪电雷鸣般的爆炸；高压电流通过细金属丝时，温度可达到2×10^{4}℃，使金属丝瞬间化为气态而引起爆炸。

（2）化学爆炸。由化学变化引起的爆炸，包括可燃气体与助燃气体混合引起的爆炸、气体分解爆炸、炸药爆炸（复杂分解爆炸）、化学反应过程引起的爆炸、粉尘爆炸、可燃雾滴爆炸、混合危险物质的爆炸等。化学爆炸一般经历两个阶段：第一个阶段，爆炸源的化学反应在瞬间完成并产生大量气体和热量，由于时间很短，气体产物来不及扩散而占据爆炸源的原始空间，而热量也来不及传递，全部用来加热气体，因而产生高压气体，这一过程属于化学过程；第二个阶段，高压气体急剧向周围扩散，挤压周围空气，产生压力冲击波，并引起空气的震荡而产生声响，同时造成周围人、物的破坏，化学能转变为热能和机械能，这一过程属于物理过程。

化学爆炸本质上也是一种燃烧过程，只不过速度要快得多。

（3）核爆炸。核爆炸是核裂变、核聚变反应所放出的巨大核能引起的。核爆炸反应释放的能量比普通炸药爆炸时放出的化学能要大得多，核爆炸中心的温度和压力均极高，同时产生极强的冲击波、光辐射和粒子的贯穿辐射等，比普通炸药爆炸具有更大的破坏力。化学爆炸和核爆炸都是在微秒的时间内完成的。

案例

某双氧水工厂刚刚完成生产系统检修，11时40分开工生产。12时10分，双氧水车间氢气过滤器忽然冒出黑烟，经查是氢化釜内的催化剂发生燃烧，当即停工待修。15时25分检修尚未开始，30m之外的氧气充装站突然爆炸。正在作业的两名工人全部烧伤，其中一人的胸腹烧伤面积在49%以上。

事故发生后，1号氧压机分离瓶炸开；从分离瓶出口到1号充氧线左、右操作阀，压力表，安全放空阀等全部炸烂；长21m的高压铜管炸开7处，断口呈高温熔化状；现场的墙上有火焰喷烧的痕迹；距氧压机分离瓶爆炸处6m的正面白墙下方还有一大片“来历不明”的水迹……现场人员听到两次爆炸声，看到爆炸时产生了红色火光，事故发生后的室内弥漫着“白雾”。

事故发生后，两个事故调查组同时展开调查，但面对同一个事故和完全相同的现场，却得出两个完全相反的结论：

（1）A组一致认定，事故是违章超压运行造成的物理爆炸。理由是爆炸部位正是工人操作部位，也是系统压力最高、承压能力较薄弱处。这里的操作人员曾有过超压充装、提高装瓶速度的违章作业历史。A组要求工厂迅速恢复生产，考虑到设备陈旧，工厂应适当降低系统压力。

（2）B组认为这很可能是一次化学爆炸。理由是纯氧爆炸不会起火，而且一旦有了排放口，压力得到释放，爆炸就会停止，不可能像现在这样在一根完全相通的高压铜管上一连炸出7个独立的大洞。所以，B组要求工厂必须立即停止一切作业准备工作，着手查清事故的真正原因，排除隐患。

后经工厂对系统各个部位的气体重新取样并进行分析后发现，气体纯度存在严重问题，生产区4个300m^3的储气柜、数十支高压气瓶全都充满了十分危险的爆炸性混合气体，一次敲打、一点火花、一次快速的阀门开闭……就会引起一串串惊天动地的大爆炸，而爆炸就发生在工人打开阀门的那一瞬间。爆炸后室内的“白雾”，以及白墙下方“来历不明”的大片水迹，都是氢氧化合物大爆炸的产物。

经排查，事故发生的根源在电解水车间的电解槽上。3号、4号槽内所有的电极板两面全部发黑。正常情况下，电极板只有负极一面发黑，而现在正极板也黑了，说明正极变成了负极。进一步检查发现，两台新改装的电解槽正负电极装反了，本该析出氧的地方析出了氢；本该析出氢的地方析出了氧，这才是此次爆炸的真正原因。

2. 按照爆炸反应相分类

爆炸物可以是气体、液体和固体，甚至是气液混合物、气固混合物等，根据爆炸反应相态的不同，爆炸通常可以分为以下三类：

（1）气相爆炸。气相爆炸根据混合物组成的不同又可以分为以下四种：

1）可燃气体混合物爆炸。可燃气体或蒸气与助燃气体按一定比例混合，在点火源作用下引起的爆炸，称为可燃气体混合物爆炸。可燃气体除氢气、天然气、乙炔、液化石油气外，还有汽油、苯类、醇类、醚类等可燃液体蒸发出来的蒸气。该爆炸在大范围内形成爆炸气体环境后会造成“气云爆炸”。

2）单一气体热分解爆炸。单一气体由于分解反应产生大量反应热而引起的爆炸，称为单一气体热分解爆炸。如乙炔、乙烯、环氧乙烷、丙二烯、甲基乙炔等分解时引起的爆炸。

3）可燃粉尘爆炸。可燃固体的细微粉尘在一定浓度下呈悬浮状态分散在空气等助燃气体中时，由点火源作用而引起的爆炸，称为可燃粉尘爆炸。如分散在空气中的Mg、Al、

Ti、Si、Ca 以及硫黄、面粉等粉尘引起的爆炸。

4）可燃液体雾滴爆炸（喷雾爆炸）。空气中的可燃液体被喷成雾状物剧烈燃烧时引起的爆炸，称为可燃液体雾滴爆炸。如液压机喷出的油雾引起的爆炸。

（2）液相爆炸。液相爆炸是指物质在爆炸前主要以液体状态存在，在爆炸瞬间产生大量气体的爆炸。这种爆炸形式主要有聚合爆炸（如在液相中进行悬浮聚合、乳液聚合等反应）、过热液体爆炸（如蒸汽爆炸）、不同液体混合发生的爆炸（如硝酸和油脂混合后的爆炸，液氧和煤粉混合后的爆炸，熔融的钢液与水接触后的爆炸，催化性物质加入液相反应物中发生的爆炸）等。

（3）固相爆炸。固相爆炸是指固态物质发生的爆炸。固相爆炸主要有爆炸性物质（如固体炸药乙炔铜等）分解爆炸，固态物质混合、熔融引起的爆炸，导线因电流过载造成过热导致金属发生迅速的气化而爆炸等。

3. 按爆炸传播速率分类

爆炸按照爆炸传播速率不同，可分为爆燃、爆轰（又称爆震）。

（1）爆燃。爆燃是指以亚音速传播的燃烧，通常是指爆炸传播速率在每秒数米以下的爆炸。这种爆炸的破坏力不大，声响也不大。例如，无烟火药在空气中的快速燃烧，可燃气体混合物在接近爆炸浓度上限或下限时的爆炸等。

（2）爆轰。爆轰是指以冲击波为特征，爆炸传播速率大于未反应物质中声速的爆炸，通常是指爆炸传播速率在每秒 1 千米以上的爆炸。发生爆轰时，能在爆炸点引起极高压力，并产生超音速的冲击波。这种爆炸的特点是具备了相应的条件之后突然发生（时间在 10^{-6} ～ 10^{-5}s 之间），同时产生高速（1000 ～ 3000m/s）、高温（1300 ～ 3000℃）、高压（10 万～ 40 万大气压）、高能（2930 ～ 6279kJ/kg）、高冲击力（破坏力）的冲击波。这种冲击波能远离爆炸点独立存在，并能引起位于一定距离处、与其没有联系的其他爆炸性气体混合物或炸药的爆炸，从而产生“殉爆”现象。因此，爆轰具有很大的破坏力。处于部分或全部封闭状态下的炸药爆炸，处于特定浓度范围内的预混可燃气体或处于高压下的爆炸均属于爆轰。部分混合物爆轰发生时的压力、温度、爆炸传播速率见表 3-5。

表 3-5　部分混合物爆轰发生时的压力、温度、爆炸传播速率

混合物	压力 /（$\times 10^5$Pa）	温度 /K	爆炸传播速率 /（m/s）	
			计算值	试验值
$2H_2+O_2$	18.05	3585	2806	2819
（$2H_2+O_2$）+$5O_2$	14.13	2620	1732	1700
（$2H_2+O_2$）+$5N_2$	14.39	2685	1850	1822
（$2H_2+O_2$）+$5H_2$	15.97	2975	3627	3527
（$2H_2+O_2$）+5He	16.32	2097	3617	3160
（$2H_2+O_2$）+Ar	16.32	3097	1762	1700

对于由可燃气体混合物引起的爆轰，对气体浓度有一定的要求，如乙炔的爆炸极限为 2.5% ～ 80%，而发生爆轰的浓度范围为：乙炔 - 空气为 4.1% ～ 50%，乙炔 - 氧气为 3.5% ～ 92%。浓度不同，其爆炸传播速率也不同，例如浓度为 40% 的乙炔 - 氧气，其爆

炸传播速率为2716m/s；浓度为40%的乙炔-氧气，其爆炸传播速率为2812m/s。另外，爆炸传播速率还与压力有关，例如浓度为98%的乙炔分解爆炸时，压力为0.5MPa时，爆炸传播速率为1050m/s；压力为2.0MPa时，爆炸传播速率为2812m/s。

（五）爆炸的破坏作用

爆炸引起的破坏作用主要表现为爆炸冲击波、震荡作用、爆炸碎片和造成次生事故等。

1. 爆炸冲击波

爆炸形成的冲击波是一种通过空气传播的压力波，产生的高温、高压、高能量密度的气体产物以极高的速率向周围膨胀，强烈压缩周围的静止空气，使其压力、密度和温度突然升高，像活塞运动那样向前推进，产生波状气压向四周扩散冲击。

这种冲击波能造成附近建筑物的破坏，其破坏程度与冲击波的能量大小、建筑物本身的坚固性和建筑物与产生冲击波的中心距离有关。同样的建筑物，在同一距离内，由于冲击波扩散所受到的阻挡作用不同，受到的破坏程度也不同。此外，冲击波对建筑物造成的破坏程度还与建筑的形状和大小有关。若建筑物的宽和高都不大，冲击波易于绕过，则破坏较轻；反之，则破坏较重。冲击波对砖墙建筑物的破坏见表3-6，对生物体的杀伤作用见表3-7。

表3-6 冲击波对砖墙建筑物的破坏

超压力/（$\times10^5$Pa）	建筑物损坏情况
<0.02	基本上没有破坏
（0.02～0.12]	玻璃窗的部分或全部破坏
（0.12～0.3]	门窗部分破坏，砖墙出现小裂纹
（0.3～0.5]	门窗大部分破坏，砖墙出现严重裂纹
（0.5～0.76]	门窗全部破坏，墙砖部分倒塌
>0.76	墙倒屋塌

表3-7 冲击波对生物体的杀伤作用

超压力/（$\times10^5$Pa）	生物体杀伤情况
<0.1	无损伤
（0.1～0.25]	轻伤，出现$\frac{1}{4}$的肺气肿，2～3个内脏出血点
（0.25～0.45]	中伤，出现$\frac{1}{3}$的肺气肿，1～3处片状内脏出血，1处大范围的内脏出血
（0.45～0.75]	重伤，出现$\frac{1}{2}$的肺气肿，3处以上的片状内脏出血，2处以上的大范围的内脏出血
>0.75	伤势严重，无法挽救，死亡

2. 震荡作用

爆炸发生时，特别是较猛烈的爆炸往往会引起短暂的地震波。例如，某地亚麻厂发生粉尘爆炸时，有连续3次爆炸，结果在该市地震局的地震检测仪上，记录了在7s之内的地震波曲线上出现3次高峰。在爆炸波及的范围内，这种地震波会造成爆炸源附近地面及地面一切物体产生颠簸和摇晃；当这种震荡作用达到一定的强度时，即可造成爆炸区周围建筑物和构筑物产生开裂、松散、倒塌等破坏。

3. 爆炸碎片

爆炸的破坏效应会使机械设备、装备、容器等材料的碎片飞散出去，其距离一般可达 100 ～ 500m，在相当大的范围造成伤害。化工生产爆炸事故中，由于爆炸碎片造成的伤亡占很大比例。

在工程爆破中，特别是进行抛掷爆破和用裸露药包进行爆破时，个别岩块可能飞散得很远，常常造成人员、设备和建筑物的破坏。

4. 造成次生事故

爆炸发生时，如果车间、库房（如制氢车间、汽油库等）里存放有可燃物质，则会造成火灾；高空作业人员受冲击波或震荡作用，会造成高空坠落事故；粉尘作业场所，轻微的爆炸冲击波会使积存在地面上的粉尘扬起，造成更大范围的二次爆炸等。

二、可燃气体的爆炸

（一）单一气体分解爆炸

有分解爆炸特性的气体一般是指分解可以产生相当数量热量的气体。当分解热达到 84 ～ 126kJ/mol 的物质在一定条件下点火后，火焰就能传播开来。

1. 乙炔热分解爆炸

$$C_2H_2 \longrightarrow 2C + H_2 + 226.7kJ/mol$$

乙炔热分解爆炸若无热量损失，火焰温度可达 3100℃，在 1.2L 的容器中测定其爆炸压力为初始压力的 9 ～ 10 倍。初始压力影响达到最大爆炸压力的时间和诱导距离。这里的“诱导距离”是指从爆炸源到最大爆炸压力处的距离，即爆炸波成长为爆轰波的距离。压力对气体分解爆炸的影响见表 3-8。

表 3-8　压力对气体分解爆炸的影响

初始压力 /MPa	时间 /s	初始压力 /MPa		诱导距离 /m	
0.2	0.18	0.35	0.38	9.1	6.7
1.0	0.03	0.5	2.0	3.7	0.9 ～ 1.0

压缩乙炔有爆炸危险，压力越高，爆炸威力越大；但压力降到临界压力（0.137MPa，表压）以下就不会发生爆炸。另外，乙炔类化合物也具有分解爆炸性能。乙烯基乙炔分解爆炸的临界压力为 0.11 ～ 0.14MPa；甲基乙炔 20℃时的临界压力为 0.43MPa，120℃时的临界压力为 0.30MPa。

2. 乙烯分解爆炸

$$C_2H_4 \longrightarrow C + CH_4 + 127.24kJ/mol$$

乙烯分解爆炸所需要的能量随着压力的升高而降低，若同时存在 $AlCl_3$，则分解爆炸更易发生。乙烯在 0℃以下分解爆炸的临界压力约为 3.0MPa。

3. 氮氧化合物分解爆炸

$$N_2O \longrightarrow N_2 + 0.5O_2 + 85.51kJ/mol \qquad （临界压力）$$

$$NO \longrightarrow 0.5N_2 + 0.5O_2 + 90.29kJ/mol \qquad （0.26MPa）$$

$$NO_2 \longrightarrow 0.5N_2 + O_2 + 33.44kJ/mol \qquad （0.15MPa）$$

4. 环氧乙烷分解爆炸

$$C_2H_4O \longrightarrow CH_4 + CO + 134.22kJ/mol$$

$$2C_2H_4O \longrightarrow CH_4 + 2CO + H_2 + 8.28kJ/mol$$

环氧乙烷分解爆炸的临界压力为0.039MPa。125℃时，初始压力为0.26MPa，分解爆炸的最大爆炸压力是初始压力的2倍；初始压力为1.18MPa时，最大爆炸压力是初始压力的5.6倍。

（二）混合气体爆炸

混合气体爆炸是指可燃气体或蒸气与助燃气体混合时发生的爆炸。助燃气体除了空气和氧气外，还包括氧化亚氮、一氧化氮、二氧化氮、氯气、氟气等氧化性气体。

1. 可燃气体（蒸气）/空气混合气体

可燃气体或蒸气与空气按一定比例混合均匀，一经点燃，化学反应瞬间完成并发生爆炸。火焰以一层层同心球面的形式向各个方向传播。在距着火点0.5～1m处的火焰速度为每秒几米或更小，以后逐渐加速到每秒几百米到每秒数千米。火焰传播途中遇到障碍物则产生巨大的破坏作用。

2. 可燃气体（蒸气）/氧气混合气体

可燃气体（蒸气）/氧气混合气体在本质上与可燃气体（蒸气）/空气混合气体相同，但爆炸上限明显提高。例如，氢气与空气混合的爆炸极限为4.1%～75%，而氢气与纯氧混合的爆炸极限为4%～95%；乙烯在空气中的爆炸极限是3.1%～32%，在纯氧中的爆炸极限则是3.0%～80%；丙烷在空气中的爆炸极限是2.2%～9.5%，在纯氧中的爆炸极限则是2.3%～55%。

3. 可燃气体（蒸气）/其他助燃气体混合气体

一些具有氧化性的气体与可燃气体混合后能发生剧烈的爆炸反应，如氯气与氢气混合气体在光照条件下就可能发生爆炸；当两种气体的体积各占50%（化学计量比）时，爆炸最强烈。氢气在氯气中的爆炸下限为5%，爆炸上限为85%，最大爆炸压力可达0.86MPa。

（三）蒸气云爆炸

1. 蒸气云爆炸的条件

在一些综合性石油天然气及石油化工企业中，输气管道可能发生可燃气体的泄漏，泄漏之后可能发生下列情况：泄露物在遇到火源前就分散完毕，不具有爆炸危险；泄露物在泄漏瞬间即遇到火源而被点燃，这种情况一般只引起燃烧，不会发生爆炸；形成蒸气云爆炸，泄漏物扩散到广阔的区域中，形成云状可燃气体混合物，经过一段延迟时间后，可燃蒸气云被点燃，接着发生火灾，由于存在某些特殊原因和条件，火焰传播被加速，产生危险的爆炸冲击波超压。要发生带破坏性超压的蒸气云爆炸，一般应具备以下几个条件。

（1）泄漏物必须可燃且具备适当的温度和压力条件（保证能汽化并形成蒸气云团），例如非加压的可燃气体（氢气、甲烷、乙烯、乙炔），加压后的液化气（丙烷、丁烷）和易挥发的可燃液体（环己胺、石脑油等）。

（2）必须在点燃之前的扩散阶段形成一个足够大的云团。如果在一个工艺区域内发生泄漏，经过一段延迟时间形成云团后再点燃，则往往会产生剧烈的爆炸。在实际发生的蒸气云爆炸事故中，延迟时间多数在十几秒到几十秒的范围内。

（3）产生足够数量的云团处于该物质的爆炸极限范围内时，才能产生显著的超压。蒸气云团可分为三个区域：泄漏点周围是富集区，云团边缘是贫集区，介于二者之间的区域内的云团处于爆炸极限范围内（这部分蒸气云团所占的比例取决于多个因素，包括泄漏物的种类和数量、泄漏时的压力、泄漏孔径的大小、云团受约束程度以及风速、湿度和其他环境条件）。

2. 蒸气云爆炸的物理机制

可燃气体遇火源被点燃后，若发生层流或近似层流燃烧，对普通的碳氢化合物而言，其火焰速度为 5 ～ 30m/s。这种速度太低，不足以产生显著的爆炸超压，在这种条件下蒸气云仅仅是燃烧。所以，讨论蒸气云爆炸的发生机制就是研究蒸气云如何从低速燃烧转变为具有较高速度的爆燃。

试验表明，紊流是蒸气云爆炸的关键因素。在燃烧传播过程中，由于遇到障碍物或受到局部约束而引起局部紊流，火焰与火焰相互作用产生更高的体积燃烧速率，使膨胀流加剧，而这又使紊流更强烈，从而导致更高的体积燃烧速率，结果就是火焰传播速度不断提高，可达层流燃烧的十几倍乃至几十倍，并发生爆炸反应。紊流发生的方式主要有以下三种。

（1）源激发产生的紊流。例如，喷射型泄漏或灾难性的容器爆裂导致的剧烈扩散中，云团与周围的空气产生强烈的紊流。

（2）火焰在受约束的空间传播产生的紊流，例如隧道、桥梁、设备装置密集的厂房、拥挤的停车场等。因此，工艺设备布局密集的化工厂、炼油厂、铁路机车调度站等是蒸气云爆炸的多发地点。

（3）初始点火能量产生的紊流。实际上，强点火源不仅能引起爆燃，也能直接导致爆轰，而爆轰时的燃烧速度是每秒几千米。由于爆燃需要的点火能量约为 10^{-4}J，而爆轰则需 10^{6}J，因此在实际工业事故中爆轰是极为罕见的。

三、爆炸极限和爆轰极限

（一）爆炸极限

对可燃气体、蒸气或粉尘与空气的混合物，并不是在任何浓度下遇到火源都有爆炸危险，而是必须处于合适的含量范围内时遇火源才能发生爆炸。例如，试验表明，对氢气和空气的混合气体，只有当氢气的含量在 4.1% ～ 75% 的范围内时，混合气体遇火源才会发生爆炸；氢气含量低于4.1%或者高于75%时，混合气体遇火源都不会发生爆炸。

可燃气体、蒸气或粉尘与空气混合后，遇火源能发生爆炸的最低含量和最高含量范围，称为可燃气体、蒸气或粉尘的爆炸极限。对应的最低含量称为爆炸下限，最高含量称为爆炸上限。气体、蒸气的爆炸极限，通常用体积百分比（%）表示；粉尘的爆炸极限通常用单位体积中的质量（g/m^3）表示。

通常爆炸混合物的含量低于下限或高于上限时，既不能发生爆炸也不能发生燃烧。但是，若含量高于爆炸上限的爆炸混合物离开密闭的容器、设备或空间，重新遇空气仍有燃烧或爆炸的危险。

爆炸极限是评定可燃气体、蒸气和粉尘爆炸危险性大小的主要依据。爆炸下限越低，爆炸范围越广，爆炸危险性就越大。控制可燃物质含量在爆炸下限以下或爆炸上限以上，是保证安全生产、储存、运输和使用的基本措施之一。

案例

某化工厂盐酸车间点火时，原料氢气压力控制在73.32kPa，氯气压力控制在大于98.07kPa，氢气纯度大于98%，氯气纯度大于60%（正常操作时大于90%），氯气中氢含量小于1%（正常操作时小于0.4%），氢氯分子比为1.05:1.0；调节氢气点火棒火焰后，经点火口放入合成炉内的炉头套筒上即可。但当合成炉操作人员点火操作时，通过合成炉视镜观察到灯头上氢气与氯气的燃烧火焰呈红色异常现象，随即联系有关部门协调处理，此时合成炉内发生了氢气爆炸，造成该炉顶部防爆膜破裂，合成炉系统紧急“停车”。

经调查分析认为，造成此次氢气喷爆事故的原因主要是合成炉氢气进口管调节阀门处空气进入炉内，而操作者技术不熟练，对氢气调节操作与点火操作配合不协调，致使合成炉内存在的氢气与空气混合达到爆炸极限，被点火时的火焰引爆，发生事故。

（二）爆轰极限

与爆炸极限一样，气体混合物发生爆轰（爆震）也有一定的含量范围和上限、下限。爆轰（爆震）极限范围一般比爆炸极限范围窄。有些可燃气体和蒸气，只有在与氧气混合时才能发生爆轰（爆震）。部分可燃气体或蒸气的爆轰（爆震）极限见表3-9。

表3-9 部分可燃气体或蒸气的爆轰（爆震）极限

气体混合物		爆炸极限（%）	爆轰（爆震）极限（%）
可燃气体或蒸气	助燃气体		
氢气	空气	4.1 ~ 75.0	18.3 ~ 59.0
	氧气	4.7 ~ 94.0	15.0 ~ 90.0
一氧化碳	氧气	12.5 ~ 74.2	38.0 ~ 90.0
氨气	氧气	15.0 ~ 28.0	25.4 ~ 75.0
乙炔	空气	2.5 ~ 82.0	4.2 ~ 50.0
	氧气	2.8 ~ 93.0	3.2 ~ 37.0
乙醚	氧气	2.1 ~ 82.0	2.6 ~ 40.0

（三）爆炸危险度

可燃气体爆炸下限很低时，只要有少量可燃气体泄漏在空气中就会形成爆炸性混合气体；可燃气体爆炸上限很高时，那么少量空气进入装有可燃气体的容器时就能形成爆炸性预混气体。据此引入爆炸危险度，计算式为

$$H_a = \frac{L_上 - L_下}{L_下} \tag{3-14}$$

式中　H_a——可燃气体爆炸危险度；

$L_上$、$L_下$——可燃气体爆炸上限、下限（%）。

【例题 3-3】已知氨气与空气混合后的爆炸极限为 15%～28%，试求氨气的爆炸危险度。

解：将氨气的爆炸极限代入式（3-14）得

$$H_a = \frac{28\% - 15\%}{15\%} \approx 0.87$$

答：氨气的爆炸危险度约为 0.87。

爆炸危险度是衡量可燃气体或蒸气爆炸危险性大小的重要指标，其数值越大，危险性也越大。某些可燃气体的爆炸危险度指标见表 3-10。

表 3-10　某些可燃气体的爆炸危险度指标

名称	爆炸危险度 H_a	名称	爆炸危险度 H_a
氨气	0.87	汽油	4.84
甲烷	2.00	辛烷	5.50
乙烷	3.17	苯（气）	5.67
乙醇（气）	4.76	乙酸丁酯（气）	5.33
丙烷	3.50	氢气	17.30
丁烷	3.47	乙炔	31.80
一氧化碳	4.90	二硫化碳（气）	49.00

四、爆炸极限和爆炸压力的估算

（一）爆炸极限的估算

各种可燃气体和液体蒸气的爆炸极限可用专门仪器测定，也可用经验公式计算出近似值。虽然计算值与实测值有一定误差，但仍具有参考价值。以下介绍爆炸极限的三种计算方法。

1. 经验公式法

某些纯净的有机化合物（气体或蒸气）的爆炸极限可用下述经验公式估算，即

$$L_下 = \frac{1}{4.76(2A-1)+1} \times 100\% \tag{3-15}$$

$$L_{上}=\frac{1}{4.76\frac{A}{2}+1}\times 100\% \tag{3-16}$$

式中 A——数值上等于1mol有机物完全燃烧所需氧气的物质的量。

其中，用式（3-16）计算爆炸上限误差较大。

【例题3-4】求乙酸乙酯的爆炸极限。

解：乙酸乙酯分子式为$C_4H_8O_2$，在空气中完全燃烧反应式为

$$C_4H_8O_2+5O_2+5\times 3.76N_2 = 4CO_2+4H_2O+5\times 3.76N_2+Q$$

根据上述燃烧反应式可知A=5，分别代入式（3-15）和式（3-16），得

$$L_{下}=\frac{1}{4.76\times(2\times 5-1)+1}\times 100\%=\frac{1}{43.84}\times 100\%=2.28\%$$

$$L_{上}=\frac{1}{4.76\times\frac{5}{2}+1}\times 100\%=\frac{1}{12.9}\times 100\%=7.75\%$$

答：乙酸乙酯的爆炸极限为2.28%～7.75%。

（注：《危险化学品安全技术大典》（第Ⅰ卷）中列出乙酸乙酯的爆炸极限为2.20%～11.50%）

2. 通过化学计量浓度估算

可燃气体与空气中的氧气恰好完全反应时，可燃气体在空气中的含量称为化学计量浓度。对于可燃气体或蒸气来说，化学计量浓度是发生燃烧、爆炸最危险的浓度。试验证明，各种有机可燃物质在空气中燃烧的化学计量浓度与该物质爆炸极限之间保持一个近似不变的常数关系，故可采用化学计量浓度估算爆炸极限。

（1）化学计量浓度x_0可按式（3-17）计算，即

$$x_0=\frac{1}{4.76A+1}\times 100\% \tag{3-17}$$

式中 A——1mol可燃有机物完全燃烧所需氧气的物质的量；

x_0——化学计量浓度（%）。

（2）爆炸极限的估算式为

$$L_{下}\approx 0.55x_0 \tag{3-18}$$

$$L_{上}\approx 4.8\sqrt{x_0} \tag{3-19}$$

【例题3-5】试估算丙烷（C_3H_8）的爆炸极限。

解：（1）根据燃烧反应式可知丙烷所需氧气的物质的量A=5，代入式（3-17），则化学计量浓度为

$$x_0=\frac{1}{4.76A+1}\times 100\%=\frac{1}{4.76\times 5+1}\times 100\%\approx 4.03\%$$

（2）将x_0=4.03%代入式（3-18）和式（3-19），则丙烷爆炸极限为

$$L_{下}\approx 0.55x_0=0.55\times 4.03\approx 2.22(\%)$$

$$L_{上} \approx 4.8\sqrt{x_0} = 4.8 \times \sqrt{4.03} \approx 9.6(\%)$$

答：丙烷的爆炸下限为 2.22%，爆炸上限为 9.64%。

3. 可燃气体混合物爆炸极限近似计算

$$L_{混} = \frac{1}{\dfrac{V_1}{L_1} + \dfrac{V_2}{L_2} + \dfrac{V_3}{L_3} + \cdots + \dfrac{V_n}{L_n}} \times 100\% \tag{3-20}$$

式中 $L_{混}$——混合可燃气体的爆炸极限（%）；

V_1、V_2、V_3、…、V_n——气体混合物中各组分的百分数（%）；

L_1、L_2、L_3、…、L_n——混合物中各组分的爆炸极限（如果计算爆炸下限，则 L_1、L_2、L_3、…、L_n 代入各组分的爆炸下限含量）（%）。

【例题 3-6】制水煤气的化学反应为 $H_2O_{(g)} + C_{(炽热)} = CO + H_2$，经干燥的水煤气所含 CO 和 H_2 均为 50%，求经干燥的水煤气的爆炸极限。

解：查表 3-9 得 CO 爆炸极限为 12.5% ～ 74.2%；H_2 爆炸极限为 4.1% ～ 75.0%。将有关数值代入式（3-20），得

$$L_{混下} = \frac{1}{\dfrac{V_1}{L_1} + \dfrac{V_2}{L_2}} \times 100\% = \frac{1}{\dfrac{50\%}{12.5\%} + \dfrac{50\%}{4.1\%}} \times 100\% = 6.17\%$$

$$L_{混上} = \frac{1}{\dfrac{V_1}{L_1} + \dfrac{V_2}{L_2}} \times 100\% = \frac{1}{\dfrac{50\%}{74.2\%} + \dfrac{50\%}{75.0\%}} \times 100\% = 74.60\%$$

答：该水煤气爆炸极限为 6.17% ～ 74.60%。

用上述计算式计算的结果，大多数与试验值一致，但对氢 - 乙炔、氢 - 硫化氢、硫化氢 - 甲烷及含二硫化碳等混合气体，误差较大。

（二）爆炸压力的计算

密闭容器或房间内的可燃混合气体在发生爆炸式燃烧反应时，由于反应速率很快，反应释放出的热量被大量用于加热燃烧产物，因此反应体系的压力剧增，这时反应体系的压力就称为爆炸压力。爆炸压力是爆炸事故具有杀伤性和破坏性的主要因素。

在密闭容器或房间内的可燃混合气体发生的爆炸过程可认为是绝热等容过程。对处于化学计量浓度的可燃混合气体来说，爆炸反应后体系的温度达到理论爆炸温度（即按绝热等容过程考虑求出的绝热燃烧温度），对应于理论爆炸温度时等容体系所达到的压力就是最大爆炸压力的计算值。根据理想气体状态方程 $pV=nRT$，可以写出爆炸反应（绝热等容过程）前后体系的压力、温度及气体物质的量之间存在下面的关系式，此关系式就是可燃气体或蒸气与空气混合物的爆炸压力的计算式。

$$p_{爆炸} = \frac{T_{爆炸} n_{爆炸}}{T_0 n_0} \times p_0 \tag{3-21}$$

式中 p_0、$p_{爆炸}$——爆炸混合物的初压和爆炸压力（Pa）；

T_0、$T_{爆炸}$——爆炸混合物的初温和爆炸温度（K）；

n_0——爆炸前反应物的物质的量（mol）；

$n_{爆炸}$——爆炸后燃烧产物的物质的量（mol）。

【例题 3-7】1mol 丙烷与空气按化学计量比混合成为可燃气体，存放在密闭的耐压容器中。假设爆炸前可燃混合气体的压力为 98kPa，温度为 18℃，爆炸温度为 1977℃，试求该反应体系的最大爆炸压力。

解：1mol 丙烷在空气中完全燃烧的反应式为

$$C_3H_8 + 5O_2 + 5\times3.76N_2 = 3CO_2 + 4H_2O + 5\times3.76N_2$$

爆炸前反应物的物质的量 n_0=24.8mol，爆炸后产物的物质的量 $n_{爆炸}$=25.8mol。将已知数据代入式（3-21）中，即可求出该反应体系的最大爆炸压力为

$$p_{爆} = \frac{(273+1977)\times25.8}{(273+18)\times24.8}\times98\text{kPa}\approx788\text{kPa}$$

答：该反应体系的最大爆炸压力为 788kPa。

部分可燃气体（蒸气）的最大爆炸压力见表 3-11。

表 3-11 部分可燃气体（蒸气）的最大爆炸压力

气体（蒸气）名称	含量（%）	最大爆炸压力 /（×101.325kPa）	气体（蒸气）名称	含量（%）	最大爆炸压力 /（×101.325kPa）
氢	3.5	7.06	环己烷	3	8.32
甲烷	10	7.11	丙酮	6	8.22
乙烷	7	7.64	苯	4	8.32
己烷	3	8.41	乙醇	—	5.32

（三）爆炸极限在消防中的应用

物质的爆炸极限是正确评价生产、储存过程的火灾危险程度的主要参数，是建筑、电气和其他防火安全技术的重要依据。

1. 评定可燃气体爆炸危险性大小

可燃气体、可燃液体的爆炸下限越低，爆炸范围越广，爆炸危险性就越大。例如，乙炔的爆炸极限为 2.5% ～ 82%；氢气的爆炸极限为 4.1% ～ 75%；氨气的爆炸极限为 15.0% ～ 28%。其爆炸危险性为乙炔 > 氢气 > 氨气。

可燃气体爆炸下限是评定可燃气体分级和确定其火灾类别的标准。爆炸下限小于 10% 的可燃气体，其火灾危险性类别为甲类；爆炸下限大于或等于 10% 的可燃气体，其火灾危险性类别为乙类。

2. 确定工业建筑防火措施的依据

爆炸下限可用来确定工业建筑的火险类别，在《建筑设计防火规范》（2018 年版）（GB

50016—2014）中，工业建筑是根据火灾危险性的不同来分别要求的。火灾危险性高的建筑物，耐火等级选用一、二级，防火间距小，防火分隔面积小；火灾危险性低的建筑物，耐火等级可选用三、四级，防火间距可相应增大，防火分隔面积也可相应增大。

3. 确定安全生产操作规程

采用可燃气体或蒸气氧化法生产时，应使可燃气体或蒸气与氧化剂的配合比处于爆炸极限以外（如氨氧化制硝酸）；若处于或接近爆炸极限进行生产（如甲醇氧化制甲醛），应充惰性气体稀释保护。

在生产和使用可燃气体、易燃液体的场所，还应根据它们的爆炸危险性采取密封设备、加强通风、定期检测、“开（停）车”前后吹洗置换设备系统、建立检修动火制度等防火安全措施。发生火灾时，应视气体、液体的爆炸危险性大小采取冷却降温、减速降压、排空卸料、“停车”停泵、关闭阀门、断绝气源、使用相应灭火剂扑救等措施，阻止火势扩展，防止爆炸的发生。

五、爆炸极限的主要影响因素

不同的可燃气体和液体蒸气，因理化性质不同而具有不同的爆炸极限；即使是同种可燃气体（蒸气），其爆炸极限也会因外界条件的变化而变化。

（一）初始温度

爆炸性混合物在遇到点火源之前的初始温度升高，会使爆炸极限范围增大，即爆炸下限降低、爆炸上限升高，爆炸危险性增大。这是因为温度升高，会使反应物分子活性增大，因而反应速率加快，反应时间缩短，导致反应放热速率增大，散热减少，使爆炸容易发生。氢气在空气中不同温度时的爆炸极限如图 3-3 所示。

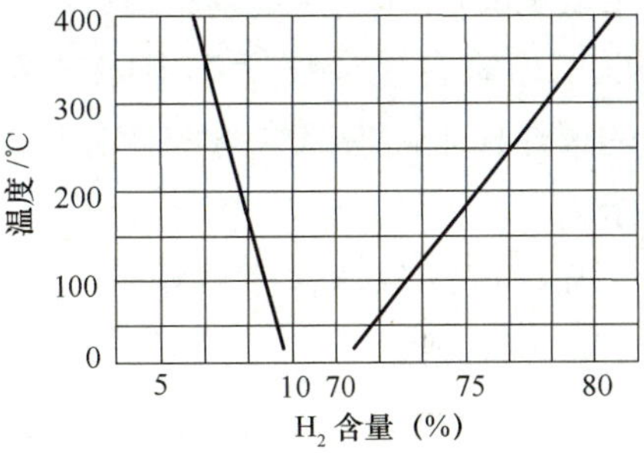

图 3-3　氢气在空气中不同温度时的爆炸极限（火焰向下传播）

不同温度时丙酮的爆炸极限见表 3-12。

表 3-12　不同温度时丙酮的爆炸极限

混合物的温度/℃	0	50	100
爆炸下限（%）	4.2	4.0	3.2
爆炸上限（%）	8.0	9.8	10.0

（二）初始压力

多数爆炸性混合物的初始压力在增大时，爆炸极限范围变宽，爆炸危险性增大。压力对爆炸上限的影响比对爆炸下限的影响要大。因为初始压力越高，分子间距越短，碰撞概率增高，爆炸反应越容易进行。压力降低，爆炸范围缩小，降至一定值时，爆炸的下限与上限重合，此时的压力称为爆炸的临界压力。临界压力的存在，表明在密闭的设备内进行减压操作，可以避免爆炸危险。若压力低于临界压力，则不会发生爆炸。因此，爆炸危险性较大的工艺操作常采用负压以保证安全。以一氧化碳为例，爆炸极限在 101.325kPa 时为 15.5% ~ 68%，在 79.8kPa 时为 16% ~ 65%，在 53.2kPa 时为 19.5% ~ 57.5%，在 39.9kPa 时为 22.5% ~ 51.5%，在 30.59kPa 时爆炸的上、下限均为 37.4%，在 26.6kPa 时就没有爆炸危险了。甲烷在空气中不同压力下的爆炸极限如图 3-4 所示。

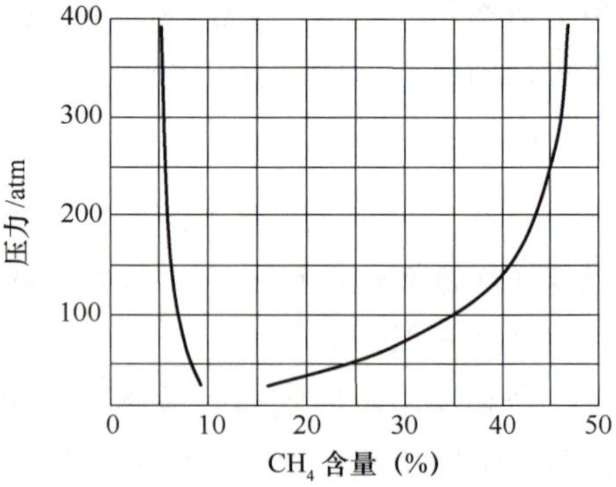

图 3-4 甲烷在空气中不同压力下的爆炸极限

注：1atm=101.325kPa

（三）混合物中的氧含量

可燃混合物中氧含量增加，一般对爆炸下限影响不大，因为在下限时氧气相对于可燃气体是过量的，而在爆炸上限时氧含量相对不足，所以增加氧含量会使爆炸上限显著升高。氨气的爆炸极限随着氧含量的变化情况如图 3-5 所示。

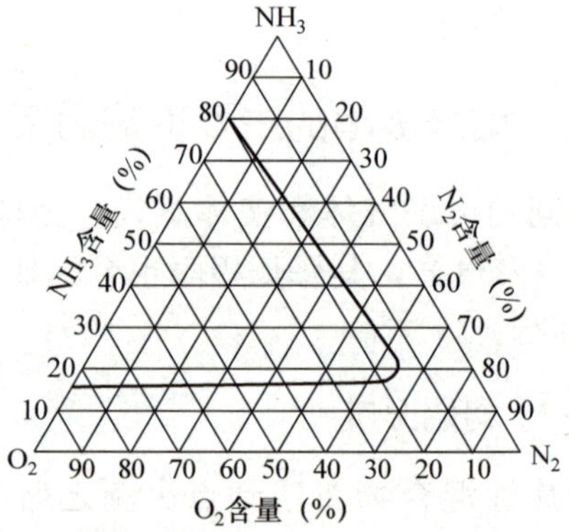

图 3-5 氨气的爆炸极限随着氧含量的变化情况

几种可燃气体在空气中和纯氧中的爆炸极限见表 3-13。

表 3-13 几种可燃气体在空气中和纯氧中的爆炸极限

物质名称	在空气中		在纯氧中	
	爆炸极限（%）	范围	爆炸极限（%）	范围
甲烷	5.0 ~ 15.0	10.0	5.4 ~ 60.0	54.6
乙烷	3.0 ~ 12.5	9.5	3.0 ~ 66.0	63.0
丙烷	2.1 ~ 9.5	7.4	2.3 ~ 55.0	52.7
丁烷	1.9 ~ 8.5	6.6	1.8 ~ 49.0	47.2
乙烯	2.7 ~ 36.0	33.3	3.0 ~ 80.0	77.0
乙炔	2.5 ~ 82.0	79.5	2.8 ~ 93.0	90.2
氢气	4.1 ~ 75.0	70.9	4.7 ~ 94.0	89.3
氨气	15.0 ~ 28.0	13.0	13.5 ~ 79.0	65.5
一氧化碳	12.5 ~ 74.2	61.7	15.5 ~ 94.0	78.5
丙烯	2.4 ~ 10.3	7.9	2.1 ~ 53.0	50.9
乙醚（气）	1.7 ~ 49.0	47.1	2.1 ~ 82.0	79.9

（四）惰性气体含量及杂质

若在混合物中加入惰性气体（氮气、二氧化碳等），将使其爆炸极限范围缩小，一般是对上限的影响比对下限的影响显著；当惰性气体含量逐渐增大达到一定数值时，可使混合气体不爆炸。二氧化碳对汽油蒸气爆炸极限的影响见表 3-14。

表 3-14 二氧化碳对汽油蒸气爆炸极限的影响

二氧化碳含量（%）	爆炸上（下）限（%）	爆炸危险度	二氧化碳含量（%）	爆炸上（下）限（%）	爆炸危险度
0	1.4 ～ 7.4	4.28	27	2.3 ～ 3.5	0.66
10	1.4 ～ 5.6	3.00	28	2.7	≈ 0
20	1.8 ～ 4.2	1.33	>28	不爆炸	0

（五）容器的直径和材质

充装混合物的容器直径越小，火焰在其中的蔓延速率越小，爆炸极限的范围就越小。当容器直径小到一定程度时（即临界直径），火焰会因不能通过而熄灭，气体混合物便可免除爆炸危险。汽油储罐和某些气体管道上安装的阻火器就是根据这个原理制作的，以阻止火焰和爆炸波的传播。阻火器的孔径或沟道的大小，视气体或蒸气的着火危险程度而定。例如，甲烷燃烧的临界直径为 0.4 ～ 0.5mm，汽油、氢和乙炔燃烧的临界直径为 0.1 ～ 0.2mm。

容器的材质对爆炸极限也有影响。例如，氢和氟在玻璃容器中混合，即使在液态空气的温度下于黑暗中也会发生爆炸；而在银制的容器中，在常温下才能发生反应。

（六）最低引爆能量

各种爆炸性混合物都有一个最低引爆能量，也称最小点火能量。爆炸性混合物的点火能量越小，其燃爆危险性就越大，低于该能量，混合物就不爆炸。例如，甲烷若用 100V 电压、1A 电流的电火花去引火，无论在什么含量下都不会爆炸；2A 电流时，其爆炸极限为 5.9% ～ 13.6%；3A 电流时，其爆炸极限为 5.85% ～ 14.8%。部分烷烃的最低引爆能量与爆炸极限和火源强度的关系见表 3-15。

表 3-15 部分烷烃的最低引爆能量与爆炸极限和火源强度的关系

烷烃名称	最低引爆能量 /mJ	电压 /V	爆炸极限（%）		
			1A	2A	3A
甲烷	0.28	100	不爆	5.9 ～ 13.6	5.85 ～ 14.8
乙烷	0.285	100	不爆	3.5 ～ 10.1	3.4 ～ 10.6
丙烷	0.305	100	3.6 ～ 4.5	2.8 ～ 7.6	2.8 ～ 7.7
丁烷	0.24	100	不爆	1.3 ～ 4.4	1.3 ～ 4.6

掌握各种可燃气体混合物爆炸所需要的最小点火能量，对于在有爆炸危险的场所选用安全的电气设备、火灾自动报警系统和各种电动仪表等，都具有重大的意义。

【思考题】

1. 影响爆炸极限的因素主要有哪些？
2. 简述化学爆炸发生的条件和爆炸的破坏作用。
3. 试计算丁烷的爆炸极限及爆炸危险度。
4. 试计算丙酮的爆炸极限及爆炸危险度。
5. 在相同的条件下试比较丙酮与丁烷的爆炸危险性大小。

第五节 可燃气体爆炸的预防

可燃气体爆炸必须同时具备以下三个条件：有可燃气体；有空气，且可燃气体与空气的混合比例必须在一定范围内，即预混可燃气体含量在爆炸极限范围内；有足够能量的点火源。缺少其中任何一个条件，都不能发生爆炸。

以上条件对液体蒸气爆炸及粉尘爆炸同样适用。

一、严格控制点火源

点火源是物质燃烧的必要条件之一。控制、消除点火源是预防火灾、爆炸事故的基本措施之一。

（一）明火

明火包括加热用火、维修用火、吸烟及机动车辆的排气管火星等。根据化工系统火灾爆炸重大事故的统计，明火引发的事故占50%以上，因此严格控制、管理好明火，对企业防火防爆十分重要。

1. 加热用火

生产装置中明火加热设备的布置应当按照规定处理，与可能产生可燃气体（蒸气、粉尘）的工艺设备和罐区保持足够的安全距离，并应布置在容易散发可燃物料设备、系统的上风向或者侧风向；两个以上的明火加热装置，应当将它们集中布置在生产装置的边缘，并与其他设备、系统保持安全距离。

为防止烟筒飞火，炉膛内的燃烧要充分，烟筒要有足够的高度并安装熄火器。对熬炼设备要经常检查，防止烟道窜火和熬锅破漏。熬锅内物料不能过满，以防溢出，并要严格控制加热温度。

2. 维修用火

维修用火主要是指焊接、切割以及喷灯作业等。在工矿企业，特别是石油化工企业中，因维修用火引发的火灾爆炸事故较多。因此，对于维修用火有严格的管理规定，必须严格遵守。

使用气焊、电焊、喷灯进行安装和维修时，必须办理动火证，在采取了防护措施确保安全后方能动火。在对生产、盛装易燃物料的设备、管道进行动火作业时，要严格执行隔离、置换、清洗、动火分析等规定，使用惰性气体进行吹扫置换并经气体分析合格后方可动火。

当需要动火的系统与其他设备连通时，应将相连接的管道拆下断开或加堵金属盲板进行隔绝，防止易燃的物料进入检修系统，在动火时发生燃烧或爆炸。金属盲板除保持严密不漏气外，还应能承受一定的压力。

在积存可燃气体或蒸气的管沟、深坑、下水道内及其附近区域，没有消除危险前，不能进行动火作业。电焊线路破残应及时更换或修理，与有燃烧、爆炸危险的生产设备相连接的金属件严禁连接电焊线路，以防在电路接触不良的地方产生高温或电火花。在有爆炸危险的场所使用喷灯时，应按动火制度将周围可燃物清理干净。

3. 其他用火

香烟的燃烧温度，在点燃抽吸时为 650 ～ 800℃，点燃放下时为 450 ～ 500℃。为防止吸烟引发火灾爆炸事故，化工、石化企业内部禁止吸烟，可采取的措施包括设立明显的禁烟标志，建立严格的禁烟制度，生产区域内严禁吸烟；在使用易燃液体或大量易燃液体、挥发性物质存在的场所，严禁带入火柴、打火机和香烟等。

汽车、拖拉机等机动车辆的排气管喷火，也能引起可燃物料的燃烧、爆炸。为防止各种车辆排气管喷火引起火灾，进入厂区或生产区域的车辆，必须在排气管上安装火星熄灭器。

（二）摩擦和撞击

机器上转动部分的摩擦，铁器的互相撞击或铁器工具打击混凝土地面等，都有可能产生高温火花，由于火花带有的能量超过了大多数可燃气体、蒸气、粉尘的最小点火能量，因此摩擦与撞击往往成为火灾爆炸的起因，在易燃易爆的场所，要避免发生摩擦和撞击，防止发生火灾爆炸。

案例

某化工厂一反应釜的上封头法兰有一处漏气，班长令一工人到釜上拧紧螺母，无效。突然，工人的扳手落下碰到上封头，立刻发生爆炸，随即引发大火，工人死亡。这是因为工人所用扳手是钢制的，与上封头碰撞后产生火花，泄漏的可燃气体浓度超过爆炸下限所致。

（三）高温表面

危险化学品生产的加热、干燥装置，高温物料输送管线，高压蒸汽管路及某些反应设备，其表面温度都比较高，能成为燃烧、爆炸的点火源。为防止发生事故，可采用绝热材料对热表面进行保温隔热处理，防止易燃物料与高温设备、管道表面相接触；高温表面的污垢和物料要经常清除，不准在高温管道或设备上搭晒杂物。

（四）电气设备

电气设备或线路出现危险温度、电火花和电弧，是导致可燃气体、蒸气和粉尘着火、爆炸的重要点火源。工业生产过程中设备和线路的短路、接触电阻过大、超负荷运行或通风散热不良等原因会导致设备发热、温度上升，出现危险温度。因此，应保证电气设备的电压、电流、温升等参数不超过允许值，保证导电部分连接可靠、接触良好；在具有爆炸危险的场所，可拆卸的连接件应采取防松措施；铝导线间的连接应采用压接、熔焊或钎焊，不得采用缠绕接线；引入易燃易爆场所的电线应绝缘良好，并敷设在专用管道内；电气设备应保持清洁；有爆炸危险的场所应安装防爆电气设备；起动设备和配电设备不可安装在同一房间；建立安全用电、定期检查制度，以防产生电火花。

（五）静电火花

静电指的是相对静止的电荷，是一种常见的带电现象。在一定条件下，两种不同物质（其中至少有一种是电介质）相互接触、摩擦，就可能产生静电并积聚起来，形成高电压。若静电能量以火花形式放出，则可能引起火灾爆炸事故。具体地说，在工业生产过程中、撕裂、剥离、拉伸、撞击、粉碎、筛分、辊压、搅拌、输送、喷涂和过滤物料，以及气体、液体、粉体的流动、溅泼、喷射等操作，都有可能产生静电，并因静电火花导致火灾和爆炸。因此，在爆炸危险场所，为了防止火灾爆炸事故的发生，必须采取措施消除静电。

消除静电有两条主要途径，其一是控制工艺过程，抑制静电的产生；其二是加快所产生静电的泄放或者中和，限制静电的积累，使之不超过安全限度。常用的方法有抑制静电的产生，设备接地，在绝缘材料中添加导电填料或抗静电剂，增大工作场所空气湿度，使用静电中和器等。

案例

某化肥厂卸油站工人，在使用临时泵与胶管卸油作业时，引发大火，在场4名工人3死1伤。究其原因，一是当时气温为30℃，大量漏油挥发，浓度较高、密度比空气大的可燃气体聚集于地面；二是由于使用的临时泵与胶管不配套，胶管内的油品流速大大超过规定的允许流速，胶管内产生大量静电；三是未在临时泵与胶管上安装静电接地装置，使静电得以积聚，当静电压达到一定程度时，对地面放电，引起大火。

（六）雷电火花

雷电是自然界中的静电放电现象。雷电所产生的火花温度可以熔化金属，雷电火花是引起火灾爆炸事故的原因之一。因遭受雷击导致油罐大火的事故，在国内外时有发生。我国长江以南大部分地区是多雷暴地区，中等以上城市的高层建筑及高大工业生产装置、设施，每年都有雷击事故发生。因此，雷电的危害不容忽视。为了防止或减少此类事故，需要采取防雷措施，设置防雷装置。常见的防雷装置有避雷针、避雷网和避雷带、避雷线、避雷器及保护间隙等。

二、防止形成可燃可爆体系

在生产过程中，应根据易燃易爆物质的燃烧、爆炸特性，以及生产工艺和设备的条件，采取有效措施，防止在设备和系统里或在其周围形成爆炸性混合物。这类措施主要有采用火灾爆炸危险性低的工艺和物料、生产设备及系统尽量密闭化、采取通风除尘措施、安全监测及联锁、惰性气体保护等。

（一）采用火灾爆炸危险性低的工艺和物料

通过改进生产工艺或技术，以不燃或难燃材料替代可燃材料，以不燃溶剂替代可燃溶剂，以高沸点的溶剂替代挥发性大的溶剂，以介质加热取代直接加热，以负压低温替代加热蒸发等是防火防爆的根本措施。因此，在满足生产工艺要求的条件下，应当尽可能地用不燃溶剂或火灾危险性较小的物质代替易燃溶剂或火灾危险性较大的物质，这样可防止形成爆炸性混合物，为生产创造更为安全的条件。

（二）生产设备及系统尽量密闭化

为防止易燃性气体、液体和可燃性粉尘与外界空气接触而形成爆炸性混合物，应设法将它们放在密闭设备或容器中储存或操作。为了保证设备系统的密闭性，可采取以下措施。

（1）对存有或输送有燃爆危险物料的设备和管道，尽量采用焊接，减少法兰连接，同时要保证安装和检修方便。

（2）输送燃爆危险性大的气体、液体管道，最好用无缝钢管。盛装腐蚀性物料的容器尽可能不设开关和阀门，可将物料从顶部抽吸排出。

（3）接触高锰酸钾、氯酸钾、硝酸钾、漂白粉等粉状氧化剂的生产传动装置，要严加密封，经常清洗，定期更换润滑油，以防止粉尘渗进变速箱中与润滑油接触而引起火灾。

（4）对加压和减压设备，在投入生产前、检修和运行中，应做气密性检验和耐压强度试验。

（5）负压操作可防止系统中有爆炸危险性的物质逸入生产场所，减少发生燃烧和爆炸的危险。

（6）已密闭的正压设备或系统要防止泄漏，负压设备及系统要防止空气渗入。

案例

某市发生地下电缆沟爆炸，导致2.2km长的路面发生破坏，伤亡61人，直接经济损失429万。经调查得知，此次事故是由于电缆沟旁的中压煤气管道破裂造成煤气泄漏，扩散的煤气遇到管沟上违章搭盖的售货亭中的取暖炉火而引起爆炸；此外，煤气管道使用了劣质铸铁管（存在铸造缺陷，砂眼较多）。

（三）采取通风除尘措施

在有火灾爆炸危险的场所内，尽管采取了多种措施使设备密闭，但总会有部分可燃气体、蒸气或粉尘泄漏出来。采用通风置换、除尘设备降低场所内可燃物的含量，是防止形成爆炸性混合物的一个重要措施。

用于通风的空气，如果空气中含有易燃易爆危险气体，不应循环使用。排风设备和送风设备应独立设置通风室，与易燃易爆气体、粉尘隔绝；温度超过80℃的空气或其他气体的排风设备，应用非燃烧材料制成。有燃烧、爆炸危险的粉尘排风系统，应采用不产生火花的除尘设备。当粉尘与水接触能生成爆炸性气体时，不应采用湿式除尘系统。通风管道不宜穿过防火墙，以免发生火灾时火势顺管道通过防火墙而扩散蔓延。

（四）安全监测及联锁

1. 信号报警

在化工生产中，出现危险状态时，信号报警装置可以提醒操作人员采取措施，消除事故隐患。通常发出的报警信号有声、光、颜色等形式，而信号报警装置一般和测量仪表相联系，当有关测量参数超过控制指标时，信号报警装置就会发出相应的报警信号。保险装置在信号报警装置发出危险信号时，能自动采取措施消除不正常状态或扑救危险状况。例如，当气体燃烧炉中的燃料压力降得太低时便会熄火，此时可燃气体仍继续流出，并扩散到整个炉内，重新点火时就有可能发生爆炸。为防止发生这种事故，可在输气管上安装保险装置，当炉火熄灭时自动切断气源。另外，当可燃物发生局部燃烧时，信号报警装置把测出的信号传至保险装置，扑灭已点燃的小火，避免造成灾害。

2. 安全联锁

安全联锁是利用机械或电气控制依次接通各仪器或设备，并使之彼此发生联系，若系统中出现了不符合规定的程序，则仪器和设备便不能起动、运转或“停车”，以达到安全生产的目的。

3. 火灾爆炸监测装置

火灾爆炸监测装置主要是指火灾监测仪和爆炸监测仪。

（1）火灾监测仪：火灾监测仪是发现火灾苗头的设备，它能测出火灾初期陆续出现的火灾信息。火灾监测仪主要有感温式、感烟式、感光式、感气式等多种类型，可利用以上各种类型的探测器组成火灾报警器、报警网、自动灭火系统。

（2）爆炸监测仪：爆炸监测仪主要是指在生产和使用爆炸性气体的场所使用的，监控爆炸性气体的泄漏及其在空气中的含量的监测仪。在易泄漏可燃气体或蒸气的部位可设置固定式可燃气体报警器，以随时监测泄漏情况。对危险性很大的部位，宜采用强制性定向接收装置，利用空气抽出器或水喷射器抽取气样。对没有设置固定式可燃气体报警器的其他部位，应用便携式可燃气体报警器随时监测。另外，在检修动火前必须用便携式可燃气体报警器随时检测，以保证检修工作的顺利进行。

（五）惰性气体保护

当厂房内或设备内已充满爆炸性混合气体又不易排走，或某些生产工艺过程中可燃性气体难免与空气（氧气）接触时（例如利用氨和氧生产硝酸，利用甲醇和氧生产甲醛，汽油罐液面上的油蒸气和空气混合），可用惰性气体（氮气、二氧化碳等）进行稀释，使之形成的混合气体不在爆炸极限之内，不具备爆炸性，这种方法称为惰性气体保护。在易燃固体物质的压碎、研磨、筛分、混合以及粉状物质的输送过程中，也可以用惰性气体进行保护。

将可燃气体与氧气在不同比例的惰性气体中的爆炸界限画在三角形线图上，可以得到三种成分的混合气体的爆炸界限图。甲烷-氧-氮三种成分混合气体的爆炸界限图如图3-6

所示。

图 3-6 中的偏三角形区域为爆炸三角区。连接正三角形顶点 CH_4 和对边（O_2 含量坐标线）21% 处点的直线称为空气组分线，因为在该直线上任意一点，氧与氮之比都等于 21∶79。空气组分线与爆炸三角区的交点 $x_上$、$x_下$ 即为甲烷在空气中的爆炸上限和爆炸下限。平行 N_2 含量坐标线作爆炸三角区的切线，得到临界氧含量线，该线与 O_2 含量坐标线的交点（约 12% 处）即为氧含量的临界值。在添加惰性气体时，只要混合气体中的氧含量处在临界值以下，混合气体遇火就不会发生爆炸。图 3-6 中甲烷的临界氧含量为 12%（温度为 26℃，1 个大气压）。部分可燃气体在常温常压下的临界氧含量（体积分数）见表 3-16。

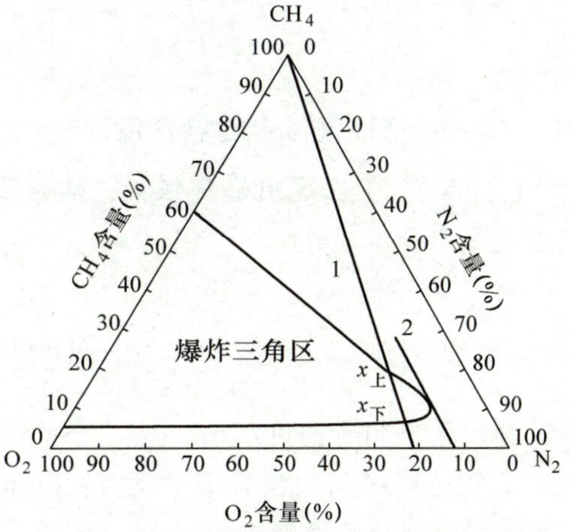

图 3-6　甲烷 - 氧 - 氮三种成分混合气体的爆炸界限图

1—空气组分线　2—临界氧含量线

表 3-16　部分可燃气体在常温常压下的临界氧含量

可燃气体	临界氧含量（%）	
	添加 CO_2	添加 N_2
甲烷	14.6	12.1
乙烷	13.4	11.0
丙烷	14.3	11.4
丁烷	14.5	12.1
戊烷	14.4	12.1
己烷	14.5	11.9
汽油	14.4	11.6
乙烯	11.7	11.0
丙烯	14.1	11.5
环丙烷	13.9	11.7
氢气	5.9	5.0
一氧化碳	5.9	5.0
丁二烯	13.9	10.4
苯（气）	13.9	11.2

要使三组分混合气体中的氧含量小于临界值，惰性气体用量可用式（3-22）计算，即

$$V = \frac{21 - C_0}{C_0} \times V_0 \qquad (3\text{-}22)$$

式中　V——惰性气体用量（m^3）；

C_0——表 3-13 中查到的临界氧含量（%）；

V_0——设备内原有的空气容积（m^3）。

若使用的惰性气体中含有部分氧气，则惰性气体用量可用式（3-23）计算，即

$$V=\frac{21-C_0}{C_0-C_0'}\times V_0 \tag{3-23}$$

式中 C_0'——惰性气体中的氧含量（%）。

【例题 3-8】乙烷用氮气保护，临界氧含量值为 11%，设备内原有空气容积为 $100m^3$，试求氮气用量。

解：

$$V=\frac{21-11}{11}\times 100=90.9\ (m^3)$$

答：氮气用量为 $90.9m^3$。

这就是说必须向空气容积为 $100m^3$ 的设备内送入 $90.9m^3$ 的纯氮气，乙烷和空气才不能形成爆炸性混合气体。

【例题 3-9】乙烷用氮气保护，临界氧含量值为 11%，设备内原有空气容积为 $100m^3$，若加入的氮气中含有 6% 的氧气，求该氮气的用量。

解：

$$V=\frac{21-11}{11-6}\times 100=200\ (m^3)$$

答：氮气用量为 $200m^3$。

三、切断爆炸传播途径

可燃气体发生爆炸时，为了阻止火焰传播，需设置阻火装置。可安装阻火装置的设备有：石油罐的开口部位、可燃气体的输入管路、溶剂回收管路、燃气烟囱、干燥机排气管、气体焊接设备与管道等。其作用是防止火焰窜入设备、容器与管道内，或阻止火焰在设备和管道内扩展。其工作原理是在可燃气体进出口两侧之间设置阻火介质，当任一侧着火时，火焰的传播就被阻止而不会烧向另一侧。常用的阻火装置有安全液封、阻火器和单向阀。

在某些爆炸性混合气体中，火焰传播速率随传播距离的增大而增大，并变为爆轰。一旦变成爆轰，要阻止其传播，还需要安装爆轰抑制器。

（一）安全液封

安全液封阻火装置以液体作为阻火介质，目前广泛使用的是安全水封，它以水作为阻火介质，一般安装在气体管线与生产设备之间。例如，各种气体发生器或气柜多用安全水封进行阻火。来自气体发生器或气柜的可燃气体，经安全水封输送到生产设备中，如果安全水封某一侧着火，火焰传到安全水封时，因水的作用，阻止了火焰蔓延到安全水封的另一侧。常用的安全水封有敞开式（图 3-7）和封闭式（图 3-8）两种。

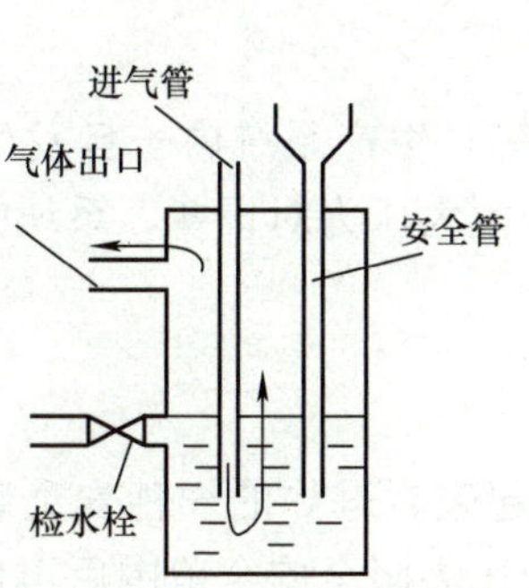

图 3-7　敞开式安全水封的构造

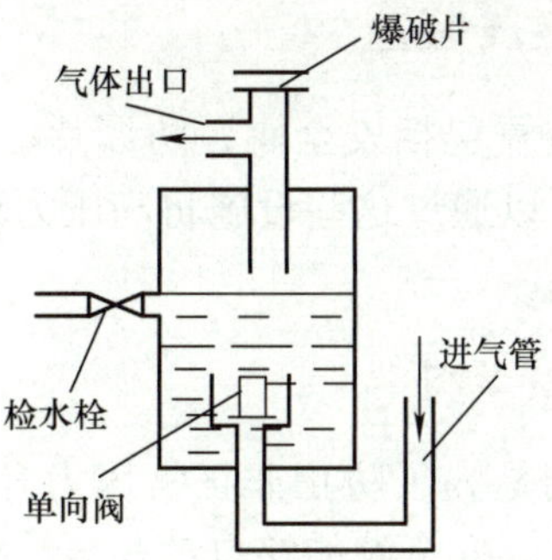

图 3-8　封闭式安全水封的构造

（二）阻火器

阻火器是一种利用间隙消焰原理，防止火焰传播的干式安全装置。这种安全装置结构比较简单，造价低廉，安装维修方便，应用比较广泛。在容易引起爆炸的高热设备、燃烧室、高温氧化炉、高温反应器等与输送可燃气体、易燃液体蒸气的管线之间，以及易燃液体、可燃气体的容器、管道、设备的排气管上，多用阻火器进行阻火。

间隙消焰是指通过金属网的火焰，由于与网面接触，火焰中的部分活性基团（自由基）失去活性而“销毁”，使链式反应中止。这种现象称为间隙消焰现象，它是阻火器的工作原理。

消焰直径是设计阻火器的重要参数。消焰直径是指使混合气体着火时不传播火焰的管路临界直径。

消焰元件是许多间隙的集合体，是阻火器中重要的组成部分。消焰元件选择得当与否，对装置的阻火能力有决定性的影响。一般采用具有不燃性、透气性的多孔材料制作消焰元件，并且它应具有一定的强度。最常用的消焰元件是金属网，此外也使用波纹金属片、多孔板、细粒（如砂粒、玻璃球、铁屑或铜屑）充填层、狭缝板、金属细管束等来制作消焰元件。金属网阻火器如图 3-9 所示。

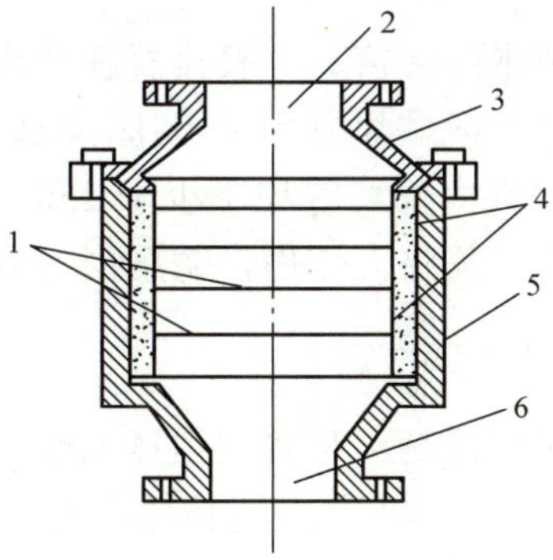

图 3-9　金属网阻火器

1— 金属网　2— 进口　3— 上盖
4— 垫圈　5— 外壳　6— 出口

（三）单向阀

单向阀也称逆止阀，其作用是仅允许可燃气体或液体向一个方向流动，遇有倒流时即自行关闭，从而避免在燃气或燃油系统中发生流体倒流，或高压窜入低压造成容器管道的爆裂，或发生回火时火焰的倒袭和蔓延等事故。在工业生产上，通常在流体的进口与出口之间、与燃气或燃油管道及相关设备相连接的辅助管线上、高压与低压系统之间的低压系统上或压缩机与油泵的出口管线上安装单向阀，单向阀如图 3-10 所示。

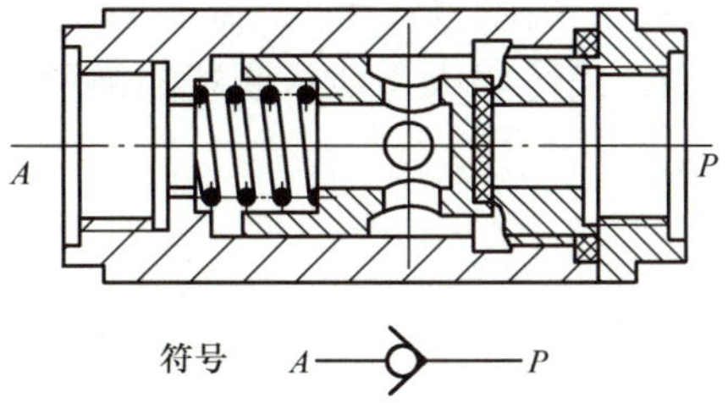

图 3-10　单向阀

四、泄压装置

泄压装置包括安全阀、防爆片、防爆门和放空管等。生产系统内一旦发生爆炸或压力骤增时，可以通过这些设施将高压力释放出去，以减少巨大压力对设备、系统的破坏或者减少事故损失。

（一）安全阀

安全阀是为了防止非正常压力升高超过限度而引起破裂爆炸的一种安全装置。当内部压力超限时，安全阀能够自动开启，排出部分气体，使压力降至安全范围后再自动关闭，从而实现内部压力的自动调节，防止设备、容器或系统的破裂、爆炸。

（二）爆破片

爆破片又称为防爆膜、防爆片。爆破片利用法兰安装在受压设备、容器及系统的放空管上，当设备、容器及系统因某种原因压力超标时，爆破片即被破坏，使过高的压力泄放出去，以防止设备、容器及系统受到破坏。爆破片与安全阀的作用基本相同，但安全阀可根据压力自行开关，如一次压力过高开启泄放后，待压力正常即自行关闭；而爆破片的使用则是一次性的，如果被破坏，需要重新安装。

（三）防爆门（窗）

防爆门（窗）一般设置在使用油、气或煤粉作燃料的加热炉燃烧室外壁上，在燃烧室发生燃爆或爆炸时用于泄压，以防止加热炉的其他部分遭到破坏。防爆门的总面积一般按照燃烧室内部总容积不少于 $250cm/m^3$ 计算。为防止燃烧火焰喷出时将人烧伤或者翻开的门（窗）盖将人打伤，防爆门（窗）应设置在人员稀少的地方，高度最好不低于 2m。

（四）放空管

放空管是一种管式泄压安全装置。放空管分为两种：一种是正常排气放空用，将生产过程中的一些废气及时排放；另一种是事故放空用，当反应物料发生剧烈反应，采取措施无效，不能防止反应设备超压、超温而设置的一种自动或手动的紧急泄压装置。当放空气体流速较大时，放空管应有良好的静电接地设施，且管口应处于防雷保护范围内。

【思考题】

1. 可燃气体爆炸应具备哪些条件？
2. 预防可燃气体爆炸的基本方法有哪些？
3. 甲烷用氮气保护，临界氧含量为12.1%，设备内原有空气容积为 $100m^3$，求氮气用量。
4. 简述阻火与泄压装置的类型与作用。

第四章　可燃液体的燃烧

知识目标

❍ 了解液体的特性，了解可燃液体燃烧速率的表示方法，了解闪点的测定方法，了解可燃液体的自燃过程。

❍ 熟悉可燃液体的燃烧过程及燃烧形式，熟悉沸程、热波特性等概念，熟悉可燃液体燃烧速率的主要影响因素，熟悉可燃液体自燃点的变化规律。

❍ 掌握表征液体特性的参数，掌握沸溢燃烧和喷溅燃烧的形成过程、条件及征兆，掌握闪燃、闪点的概念及闪点的计算，掌握可燃液体闪点的变化规律和闪点在消防工作中的应用。

素养小知识

可燃液体火灾发展蔓延迅速，易造成大量人员伤亡和财产损失，因此消防工作人员应熟悉和掌握可燃液体发展蔓延的规律和特点，坚持“人民至上、生命至上”理念，为灭火救援行动正确制定灭火战术，降低人民生命和财产损失。

第一节　液体的特性

液体都有挥发性，在一定的温度条件下，液体都会由液态转变为气态。液体蒸发速率的快慢主要取决于液体的性质和温度。

将液体置于密闭的真空容器中，液体表面能量大的分子就会克服液面邻近分子的吸引力，脱离液面进入液面以上空间成为蒸气分子。进入液面以上空间的蒸气分子由于热运动，有一部分又可能撞到液体表面，被液面吸引而凝结。蒸发开始时，由于液面以上空间尚无蒸气分子，因此蒸发速率最大，凝结速率为零。随着蒸发过程的继续，蒸气分子浓度增大，凝结速率也增大，最后凝结速率和蒸发速率相等，液体（液相）和它的蒸气（气相）就会达到气液平衡状态。这种气液平衡是一种动态平衡，即液面分子仍在蒸发，蒸气分子仍在凝结，只是蒸发速率和凝结速率相等，即

$$\text{液体} \underset{\text{凝结}}{\overset{\text{蒸发}}{\rightleftharpoons}} \text{蒸气}$$

一、蒸发热

在液体体系同外界环境没有热量交换的情况下，随着液体蒸发过程的进行，由于失掉

了高能量分子，因此液体分子的平均动能减小，液体温度逐渐降低。要使液体保持原有温度，即维持液体分子的平均动能，必须从外界吸收热量。这就是说，要使液体在恒温恒压下蒸发，必须从周围环境吸收热量。这种使液体在恒温恒压下汽化或蒸发所必须吸收的热量，称为液体的汽化热或蒸发热。该蒸发热一方面消耗于增加液体分子动能，以克服分子间引力而使分子逸出液面进入蒸气状态，另一方面它又消耗于汽化时体积膨胀所做的功。

显然，不同液体因分子间引力不同，其蒸发热势必不同；即使是同一液体，当质量或温度不相等时，其蒸发热也不相等。因此，常在一定温度、压力下取 1mol 液体的蒸发热作比较，这时的蒸发热称为摩尔蒸发热，以 ΔH_V 表示。一般来说，液体分子间引力越大，其蒸发热越大，液体越难蒸发。

二、饱和蒸气压

对于密闭环境，在一定温度下，与液体或固体处于平衡态的蒸气所具有的压强称为饱和蒸气压。液体的饱和蒸气压是液体的重要性质，它仅与液体本身和温度有关，而与液体的数量及液面上的体积无关。在相同温度下，液体分子之间的引力强，则液体分子难以克服引力而变为蒸气，饱和蒸气压就低；反之，液体分子间引力弱，饱和蒸气压就高。对同一液体来说，升高温度，液体分子中能量大的数目增多，能克服液体表面引力变为蒸气的分子数目也增多，饱和蒸气压增大；反之，若降低温度，则饱和蒸气压减小。图 4-1 介绍了几种液体在不同温度下饱和蒸气压的变化曲线。

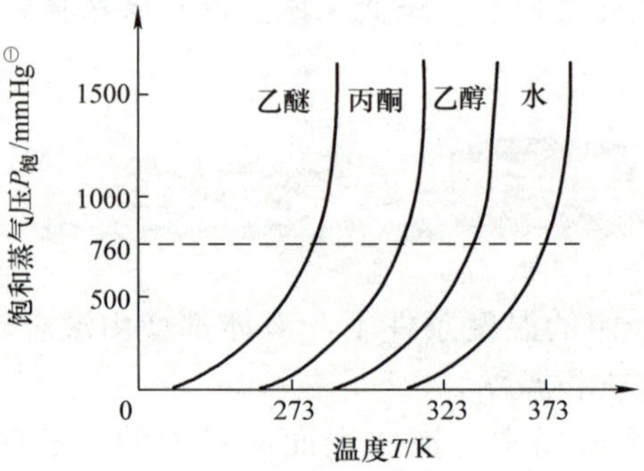

图 4-1 几种液体在不同温度下饱和蒸气压的变化曲线

三、液体的沸点

液体的沸点是指液体的饱和蒸气压与外界压力相等时的温度。在此温度时，汽化在整个液体中进行，称为沸腾；而在低于此温度时的汽化，则仅限于在液面上进行。这是在沸点以下和达到沸点时液体汽化的区别。

显然，液体沸点同外界气压密切相关。外界气压升高，液体的沸点也升高；外界气压降低，液体的沸点也降低。当外界压力为 1.01325×10^5Pa 时，液体的沸点称为正常沸点。部分液体的沸点和蒸发热见表 4-1。

㊀ 1mmHg=133.322Pa。

表 4-1　部分液体的沸点和蒸发热（ΔH_V）

物质名称（液态）	ΔH_V（在沸点时）/（kJ/mol）	沸点 /℃
甲烷	9.20	−161
乙烷	13.79	−89
丙烷	18.06	−30
丁烷	22.24	−0
己烷	28.55	68
辛烷	33.86	125
癸烷	35.78	160
氟化氢	30.14	17
氯化氢	15.05	−84
溴化氢	16.30	−70
碘化氢	18.14	−37
水	40.59	100
硫化氢	18.77	−61
氨	23.53	−33
磷化氢	14.59	−88
甲硅烷	12.33	−112

四、液体饱和蒸气浓度

在空气中的蒸气有饱和与不饱和之分。不饱和蒸气压是蒸发与凝结未达到平衡时的蒸气压，其大小是不断变化的，其变化范围从零到饱和蒸气压。饱和蒸气压是液体的蒸发和蒸气的凝结达到平衡时的蒸气压，其大小在一定温度下是一定的，饱和蒸气的浓度也是一定的。

根据道尔顿的分压定律，在混合气体中，各气体的压力分数、体积分数和摩尔分数是相等的，即

$$\frac{p_A}{p}=\frac{V_A}{V}=\frac{n_A}{n} \tag{4-1}$$

式中　p_A——气体组分 A 的分压力（Pa）；

V_A——气体组分 A 的分体积（m^3）；

n_A——气体组分 A 的物质的量（mol）；

p——混合气体的总压力（Pa）；

V——混合气体的总体积（m^3）；

n——混合气体的总物质的量（mol）。

所以，气体组分 A 的浓度（体积分数）等于

$$\frac{p_A}{p}=\frac{V_A}{V}$$

$$V_A = \frac{p_A}{p} V \tag{4-2}$$

【思考题】

可燃液体主要有哪些特性？分别举例说明，并说明这些特性各由什么参数来评定。

第二节 可燃液体的燃烧过程和燃烧形式

一、可燃液体的燃烧过程

一切可燃液体都能在任何温度下蒸发形成蒸气并与空气或氧气混合扩散，当达到爆炸极限时，与火源接触发生连续燃烧或爆炸的现象，称为可燃液体的引燃着火。发生引燃着火的液体最低温度称为液体的燃点或着火点。因而，液体的燃烧主要是以气相形式进行有焰燃烧，其燃烧历程为

$$液体 \xrightarrow{热} 蒸气 \xrightarrow[氧化、分解]{热、氧化剂} 中间产物 \xrightarrow{燃烧} 产物 + 热$$

蒸发相变是可燃液体燃烧的准备阶段，而其蒸气的燃烧过程与可燃气体是相同的。

轻质可燃液体的蒸发纯属物理过程，液体分子只要吸收一定能量克服周围分子的引力即可进入气相并进一步被氧化分解，发生燃烧。因而，轻质可燃液体的蒸发耗能低，蒸气浓度较大，点火后首先在蒸气与空气的接触界面上产生瞬时的预混火焰，随后形成稳定的燃烧。着火初期由于液面温度不高，蒸气补充不快，燃烧速率不太大，产生的火焰就不太高。随着燃烧的持续，火焰的热辐射使液体表面升温，蒸发速率加大，燃烧速率和火焰高度也随之增大，直到液体沸腾，烧完为止。

重质可燃液体的蒸发除了有相变的物理过程外，在高温下还伴随有化学裂解。重质可燃液体各组分的沸点、密度、闪点等相差很大，燃烧速率一般是先快后慢。沸点较低的轻质组分先蒸发燃烧，高沸点的重质组分吸收大量辐射热后在重力作用下向液体深部沉降。液体中重质组分比例不断增加，蒸发速率降低而导致燃烧速率逐渐减小。随着燃烧的进行，液体具有相当高的表面温度，形成高温热波向下传播，有些组分在此温度下尚未达到沸点即已开始热分解，产生轻质可燃蒸气和碳质残余物，分解的气体产物继续燃烧。火焰的辐射可使液体燃烧的速率加大，火焰增大。火焰中尚未完全燃烧的分子碎片、碳粒及部分蒸气，在扩散过程中降温凝成液雾，于火焰上方形成浓度较大的烟雾，当液面温度接近重质组分的沸点时，稳定燃烧的火焰将达最高。

二、可燃液体的燃烧形式

（一）蒸发燃烧

蒸发燃烧是指可燃液体受热后边蒸发边与空气相互扩散、混合，遇点火源发生燃烧，呈现出有火焰的气相燃烧形式。

1. 常压下液体自由表面的燃烧（池状燃烧）

蒸发燃烧的过程是边蒸发扩散边氧化燃烧，燃烧速率较小而稳定。如果可燃液体流速较大，则可燃液体流出部分表面呈池状燃烧，可燃液体流到哪里，便将火焰传播到哪里，具有很大危险。

闪点较高的可燃液体呈池状时往往不容易一下点燃，如把它吸附在灯芯上就很容易点燃。例如，煤油灯就是利用灯芯多孔结构的浸润作用，使灯芯吸附的液体蒸发表面增大，而灯芯又是一种有效的绝热体，具有较好的蓄热作用。点火源的能量足以使灯芯吸附的部分可燃液体迅速蒸发，使局部蒸气浓度达到燃烧浓度，一点就燃。燃烧产生的热量又进一步加快了灯芯上可燃液体的蒸发，使火焰温度、高度和亮度增加，达到稳定燃烧，直到可燃液体全部烧完。因此，在防火工作中要注意高闪点液体吸附在棉被等多孔物质上发生自燃和着火的危险。

2. 可燃液体的喷流式燃烧

在压力作用下，从容器或管道内喷射出来的可燃液体呈喷流式燃烧（如油井井喷火灾、高压容器火灾等）。这种燃烧形式实际上也属于蒸发燃烧。可燃液体在高压喷流过程中，分子具有较大动能，喷出后迅速蒸发扩散，冲击力大，燃烧速率大，火焰高。在燃烧初期，如能设法关闭阀门（或防喷器）切断可燃液体来源，则较易扑灭；否则，燃烧时间过长，会使阀门或井口装置被严重烧损，较难扑救。

（二）动力燃烧

可燃液体的蒸气、低闪点液雾预先与空气（或氧气）混合，遇点火源产生带有冲击力的燃烧称为动力燃烧。

可燃液体的动力燃烧与可燃气体的动力燃烧具有相同的特点。快速喷出的低闪点液雾，由于蒸发面积大、蒸发速率大，在与空气进行混合的同时即已形成其蒸气与空气的混合气体，因此遇点火源就产生动力燃烧，使未完全汽化的小雾滴在高温条件下立即参与燃烧，燃烧速率远大于蒸发燃烧。例如，雾化汽油、煤油等挥发性较强的烃类在汽缸内的燃烧；煤油汽灯的燃烧速率之所以大于一般煤油灯的燃烧速率，是因为它是预混燃烧，氧化充分，表现出火焰白亮、炽热的燃烧现象。

密闭容器中的可燃液体，受高温会使体系温度骤然升高，蒸发加快，有可能使容器发生爆炸并导致产生的混合气体发生二次爆炸。而乙醚、汽油等挥发性强、闪点低的可燃液体，其液面以上相当大的空间是其蒸气与空气形成的爆炸性混合气体，静电火花就能使之发生燃烧甚至爆炸。

（三）沸溢式燃烧和喷溅式燃烧

可燃液体的蒸气与空气在液面上方边混合边燃烧，燃烧放出的热量向可燃液体内部传播。由于液体特性不同，热量在液体中的传播具有不同特点，在一定条件下，热量在原油等重质油品中的传播会形成热波，并使油品发生沸溢和喷溅，使火灾变得更加猛烈。现以原油为例介绍。

1. 基本概念

（1）初沸点：原油中密度最小的烃类沸腾时的温度，也是原油中最低的沸点。

（2）终沸点：原油中密度最大的烃类沸腾时的温度，也是原油中最高的沸点。

（3）沸程：不同密度不同沸点的所有馏分转变为蒸气的最低和最高沸点的温度范围。单组分液体只有沸点而无沸程。

（4）轻组分：原油中密度小、沸点低的很少一部分烃类组分。

（5）重组分：原油中密度大、沸点高的很少一部分烃类组分。

2. 单组分可燃液体燃烧时热量在液层的传播特点

单组分可燃液体（如甲醇、丙酮、苯等）和沸程较窄的混合可燃液体（如煤油、汽油等），在自由表面燃烧时，很短时间内就形成稳定燃烧，且燃烧速率基本不变。燃烧时火焰的热量通过辐射传入液体表面，然后通过导热向液面以下传递，但热量只能向下传入很浅的液层内。几种单组分可燃液体燃烧时液层中的温度分布情况如图 4-2 所示。

可燃液体燃烧时热量在液层的传播特点

从图 4-2 中可以看出，不同可燃液体其温度分布的厚度也不相同，即热量由液面向液体内部渗入的深度不相同。

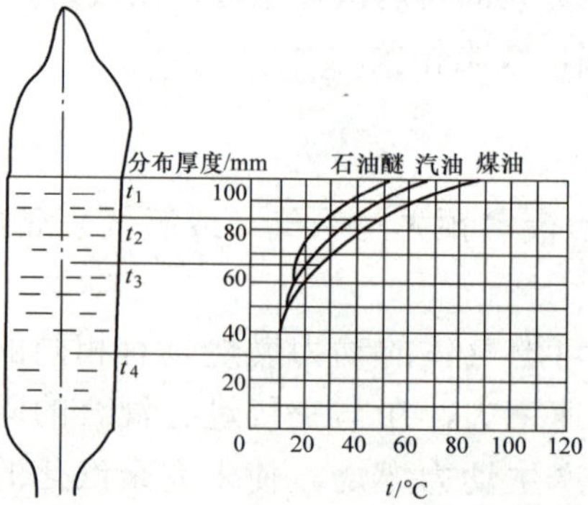

图 4-2 几种单组分可燃液体燃烧时液层中的温度分布

单组分可燃液体燃烧具有以下特点。

（1）液面温度接近但稍低于液体的沸点。可燃液体燃烧时，火焰传给液面的热量使液面温度升高。接近沸点时，液面的温度则不再升高。可燃液体在敞开空间燃烧时，蒸发在非平衡状态下进行，且液面要不断向液体内部传热，所以液面温度不可能达到沸点，而是稍低于沸点。

（2）液面加热层很薄。单组分可燃液体和沸程很窄的可燃混合液体，在呈稳定池状燃烧时，热量只传播到较浅的液层中，即液面加热层很薄。这与通常人们认为的“液面加热层随时间不断加厚”不符合。

可燃液体稳定燃烧时，液体蒸发速率是一定的，火焰的形状和热释放速率是一定的，因此火焰传递给液面的热量也是一定的。这部分热量一方面用于蒸发液体，另一方面用于向下加热液体层。如果加热厚度越来越少，而用于蒸发液体的热量越来越多，那么火焰燃烧将加剧。但是，这与单组分可燃液体能形成稳定燃烧的性质不符合。因此，可燃液体在稳定燃烧时，液面下的温度分布是一定的。

3. 原油燃烧时热量在液层的传播特点

沸程较宽的可燃混合液体主要是一些重质油品，如原油、渣油、蜡油、沥青、润滑油等，没有固定的沸点，在燃烧过程中，火焰向液面传递的热量首先使低沸点组分蒸发并进入燃烧区燃烧，而沸点较高的重质组分则携带在表面接受的热量向液体深层沉降，形成一个热的峰面向液体深层传播，逐渐深入并加热冷的液层，最后形成一个温度较高的界面，此界面称为热波。液体能形成热波的特性称为热波特性。

热波的初始温度等于液面的温度，等于该时刻原油中最轻组分的沸点。随着原油的连续燃烧，液面蒸发组分的沸点越来越高，热波的温度会由150℃逐渐上升到315℃，比水的沸点高得多。热波在液层中向下移动的速率称为热波传播速率，它比液体的直线燃烧速率（即液面下降速率）大，两者的比较见表4-2。在已知某种油品的热波传播速率后，就可以根据燃烧时间估算可燃液体内部高温层的厚度，进而判断含水的重质油品发生沸溢和喷溅的时间。因此，热波传播速率是扑救重质油品火灾时要用到的重要参数。

表4-2 热波传播速率与液体直线燃烧速率的比较

油品种类		热波传播速率 /（mm/min）	液体直线燃烧速率 /（mm/min）
轻质油品	含水率（质量分数）<0.3%	7 ～ 15	1.7 ～ 7.5
	含水率（质量分数）>0.3%	7.5 ～ 20	1.7 ～ 7.5
重质燃油	含水率（质量分数）<0.3%	约 8	1.3 ～ 2.2
	含水率（质量分数）>0.3%	3 ～ 20	1.3 ～ 2.3
初馏分（原油轻组分）		4.2 ～ 5.8	2.5 ～ 4.2

4. 沸溢和喷溅

含有水分且黏度较大的重质石油产品，如原油、重油、沥青油等，发生燃烧时，有可能产生沸溢和喷溅现象。

沸溢式燃烧

（1）沸溢燃烧。原油黏度比较大，且含有一定的水分，在原油中的水一般以乳化水和水垫两种形式存在。乳化水是在原油开采运输过程中，原油中的水由于强力搅拌形成细小的水珠悬浮于油中而产生的；放置久后，油水分离，水因密度大而沉降在底部形成水垫。

在热波向液体深层运动中，由于热波温度远高于水的沸点，因而热波会使油品中的乳化水汽化，大量蒸汽穿过油层向液面逸出，在向上移动过程中形成油包汽的气泡，即油的一部分形成了含有大量蒸汽气泡的泡沫。这样，必然使可燃液体体积膨胀，向外溢出，同时部分未形成泡沫的油品也会被下面的蒸汽膨胀力抛出罐外，使液面猛烈沸腾起来，就像“跑锅”一样，这种现象称为沸溢。

沸溢形成的过程说明，沸溢燃烧必须具备下列条件。

1）原油具有热波的特性。

2）原油中必须含有乳化水，水遇热波变成蒸汽。

3）原油黏度较大，使水蒸气不容易从下向上穿过油层。如果原油黏度较低，水蒸气很容易通过油层，就不容易形成沸溢。

4）原油离罐口比较近。

（2）喷溅燃烧。储罐中含有水垫层的原油、重油、沥青等石油产品随着燃烧的进行，热波的温度逐渐升高，热波向下传递的距离也越远，当到达水垫层时，水垫的水大量蒸发，蒸汽体积迅速膨胀，以致把水垫层上面的液体层抛向空中燃烧，这种现象称为喷溅燃烧。

喷溅式燃烧

从喷溅形成的过程来看，喷溅燃烧必须具备以下三个条件。

1）原油具有形成热波的特性，即沸程要宽，不同组分的比重相差较大。

2）油罐底部有水垫层。

3）热波温度高于水的沸点，并与水垫层接触。

一般情况下，发生沸溢要比发生喷溅的时间早得多。发生沸溢的时间与原油的种类、水分含量有关。根据试验，含有1%水分的石油，经45～60min燃烧就会发生沸溢。喷溅发生时间与油层厚度、热波传播速率及油的直线燃烧速率有关，可近似用式（4-3）计算，即

$$t=\frac{H-h}{v_0+v_t}-KH \tag{4-3}$$

式中 t——预计发生喷溅的时间（h）；

H——储罐中的油面高度（m）；

h——储罐中水垫层的高度（m）；

v_0——原油直线燃烧速率（m/h）；

v_t——原油的热波传播速率（m/h）；

K——提前系数（m/h），储油温度低于燃点时取0，高于燃点时取0.1。

（3）沸溢燃烧和喷溅燃烧的早期预测。在油罐火灾中，沸溢发生之前往往表现出种种征兆。油罐火灾在出现沸溢、喷溅前，通常会出现液滴自油面上跳动并发出“啪叽啪叽”的微爆噪声，燃烧出现异常，火焰呈现大尺度的脉动、闪烁，油罐开始出现振动等，这些异常现象出现之后的数秒到数十秒往往发生沸溢。

油罐火灾在出现喷溅前，通常会出现以下现象：油面有蠕动、涌涨现象；火焰增大、发亮、变白；出现油沫2～4次；烟色由浓变淡；发出剧烈的“嘶嘶”声；金属油罐会发生罐壁颤抖，伴有强烈的噪声（由液面剧烈沸腾和金属罐壁变形所引起），烟雾减少，火焰更加发亮，火舌尺寸更大，火舌形似火箭。

当油罐火灾发生喷溅时，能把燃油抛出70～120m，不仅使火灾猛烈发展，而且严重危及扑救人员的生命安全，应及时组织撤退，以减少人员伤亡。

随着科学技术的进步与发展，应用现代火灾科学的原理和方法，研究沸溢和喷溅的形成规律，弄清其发生的基本条件和影响因素，寻求监测和预报沸溢与喷溅前兆的途径，将为有效地防止和预测沸溢与喷溅火灾的发生，正确地制订灭火战术，并为储罐的安全设计提供可靠的科学依据。

案例

2021年5月31日下午14时37分，某石化有限公司储罐区在进行油气回收装置管线与储罐油气回收集气管线连接作业时，由于该企业未在油气回收管线上安装阻火器和切断阀，且违规动火作业，引发管内及罐顶部可燃气体闪爆，导致储罐区单罐容积2000m^{3}的1～5号稀释沥青储罐同时爆炸起火燃烧。

稀释沥青是以天然沥青、石油沥青、矿物焦油或矿物焦油沥青为基本成分的沥青混合物，属于重质油品。事故发生后，火灾扑救时间较长，并在扑救过程中向储罐内喷射大量泡沫灭火剂，导致储罐内稀释沥青在热波和大量水存在的作用下发生沸溢和喷溅现象。整个事故处置过程中，共发生9次规模较大的沸溢喷溅（火焰最高超过200m，辐射热影响范围最高达1000m），10次规模较小的沸溢喷溅。沸溢和喷溅发生后，储罐区固定消防设施受损严重，并引燃事故罐50m外的6号储罐。同时，大量稀释沥青外泄形成流淌火，严重威胁该企业其他相邻燃料油储罐和毗邻企业的原油储罐和LNG储罐。

【思考题】

1. 可燃液体的燃烧形式有哪些？

2. 单组分可燃液体物质燃烧时热量传播的特点有哪些？

3. 什么是热波？

4. 分别说明原油罐沸溢和喷溅的形成过程，并说明它们有什么相同点和不同点。

5. 沸溢和喷溅的形成条件有哪些？分析说明能形成热波的重质油品在火灾燃烧时是否一定能形成沸溢或喷溅。

6. 沸溢和喷溅发生前的征兆有哪些？

第三节 可燃液体的燃烧速率

一、可燃液体燃烧速率的表示方法

可燃液体燃烧速率通常有两种表示方法，即直线燃烧速率和质量燃烧速率。

（1）直线燃烧速率。直线燃烧速率是指单位时间内燃烧掉的液层厚度，可用式（4-4）表示，即

$$v=\frac{H}{t} \tag{4-4}$$

式中 v——直线燃烧速率（m/h）；

H——可燃液体燃烧掉的厚度（m）；

t——可燃液体燃烧所需要的时间（h）。

（2）质量燃烧速率。质量燃烧速率是指单位时间内单位面积燃烧的液体的质量，可用式（4-5）表示，即

$$G=\frac{m}{st} \tag{4-5}$$

式中 G——质量燃烧速率 [kg/（m^2·h）]；

m——燃烧掉的液体质量（kg）；

s——可燃液体燃烧的表面积（m^2）；

t——可燃液体的燃烧时间（h）。

（3）质量燃烧速率与直线燃烧速率的关系。已知可燃液体的密度 ρ（单位为 kg/m^3），则液体质量 $m=\rho sH$，所以质量燃烧速率也可以表示为

$$G=v\rho \tag{4-6}$$

部分可燃液体的燃烧速率见表 4-3。

表 4-3 部分可燃液体的燃烧速率

名称	密度 ρ/（$\times10^3kg/m^3$）	燃烧速率	
		直线燃烧速率 v/（mm/min）	质量燃烧速率 G/[kg/（m^2·h）]
航空汽油	0.73	2.1	91.98
车用汽油	0.77	1.75	80.88
煤油	0.835	1.10	55.11
直接蒸馏的汽油	0.938	1.41	78.1
丙酮	0.79	1.4	66.36
苯	0.879	3.15	165.37
甲苯	0.866	2.68	138.29
二甲苯	0.861	2.04	104.05
乙醚	0.715	2.93	125.84
甲醇	0.791	1.2	57.6
丁醇	0.81	1.069	52.08
戊醇	0.81	1.297	63.034
二硫化碳	1.27	1.745	132.97
松节油	0.86	2.41	123.84
醋酸乙酯	0.715	1.32	70.31

（4）可燃液体液面火焰的传播速率。当可燃液体表面上的某一点被引燃时，火焰以一定的速率在表面传播。火焰在单位时间内在液体表面所传播的距离，称为液面火焰的传播速率，以 m/s 或 cm/s 表示。

可燃液体液面火焰的传播速率与液体的燃烧性质有关。

易燃液体在常温下蒸气压就已很高，当有火星、灼热物体靠近时便能引燃，并且火焰沿液体表面迅速传播，其速率可达 0.5 ～ 2m/s。

可燃液体必须在火焰或灼热物体的长时间作用下，表面层吸收足够热量而强烈蒸发后才能自燃。加热可燃液体表面和使之蒸发需要一定的时间，因而火焰沿可燃液体表面传播的速率较慢，一般可燃液体液面火焰的传播速率不超过 0.4m/s。同时，点燃初期由于火焰的热传递能量较低，可燃液体表面温度不高，蒸发速率较慢，因此可燃液体表面的燃烧速率较慢，生成的火焰不高。随着燃烧强度的不断增大，表层温度上升，蒸发速率增大，燃烧速率和火焰高度逐步增大。

部分可燃液体液面火焰的最大传播速率见表 4-4。

表 4-4 部分可燃液体液面火焰的最大传播速率

名称	相对密度	液面火焰的最大传播速率 /（cm/s）	液面火焰的最大传播速率时的火焰温度 /K
丙酮	0.792	50.18	2121
丙烯醛	0.841	61.75	—
丙烯腈	0.797	46.75	2461
苯	0.885	44.60	2365
丁酮	0.805	39.45	—
甲基乙基酮	0.601	47.60	2319
二硫化碳	1.263	54.46	—
环已烷	0.783	42.46	2250
环戊烷	0.751	41.17	2264
正癸烷	0.734	40.31	2286
二乙醚	0.714	43.74	2253
环氧乙烷	0.965	100.35	2411
正庚烷	0.688	42.46	2214
乙醛酸乙酯	0.901	35.59	—
正己烷	0.664	42.46	2239

二、可燃液体燃烧速率的主要影响因素

（一）燃烧区传给液体的热量

可燃液体要维持稳定的燃烧，液面就要不断地从燃烧区吸收热量，进行液体蒸发，并保持一定的蒸发速率。火焰的热主要以辐射的形式向液面传递。如果其他条件不变，那么液面从火焰接收的热量越多，蒸发速率就越大，燃烧速率也越大。由火焰辐射给液面的热量可由式（4-7）确定，即

$$Q=G\left[\Delta H_{\mathrm{v}}+\overline{C}_{\mathrm{P}}(t_2-t_1)\right] \tag{4-7}$$

式中 Q—— 液体表面接收的热量 [kJ/（m^2 • h）]；

G—— 液体的质量燃烧速率 [kg/（m^2 • h）]；

ΔH_{v}—— 液体的蒸发热（kJ/kg）；

$\overline{C}_{\mathrm{P}}$—— 液体的平均热容 [kJ/（kg • ℃）]；

t_2—— 燃烧时的液体表面温度（℃）；

t_1—— 液体初温（℃）。

（二）可燃液体初温

可燃液体初温越高，液体蒸发速率越大，燃烧速率就越大。表 4-5 列出的是苯和甲苯在直径为 6.2cm 的容器中不同温度下的燃烧速率。

表 4-5 苯和甲苯在不同温度下的燃烧速率

苯的温度 /℃	16	40	57	60	70
燃烧速率 v/（mm/min）	3.15	3.47	3.69	3.87	4.09
甲苯的温度 /℃	17	52	58	98	—
燃烧速率 v/（mm/min）	2.68	3.32	3.68	4.01	—

（三）储罐直径

图 4-3 表示煤油、汽油、轻油燃烧速率随储罐直径变化的曲线。从图中可以看出，当储罐直径小于 10cm 时，燃烧速率随储罐直径的增大而减小；储罐直径在 10 ～ 80cm 时，燃烧速率随储罐直径的增大而增大；储罐直径大于 1000cm 时，燃烧速率基本稳定下来，不再改变。这是因为随着储罐直径的改变，火焰向燃料表面传热的机理也相应地发生了改变。在储罐直径比较小时，燃烧速率由导热决定；在储罐直径比较大时，燃烧速率由辐射热决定。对于储罐直径较大的储油罐火灾，在制订灭火计划时，就可以计算扑灭火灾所需的各种参数。

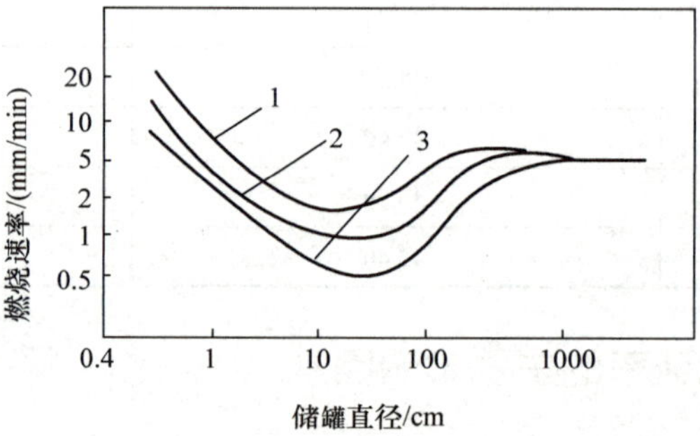

图 4-3 可燃液体燃烧速率随储罐直径变化的曲线

1—汽油 2—煤油 3—轻油

（四）储罐中的液面高度

随着储罐中的液面降低，液面和燃烧区的距离增大，传到液体表面的热量减少，燃烧速率减小。几种可燃液体在液面高度不同时的燃烧速率见表 4-6。

表 4-6 几种可燃液体在液面高度不同时的燃烧速率

名称	参数	d=5.2mm				d=10.9mm				d=22.6mm			
	h/mm	0	2.5	6.5	8.5	0	2.5	6.5	8.5	0	2.5	6.5	8.5
乙醇	v/（mm/min）	—	7.1	3.1	1.0	3.6	2.5	1.0	0.4	2.0	1.4	0.6	0.45
煤油	v/（mm/min）	9.0	6.2	—	—	3.3	2.4	0.4	—	1.9	1.2	0.55	0.3
汽油	v/（mm/min）	—	15	5.7	2.4	6.4	5.4	1.9	0.9	2.9	2.3	1.2	0.8

注：*h* 为液面高度，*d* 为试验容器直径。

（五）水

石油产品大多含有一定的水分，燃烧时水的蒸发要吸收部分热量，蒸发的水蒸气充满燃烧区，使可燃蒸气与氧气的浓度均降低，燃烧速率减小。

（六）风

风有利于可燃蒸气与氧气的充分混合，有利于燃烧产物及时输送。因此，风能增大燃烧速率，但风速过大又有可能使燃烧熄灭。风速对汽油、柴油、重油的燃烧速率的影响如图 4-4 所示。

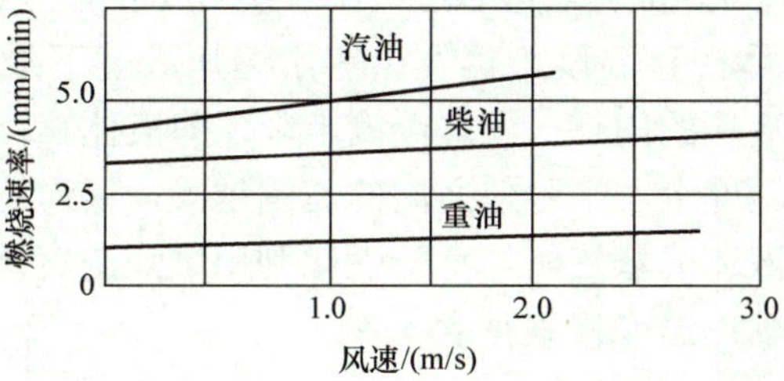

图 4-4 风速对汽油、柴油、重油的燃烧速率的影响

【思考题】

1．在一定条件下，1h 烧掉密度为 0.75g/mL 的汽油 15cm，试求该汽油的直线燃烧速率和质量燃烧速率。

2．影响液体燃烧速率的因素有哪些？

第四节 可燃液体的闪燃

一、闪燃与闪点

可燃液体的闪燃

闪燃是可燃液体的重要特征之一。闪燃是指可燃液体挥发的蒸气与空气混合达到一定浓度或者可燃固体加热到一定温度后，遇明火发生一闪即灭的燃烧。各种可燃液体表面都有一定数量的蒸气，蒸气浓度取决于该液体的温度，液体温度越高，其蒸气浓度越大。当可燃液体的温度升至一定数值，蒸气达到一定浓度时，如有火焰或炽热物体靠近液体表面，就会发生闪燃。另外，某些能够在室温下挥发或缓慢蒸发（升华）的固体，也会发生闪燃，如萘和樟脑等。在规定的试验条件下，可燃液体或固体表面产生的蒸气在试验火焰作用下发生闪燃的最低温度称为闪点。1 个大气压下部分可燃液体的闪点见表 4-7。

表 4-7 1 个大气压下部分可燃液体的闪点

液体名称	闪点 /℃	液体名称	闪点 /℃
汽油	−58 ～ 10	乙醚	−45
煤油	⩾ 38	丙酮	−18
乙醇	13	乙酸	39
苯	−11	松节油	35
甲苯	4	乙二醇	111
邻二甲苯	16	二苯醚	115
二硫化碳	−30	菜籽油	157

在闪点时，可燃液体生成的蒸气还不多，仅能维持瞬间燃烧；可燃液体蒸发速率还不大，来不及补充新的蒸气以维持稳定的燃烧，所以闪燃一下就熄灭了。闪燃往往是着火的先兆，当可燃液体加热到闪点以上时，一经火焰或火星的作用，就会不可避免地引起着火。

当液体上方空间的蒸气浓度达到爆炸浓度极限时，混合气体遇点火源就会发生爆炸。根据蒸气压理论，对特定的可燃液体，饱和蒸气压（或相应的蒸气浓度）与温度成对应关系。

爆炸温度下限，即液体在该温度下蒸发出等于爆炸浓度下限的蒸气浓度，也就是说，液体的爆炸温度下限就是液体的闪点；爆炸温度上限，即液体在该温度下蒸发出等于爆炸浓度上限的蒸气浓度。爆炸温度上、下限值之间的范围越大，爆炸危险性就越大。显然，利用爆炸温度极限来判断可燃液体的蒸气爆炸危险性比利用爆炸浓度极限更方便。部分可燃液体的爆炸浓度极限与对应的爆炸温度极限见表4-8。

表4-8 部分可燃液体的爆炸浓度极限与对应的爆炸温度极限

液体名称	爆炸浓度极限（%）		爆炸温度极限/℃	
	下限	上限	下限	上限
乙醇	3.3	19.0	11	40
甲苯	1.1	7.1	5.5	31
车用汽油	1.4	7.6	−38	−8
灯用煤油	0.7	5	40	86
乙醚	1.7	49.0	−45	13
苯	1.2	8.0	−14	19

二、同系物的闪点变化规律

从消防观点来说，闪燃是可燃液体和某些低熔点固体可燃物发生火灾的危险信号，闪点是评价可燃液体火灾危险性的主要参数。可燃液体的闪点越低，火灾危险性越大。

一般而言，可燃液体多数是有机化合物。有机化合物根据其分子结构不同，分成若干同系物，同系物虽然结构相似，但分子量却不相同。分子量大的分子结构变形大，分子间力大，蒸发困难，蒸气浓度低，闪点高；反之闪点低。因此，同系物的闪点具有以下规律（表4-9）。

（1）同系物液体的闪点，随其分子量的增加而升高。

（2）同系物液体的闪点，随其沸点的升高而升高。

（3）同系物液体的闪点，随其密度的增大而升高。

（4）同系物液体的闪点，随其蒸气压的降低而升高。

表4-9 部分醇和芳烃的物理性能

液体名称		化学式	摩尔质量	密度（20℃）/（g/cm^3）	沸点/℃	20℃时的蒸气压/kPa	闪点（闭杯）/℃
醇类	甲醇	CH_3OH	32	0.792	64.7	12.26	12
	乙醇	C_2H_5OH	46	0.789	78.3	5.85	13
	正丙醇	C_3H_7OH	60	0.804	97.1	1.93	15
	正丁醇	C_4H_9OH	74	0.810	117.8	0.63	29
芳烃类	苯	C_6H_6	78	0.878	80.1	9.95	−11
	甲苯	$C_6H_5CH_3$	92	0.866	110.6	2.97	4
	二甲苯	$C_6H_4(CH_3)_2$	106	0.879	144.4	2.17	16

（5）同系物中正构体比异构体闪点高，正构体与异构体的闪点比较见表 4-10。

表 4-10 正构体与异构体的闪点比较

物质名称	沸点 /℃	闪点 /℃	物质名称	沸点 /℃	闪点 /℃
正戊烷	36	−49	正己酮	127.5	35
异戊烷	27.8	<−51	异己酮	119	17
正辛烷	125.6	12	正丙醚	91	−11.5
异辛烷	99	−12.5	异丙醚	69	−13
正丁醛	75	−7	正丙胺	46	−7
异丁醛	64	−40	异丙胺	32.4	−18

同系物的闪点的变化规律，是由于分子间范德华力作用的不同造成的。式量的增大表明分子中原子数增加了，而原子数增加，分子间范德华力也就增大，液体的沸点增高，蒸气压降低，密度增大，闪点升高。相同碳原子数的异构体中，支链数增多，空间阻碍增大，分子间距离增大，分子间的范德华力减弱，沸点降低，闪点降低。

汽油的闪点与馏分温度的关系见表 4-11。

表 4-11 汽油的闪点与馏分温度的关系

馏分温度 /℃	闪点 /℃
50 ～ 60	−58
60 ～ 70	−45
70 ～ 80	−36
80 ～ 110	−24
110 ～ 120	−11
120 ～ 130	−4
130 ～ 140	3.5
140 ～ 150	10

三、混合液体的闪点变化规律

（一）两种完全互溶可燃液体的混合液体闪点

两种完全互溶可燃液体的混合液体闪点一般低于各组分闪点的平均值，并且接近于混合物中含量较大的组分的闪点。例如，甲醇和乙酸戊酯的混合物，纯甲醇的闪点为12℃，纯乙酸戊酯的闪点为 28℃，当 60% 的甲醇与 40% 的乙酸戊酯混合时，其闪点小于12℃ ×60%+28℃ ×40%=18.4℃。甲醇和丁醇 1:1 的混合液的闪点小于（12+29）℃ /2=20.5℃。又如，车用汽油的闪点为 −38℃，灯用煤油的闪点为 40℃，如果将这两种液体按 1:1 比例混合，其闪点低于（−38+40）℃ /2=1℃。试验表明，在煤油中加入 1% 的汽油，可使煤油的闪点降低 10℃以上。由此可见，如果往可燃液体中添加闪点更低的可燃液体，即使加入的量不多，也能大大降低可燃液体的闪点，增大其火灾危险性。

（二）可燃液体与不燃液体的混合液体闪点

在可燃液体中掺入互溶的不燃液体，其闪点随着不燃液体含量的增加而升高。当不燃组分含量达到一定值时，混合液体不再发生闪燃。这类混合物常见的有甲醇与水、乙醇与水、丙酮与水以及甲醇与四氯化碳等。醇与水混合液体的闪点变化见表4-12。

表4-12 醇与水混合液体的闪点变化

混合液体中醇的含量（%）	闪点/℃	
	甲醇	乙醇
100	12	13
75	18	22
55	22	23
40	30	25
10	60	50
5	无	60
3	无	无

从表4-12中可以看出，能与水互溶的醇，其闪点随含水量的增加而升高。对于乙醇的水溶液，当水分占60%时，其闪点将由纯乙醇时的闪点13℃升至25℃；当水分占97%时，混合液体就不再发生闪燃。

综上所述，对于由能溶于水的可燃液体引发的火灾，用水稀释虽能提高闪点，但只有当溶液极稀时，才能使其不再发生闪燃。若可燃液体体积较大，单纯用水稀释法来灭火并不适合，因为在这种情况下，不但可燃液体在火灭后不能再使用，而且稀释需要耗费大量的水，容易使可燃液体溢出容器，造成火势蔓延扩大。

四、闪点的测定和计算

（一）闪点的测定

根据测定方法的不同，可燃液体闪点分为闭杯试验闪点和开杯试验闪点两种。用规定的闭口杯法测得的结果称为闭杯试验闪点，测试过程是将可燃液体样品放在有盖的容器中加热测定，常用于测定煤油、柴油等轻质油品或闪点低的液体；用规定的开口杯法测得的结果称为开杯试验闪点，测试过程是将可燃液体样品放在敞口容器中，加热后蒸气可以自由扩散到周围空气中进行测定，常用于测定润滑油等重质油品或闪点高的液体。测定的方法不同，其闪点值也不同，一般开杯试验闪点要比闭杯试验闪点高15～25℃，被测物闪点越高，两者差别越大。

（二）闪点的估算

可燃液体的闪点可以通过计算方法估算，但计算值不如仪器测定值准确，因为在计算时只考虑到混合物的组成和燃烧时所需氧气的理论值，不考虑其他因素的影响。由于闪点是可燃液体的重要燃烧性能参数，因此用计算方法求出的闪点近似值，在消防工作中仍不失其参考价值。

1. 通过液体的饱和蒸气压计算液体的闪点

通过液体的饱和蒸气压计算液体的闪点，其计算原理是根据可燃液体温度与其饱和蒸气压的对应关系，计算出闪点温度下可燃液体的饱和蒸气压，由此得出该液体的闪点。常见可燃液体的饱和蒸气压见表 4-13。

表 4-13　常见可燃液体的饱和蒸气压　（单位：mmHg）

液体名称	温度 /℃								
	-20	-10	0	10	20	30	40	50	60
丙酮	—	38.7	63.33	110.32	184.0	280.0	419.3	608.81	866.4
苯	7.43	14.63	26.6	44.75	74.8	118.4	181.5	268.7	392.5
乙酸丁酯	—	3.6	7.0	13.9	25.0	43.7	70.9	—	—
航空汽油	—	—	88.0	114.0	154.0	210.0	283.0	377.0	—
车用汽油	—	—	40.0	50.0	70.0	98.0	136.0	180.0	—
甲醇	6.27	13.47	26.82	50.18	88.67	150.2	243.5	318.7	625.0
二硫化碳	48.48	81.0	131.98	203.0	301.8	437.0	617.0	856.7	170.1
松节油	—	—	2.07	2.94	4.45	6.87	10.8	16.98	—
甲苯	1.74	3.42	6.67	12.7	22.3	37.2	59.3	93.0	139.5
乙醇	2.5	5.6	12.2	23.8	44.0	78.1	133.4	219.8	351.5
乙醚	67.0	112.3	184.39	286.8	432.7	634.8	907.01	1264.8	1623.2
乙酸乙酯	6.5	12.0	24.2	43.8	72.8	118.7	183.7	282.3	415.3
乙酸甲酯	19.0	35.15	62.1	104.8	169.8	265.0	—	—	—
丙醇	—	—	3.27	7.14	14.5	27.8	50.8	88.5	147.0
丁醇	—	—	—	2.03	4.71	9.2	17.9	33.1	59.2
戊醇	—	—	0.6	1.33	2.77	5.54	10.57	19.36	34.1
乙酸丙酯	—	—	7.0	16.3	25.6	48.25	70.9	121.4	171.9

注：1mmHg=0.133kPa。

利用道尔顿公式计算闪点温度下可燃液体的饱和蒸气压，即

$$P_{饱}=\frac{P_{总}}{1+4.76(2A-1)} \tag{4-8}$$

式中　$P_{饱}$——闪点温度下可燃液体的饱和蒸气压（mmHg）；

$P_{总}$——可燃液体蒸气与空气混合物的总压强，通常等于大气压（760mmHg）；

A——燃烧 1mol 液体所需氧气的摩尔数。

计算出 $P_{饱}$ 后，再利用内插值法计算闪点 $T_{闪}$，计算式如下：

$$T_{闪}=T_1+\frac{P_{饱}-P_1}{P_2-P_1}\times(T_2-T_1) \tag{4-9}$$

式中 $T_{闪}$—— 可燃液体的闪点（℃）；

T_1—— 前插值点可燃液体对应的闪点（℃）；

T_2—— 后插值点可燃液体对应的闪点（℃）；

P_1—— 前插值点可燃液体对应的饱和蒸气压（mmHg）；

P_2—— 后插值点可燃液体对应的饱和蒸气压（mmHg）。

【例题】试估算苯在760mmHg大气压下的闪点。

解：（1）根据苯的燃烧反应方程式算出1mol苯燃烧所需氧气的摩尔数 A：

$$C_6H_6+7.5O_2 = 6CO_2+3H_2O$$

取 $A=7.5$。

（2）将 A 值代入式（4-8）中，计算出苯在闪点的饱和蒸气压：

$$P_{饱}=\frac{P_{总}}{1+4.76\times(2A-1)}=\frac{760}{1+4.76\times(15-1)}\approx 11.24\ (\text{mmHg})$$

（3）从表4-13查知，苯的饱和蒸气压为11.24mmHg时，其温度范围为 −20～−10℃。再用内插值法估算出苯的闪点：

$$T_{闪}=-20+\frac{11.24-7.43}{14.63-7.43}\times 10\approx -14.7\ (℃)$$

答：在760mmHg大气压下苯的闪点为 −14.7℃（估算值）。

2. 利用可燃液体蒸气爆炸浓度下限计算闪点

由于在闪点时可燃液体的饱和蒸气浓度就是该可燃液体蒸气的爆炸浓度下限（$V\%$），因此可燃液体的饱和蒸气浓度与饱和蒸气压的关系为

$$V\%=\frac{P_{饱}}{P_{总}}\times 100\%$$

则有

$$P_{饱}=P_{总}\cdot V\% \tag{4-10}$$

根据式（4-8）求出 $P_{饱}$ 后，利用前面所述的内插值法，就可以计算出可燃液体的闪点。

五、闪点在消防工作中的应用

（一）闪点是评定液体火灾危险性的重要参数

闪点越低的液体，其火灾危险性就越大，有的液体在常温下甚至在冬季，只要遇到明火就可能发生闪燃。例如，苯的闪点为 −11℃，乙醇的闪点为13℃，苯的火灾危险性就比

乙醇大。乙酸的闪点是 39℃，它在室温下与明火接近不能立即燃烧，因为此时蒸发出来的乙酸蒸气量很少，不能闪燃，更不能燃烧；只有把乙酸加热到 39℃时才能闪燃；继续加热到燃点温度时，才会燃烧。几种易燃液体的闪点见表 4-14。

表 4-14 几种易燃液体的闪点

液体名称	闪点（闭杯）/℃	液体名称	闪点（闭杯）/℃
乙酸	39	邻二甲苯	16
灯用煤油	≥ 38	甲醇	12
菜籽油	157	乙醇	13
二硫化碳	−30	乙二醇	111
苯	−11	丙酮	−18
甲苯	4	丁酮	−9

（二）根据闪点划分可燃液体及其火灾危险性的类别（表 4-15）

表 4-15 根据闪点划分可燃液体及其火灾危险性的类别

类别		闪点 /℃	举例
甲类液体	易燃液体	<28	汽油、苯、乙醇、乙醚
乙类液体		28 ≤闪点 <60	煤油、松节油、丁醇
丙类液体	可燃液体	≥ 60	柴油、重油、菜籽油

易燃液体是指容易燃烧的液体或液体混合物，或是在溶液或悬浮液中有固体的液体，其闭杯试验闪点不高于 60℃，或开杯试验闪点不高于 65.6℃。根据《危险货物分类和品名编号》（GB 6944—2012），易燃液体包括易燃液体和液态退敏爆炸品。按照《建筑设计防火规范（2018 年版）》（GB 50016—2014）的规定，根据闪点的高低和在生产、储存中的火灾危险性大小，易燃液体可分为 3 类：甲类，即闪点 <28℃的液体；乙类，即 28℃≤闪点 <60℃的液体；丙类，即闪点≥ 60℃的液体。

（三）根据闪点确定灭火剂供给强度

灭火剂供给强度是指每单位面积上，在单位时间内供给灭火剂的数量，如泡沫液可表示为 L/（s • m²）。一般而言，扑救闪点越低的液体火灾，其灭火剂供给强度就越大。石油化工企业固定顶储罐的空气泡沫供给强度见表 4-16。

表 4-16 石油化工企业固定顶储罐的空气泡沫供给强度

液体闪点 /℃	空气泡沫供给强度 /[L/（s • m²）]		灭火时间 /min
	固定、半固定式泡沫灭火系统	移动式泡沫灭火设备	
<60	0.8	1.0	30
≥ 60	0.6	0.8	30

【思考题】

1. 如何理解闪燃、闪点？
2. 试计算乙醇在 760mmHg 大气压下的闪点。
3. 已知大气压为 1.01325×10^5Pa，求甲苯的闪点。

第五节 可燃液体的自燃

自燃是指可燃物在没有外部点火源的作用时，因受热或自身发热并蓄热所产生的燃烧现象。如果可燃液体（或其局部）的温度达到燃点，但没有接触外部点火源，就不会着火。若继续对它进行加热，使其温度上升到一定程度后，即使不接触明火，它也能自发着火燃烧。可燃液体这种没有点火源作用，而靠外界加热引起的着火现象，称为可燃液体的自燃。在规定的条件下，可燃物质产生自燃的最低温度是该物质的自燃点。一些典型可燃液体的自燃点见表4-17。

表4-17 一些典型可燃液体的自燃点

物质名称	自燃点/℃	物质名称	自燃点/℃	物质名称	自燃点/℃
苯甲醛	190	煤油	220	乙醇	425
二硫化碳	102	汽油	260	丙酮	540
乙醚	170	苯	555	甲苯	535
环己烷	260	棉籽油	370	甲酸丁酯	320

一、同类液体自燃点的变化规律

（1）同系物的自燃点随摩尔质量的增大而降低。这是因为同系物内化学键键能随摩尔质量增大而变小，因而化学反应速率增大，自燃点降低。表4-18为烷烃和醇类自燃点随摩尔质量的变化。

表4-18 烷烃和醇类自燃点随摩尔质量的变化

烷烃	摩尔质量	自燃点/℃	醇类	摩尔质量	自燃点/℃
甲烷	16	537	甲醇	32	470
乙烷	30	472	乙醇	46	414
丙烷	44	446	丙醇	60	404
丁烷	58	430	丁醇	74	345

（2）有机物中的同分异构体物质，其正构体的自燃点低于其异构体的自燃点（表4-19）。

表4-19 同系物中正构体与异构体自燃点的比较

正构体	自燃点/℃	异构体	自燃点/℃
正丁烷	430	异丁烷	462
正丁烯	384	异丁烯	465
正丁醇	345	异丁醇	413
正丙醇	404	异丙醇	431
正戊醛	206	异戊醛	228
甲酸丙酯	400	甲酸异丙酯	460

（3）饱和烃的自燃点比相应的不饱和烃的自燃点高（表 4-20）。

表 4-20 饱和烃与不饱和烃自燃点的比较

饱和烃	自燃点 /℃	不饱和烃	自燃点 /℃
乙烷	472	乙烯	425
丙烷	446	丙烯	410
丁烷	430	丁烯	384
戊烷	309	戊烯	275
丙醇	404	丙烯醇	363

（4）烃的含氧衍生物（如醇、醛、醚等）的自燃点低于分子中含相同碳原子数的烷烃的自燃点，而且醇类自燃点高于醛类自燃点（表 4-21）。这是因为含氧衍生物析出的氧使化学反应速率加快，从而降低自燃点。

表 4-21 烷烃与烃的含氧衍生物自燃点的比较

烷烃	自燃点 /℃	烃的含氧衍生物			
		醇类	自燃点 /℃	醛类	自燃点 /℃
甲烷	537	甲醇	470	甲醛	430
乙烷	472	乙醇	414	乙醛	275
丙烷	446	丙醇	404	丙醛	221
丁烷	430	丁醇	345	丁醛	230
戊烷	309	戊醇	306	戊醛	205

（5）环烷类的自燃点一般高于相应烷类的自燃点（表 4-22）。

表 4-22 烷类与环烷类自燃点的比较

名称	自燃点 /℃	名称	自燃点 /℃
丙烷	470	环丙烷	495
丁烷	345	环丁烷	未测定
戊烷	285	环戊烷	230 ～ 240
己烷	265	环己烷	259

（6）液体的密度越大、闪点越高，则自燃点越低。部分可燃液体的自燃点见表 4-23。

表 4-23 部分可燃液体的自燃点

名称	自燃点 /℃	名称	自燃点 /℃
汽油	510 ～ 530	重柴油	300 ～ 330
煤油	380 ～ 425	蜡油	300 ～ 320
轻柴油	350 ～ 380	渣油	230 ～ 240

二、自燃点的影响因素

液体的自燃点不仅与其自身性质有关，而且受下列因素影响。

1. 压力

压力越大，自燃点越低。由化学动力学可知，压力增大会相应地使液面上方的蒸气浓度和氧气浓度增大，化学反应速率增大，从而使放热速率大于散热速率，自燃点降低（表4-24）。

表4-24 压力作用下自燃点的变化

物质名称	自燃点/℃					
	1×10^5Pa	5×10^5Pa	10×10^5Pa	15×10^5Pa	20×10^5Pa	25×10^5Pa
汽油	480	350	310	290	280	250
苯	680	620	590	520	500	490
煤油	460	330	250	220	210	200

需要指出的是，在动态平衡时，增大压力，蒸气变为液体，因此蒸气压变化很小，而主要是氧含量增大。

2. 蒸气浓度

在热损失相同的情况下，可燃物浓度小的混合物，其自燃点高；若继续增加可燃物使其达到化学计量浓度（即理论上完全燃烧时该物质在空气中的浓度），则自燃点最低；再继续加大可燃物的浓度，自燃点又开始升高。例如，硫化氢在着火下限浓度时的自燃点是373℃，在化学计量浓度时是246℃，在着火上限浓度时是304℃。可燃物的自燃点，通常取其在化学计量浓度时的自燃点，因为它是最低的数值。甲烷在不同浓度时自燃点的变化见表4-25。

表4-25 甲烷在不同浓度时自燃点的变化

甲烷的浓度（%）	2.0	3.0	3.95	5.85	7.0	8.0	8.8	10.0
自燃点/℃	710	700	696	695	697	701	707	714

3. 氧含量

空气中氧含量的提高有利于化学反应的发生，使可燃液体的自燃点降低；反之，氧含量下降会使自燃点升高。某些常见可燃液体在空气和氧气中的自燃点比较见表4-26。

表4-26 某些常见可燃液体在空气和氧气中的自燃点比较

可燃物	自燃点/℃		可燃物	自燃点/℃	
	空气中	氧气中		空气中	氧气中
丙酮	561	485	甲醇	470	462
汽油	685	311	乙醚	193	182
二硫化碳	120	107			

4. 催化剂

活性催化剂能降低自燃点，如铁、钒、钴、镍等的氧化物能加快氧化反应而降低可燃液体的自燃点；钝性催化剂（如油品抗震剂四乙基铅）能提高可燃液体的自燃点。

5. 容器的材质和直径

容器材料的性质不同，其导热性能不一样，对同一种可燃液体的自燃点的影响也不同。容器的材质对可燃液体自燃点的影响见表 4-27。

表 4-27　容器的材质对可燃液体自燃点的影响

液体名称	自燃点 /℃			
	铁管中	石英管中	玻璃烧瓶中	钢杯中
苯	753	723	580	649
甲醇	740	565	475	474
乙醇	724	641	421	391
乙醚	533	549	188	198
丙酮	561	—	633	649

容器的直径对自燃点也有影响，直径越小，自燃点越高；当直径小到一定数值时，气体混合物便不能自燃，阻火器就是根据这一原理而制作的。二硫化碳在不同直径容器中的自燃点变化见表 4-28。

表 4-28　二硫化碳在不同直径容器中的自燃点变化

容器直径 /cm	自燃点 /℃
0.5	271
1.0	238
2.5	202

【思考题】

1. 简述同类液体的自燃点变化规律。
2. 简述自燃点的外界影响因素。

第五章　可燃固体的燃烧

知识目标

❍ 了解固体的主要特性和固体燃烧速率的概念，了解固体自燃、自燃点的概念及自燃的分类，了解可燃粉尘的概念和特性，了解固体材料的阻燃技术。

❍ 熟悉固体四种燃烧形式的关系与相互转换，熟悉不同类型固体的燃烧过程，熟悉固体燃烧速率的主要影响因素。熟悉木材、高聚物、金属的燃烧过程和特点，熟悉粉尘爆炸的过程、条件、危害和影响因素，熟悉阻燃的基本原理。

❍ 掌握固体燃烧速率、氧指数计算方法，掌握固体自燃的原因和预防措施，掌握聚氨酯材料的分类和防火使用要求，掌握粉尘爆炸的预防和控制方法。

素养小知识

可燃固体是火场中常见的可燃物，随着新型高聚物等固体材料的广泛运用，近年来造成了多起火灾事故，因此消防工作人员应熟悉可燃固体火灾发展蔓延的规律和特点，掌握固体材料阻燃的原理和特点，为正确制定灭火战术，提升建筑消防设计安全性等提供可靠的科学依据。

第一节　固体的特性

一、稳定的物理形态

固体物质的组成粒子（分子、原子、离子等）间通常结合得比较紧密，因此固体物质都具有一定的刚性和硬度，还有一定的几何形状。

二、受热软化、熔化或分解

固体物质的组成粒子间具有较强的相互作用力，粒子只能在一定的位置上产生振动，而不能移动，因此固体不会像气体或液体那样能自由扩散或流动；但是，大多数固体物质受热后体积会膨胀；同时，在加热作用下，固体组成粒子的动能会增大，粒子振动的幅度加大，固体的刚性和硬度因此而降低，表现出软化现象。如钢铁在400℃时，开始软化；约700℃时，失去支承力，这正是大跨度钢骨架结构的建筑物在火灾中易倒塌的原因。

固体物质软化后，如果继续受到强热作用，固体就会熔化变成液体。在规定条件下固体熔化的最低温度，称为该固体物质的熔点。如铁加热到其熔点 1538℃以上时就熔化成铁液。固体熔化是一个吸热过程，单位质量的晶体物质在熔点时从固态变成液态所吸收的热量称为这种物质的熔解热，如铁的熔解热为 7.84×10^{5}kJ/kg。

对于组成复杂的固体物质，当受热作用达到一定温度时，其组分会发生从大分子裂解成小分子的变化。如木材、煤炭、化纤、塑料等在燃烧过程中产生的黑烟毒气，有一部分就是热分解的产物。应当注意的是，热分解是一种化学变化，这个过程也是一个吸热过程。

大多数固体可燃物在燃烧过程中伴随有熔化或分解的变化，这些变化要吸收部分热量，因此物质的熔解热或分解热越大，它的燃烧速率就越小；反之则大。

三、受热升华

部分物质具有较大的蒸气压（大于 1 个大气压），在热作用下它们的固态物质不经液态直接变成气态，表现出升华现象，如樟脑、碘、萘等都容易升华。升华是一个吸热过程，易升华的可燃固体产生的蒸气与空气混合后具有爆炸危险。

【思考题】

1．固体的基本特性有哪些？

2．列表归纳总结钠、铁、木材、煤炭、化纤、聚乙烯塑料、樟脑在燃烧过程中表现出的特性变化。

第二节 可燃固体的燃烧过程和燃烧形式

一、可燃固体的燃烧过程

可燃固体的燃烧过程和燃烧形式

相对于气体和液体物质的燃烧而言，固体的燃烧过程要复杂得多，而且不同类型固体的燃烧又有不同的过程。固体的燃烧可分为有焰燃烧（气相燃烧，并伴有发光现象）和无焰燃烧（物质处于固体状态而没有火焰的燃烧）。下面按从简单到复杂的顺序分别进行介绍。

（一）高蒸气压固体的燃烧过程

在所有固体的燃烧过程中，高蒸气压固体（即饱和蒸气压 $>1.01325\times10^{5}$Pa）的燃烧是最简单的。首先可燃固体受热升华直接变成蒸气，然后蒸气与空气混合形成扩散有焰燃烧或预混动力燃烧（爆炸），如萘、樟脑等的燃烧。高蒸气压固体的燃烧过程是：

$$\text{可燃固体}\xrightarrow{\text{升华}}\text{气体}\xrightarrow{\text{扩散、混合}}\text{有焰燃烧（或爆炸）}\xrightarrow{\text{连续氧化、燃烧}}\text{产物}$$

（二）高熔点纯净物固体的燃烧过程

熔点≥ 300℃的高熔点纯净物可燃固体的燃烧过程不需要经过物理相变或化学分解，可燃物与空气在固体表面直接接触并进行燃烧，如焦炭、木炭、铝、铁等的燃烧。高熔点纯净物固体的燃烧过程是：

$$可燃固体 \xrightarrow{空气扩散} 空气与固体表面接触 \xrightarrow{氧化} 表面燃烧 \xrightarrow{连续氧化、燃烧} 产物$$

（三）低熔点纯净物固体和低熔点混合物固体的燃烧过程

熔点 <300℃的低熔点纯净物固体（如硫黄、白磷、钠、钾）和低熔点混合物固体（如石蜡、沥青）燃烧时，首先可燃固体经过熔化、汽化两个相变过程，然后蒸气与空气混合发生燃烧。低熔点纯净物固体和低熔点混合物固体的燃烧过程是：

$$可燃固体 \xrightarrow{熔化} 液体 \xrightarrow{蒸发} 气体 \xrightarrow{扩散、混合} 有焰燃烧 \xrightarrow{连续氧化、燃烧} 产物$$

（四）高熔点混合物固体的燃烧过程

在所有类型的固体中，高熔点混合物可燃固体的组成和结构最为复杂，它们可能包含上述类型特性的所有可燃物，比如煤炭中有碳、烷烃、烯烃、煤焦油等物质，松木中含有松香、纤维素、木质素等成分，因此这类固体物质的燃烧过程也最为复杂。由于这类固体物质在燃烧过程中，伴随有受热熔化、蒸发及热分解，因此它们的燃烧过程是分阶段、分层次进行的，其燃烧步骤如下。

（1）受热可燃固体在其表面逸出易挥发可燃气体，进行有焰燃烧。

（2）低熔点可燃固体熔化、汽化，进行有焰燃烧。

（3）高熔点可燃物受热分解、炭化产生可燃气体，进行有焰燃烧。

（4）不能再分解的高熔点固体（一般是炭质）进行表面燃烧。

显然，固体材料的可燃组分及其含量决定着这类固体的燃烧性能。一般而言，当固体中易挥发、易分解的可燃成分越多，该固体的燃烧性能就越好；反之亦然。例如，油煤比褐煤易燃，松木比桦木燃烧速率大。

二、可燃固体的燃烧形式

（一）蒸发燃烧

固体的蒸发燃烧是指可燃固体受热升华或熔化后蒸发，产生的可燃气体与空气边混合边着火的有焰燃烧（又称为均相燃烧），如硫黄、白磷、钾、钠、镁、松香、樟脑、石蜡等物质的燃烧。

固体的蒸发燃烧是一个熔化、汽化、扩散、燃烧的连续过程。蜡烛燃烧是典型的固体物质的蒸发燃烧形式。观察蜡烛燃烧会发现稳定的固体蒸发燃烧存在三个明显的物态区域，即固相区、液相区、气相区。在燃烧前受热固体只发生升华或熔化、蒸发的物理变化，而化学成分并未发生改变；进入气相区后，可燃蒸气扩散到空气中即开始边混合边燃烧，并形成火焰，此时的燃烧特征与气体的燃烧完全一样，只是火焰的大小取决于固体熔化以及液体汽化的速率，而熔化和汽化的速率则取决于固体及液体从火焰区吸收的热量多少。事实上，燃烧过程中固相区的固体和液相区的液体总是可以从火焰中不断吸收热量，使得固体熔化及液体汽化的速率增大，从而形成较大的火焰，直至燃尽为止。

（二）表面燃烧

表面燃烧是指固体在其表面直接吸附氧气而发生的燃烧（又称为非均相燃烧或无焰燃烧）。表面燃烧反应发生在气 - 固相界面上，并且在燃烧的过程中，固体物质受热时既不熔化或汽化，也不发生分解，只是在其表面直接吸附氧气进行燃烧反应，因此表面燃烧不能生成火焰，而且燃烧速率也相对较小。

在生产生活中，结构稳定、熔点较高的可燃固体，如焦炭、木炭、铁等物质的燃烧属于典型的表面燃烧。燃烧过程中它们不会熔融、升华或分解产生气体，固体表面呈高温炽热发光而无火焰的状态，空气中的氧不断扩散到固体高温表面并被吸附，进而发生气 - 固非均相反应，反应的产物带着热量从固体表面逸出。

（三）分解燃烧

固体受热分解产生可燃气体后发生的有焰燃烧称为分解燃烧。能发生分解燃烧的固体可燃物，一般具有复杂的组分或较大的分子结构。

煤、木材、纸张、棉、麻、农副产品等物质，都是成分复杂的高熔点固体有机物，受热不发生整体相变，而是分解析出可燃气体扩散到空气中发生有焰燃烧。当固体完全分解不再析出可燃气体后，留下的炭质组分即开始进行无焰的表面燃烧。

塑料、橡胶、化纤等高聚物，是由许多重复的物质结构单元（链节）组成的大分子。绝大多数高分子材料都是易燃材料，而且在受热条件下会软化熔融，产生熔滴，发生分子断裂，从大分子裂解成小分子，进而不断析出可燃气体（如 CO、H_2、CH_4、C_2H_6 等）扩散到空气中发生有焰燃烧，直至燃尽为止。

（四）阴燃

阴燃（熏烟燃烧）是指在氧气不足、温度较低或湿度较大的条件下，固体物质发生的只冒烟而无火焰的燃烧。固体物质阴燃是在燃烧条件不充分的情况下发生的缓慢燃烧，属于固体物质特有的燃烧形式，液体或气体物质不会发生阴燃。

以柱状纤维素可燃物（如香烟）沿水平方向的阴燃现象为例，阴燃的传播可分为三个区域，如图 5-1 所示。

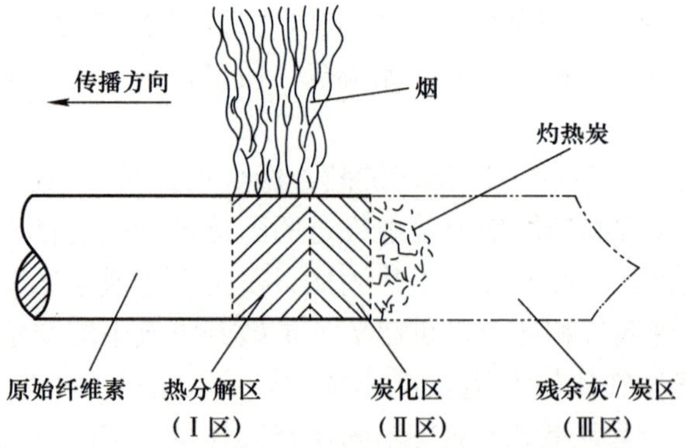

图 5-1 柱状纤维素可燃物沿水平方向阴燃示意

Ⅰ区：热分解区。在该区内，温度急剧上升，并且从原始可燃物的热分解中挥发出烟。

同一可燃物，阴燃产生的烟与有焰燃烧产生的烟有很大区别，由于阴燃的烟气氧化不充分，烟中含有大量可燃气体、高沸点液体和焦油等物质，因此它们是可燃的。在封闭的室内火灾中，阴燃烟气的聚集能形成可燃混合气体，若遇新鲜空气流入会发生猛烈的回燃现象。

Ⅱ区：炭化区。在该区中，炭的表面发生氧化并放热，温度升高到最大值（600 ～ 750℃）。该区产生的热量会加热原始材料，使其升温至 250 ～ 300℃，并发生热分解，热解产物和部分阴燃产物逸出后就剩下炭（灰）。

Ⅲ区：残余灰 / 炭区。在该区中，灼热燃烧不再进行，温度缓慢下降。

应说明的是，因为阴燃传播是连续的，所以实际上以上各区域间并无明显界限，其间存在逐渐变化的过渡阶段。

1. 影响阴燃的因素

（1）固体物质的化学组成。阴燃的分解产物必须是一些刚性结构的多孔炭化物质，只有这样才会有空气流入与可燃物接触，以保证阴燃的不断延烧；若阴燃的分解产物是流动的焦油状产物，因空气无法流入与可燃物接触而不能发生阴燃，如成捆堆放的棉、麻、纸张及大量堆垛的煤、稻草、烟叶、布匹等会发生阴燃，而沥青、石蜡、油毡等不会发生阴燃。另外，有些无机物（如 LiCl、LiOH、NaCl、NaOH、$FeCl_3$、$AgNO_3$）对热解炭化反应有催化作用，有助于纤维素类固体的阴燃；而一些阻燃剂（如 $SbCl_3$、$CaCl_2$、$SnCl_2$、$AlCl_3$）对固体可燃物的阴燃有抑制作用。

（2）固体组合结构体系。研究发现，有些高聚物泡沫（如高柔弹性聚氨酯泡沫）单独存在时难以发生阴燃，但是如果它们与织物类的可燃物组成双元体系，就可以发生阴燃。如图 5-2 所示，如果泡沫材料阴燃是在静止的空气中发生的，泡沫区域Ⅱ区所达到的最高温度不会超过 400℃，它明显低于纤维素阴燃区域的最高温度（≥ 600℃），这可能是某些泡沫材料单独存在时难以发生阴燃的主要原因。

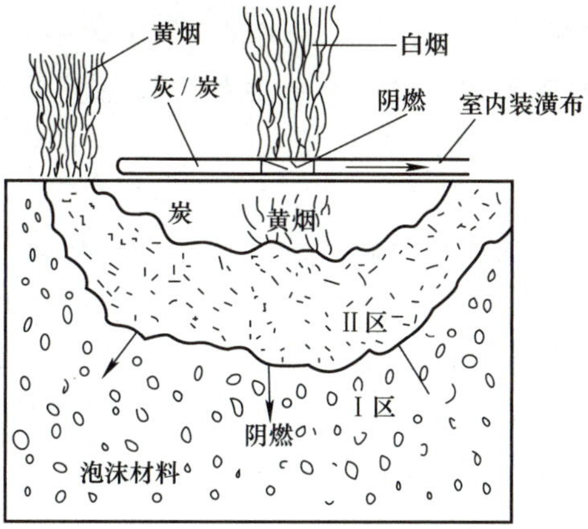

图 5-2　织物 - 泡沫组合结构体系阴燃的相互作用示意

（3）固体可燃物的尺寸。试验表明，质地松软、细小颗粒的固体可燃物的阴燃效果较好。这是由于这类可燃物的保温性能比较好，热量不容易散失，如棉花、锯木屑等。单一粉尘层尺寸对阴燃的影响可从厚度和粒径两个方面来说明。首先，在一定范围内，随着粉尘厚度的减小，阴燃的传播速度增大，但厚度减小到一定程度后，阴燃的传播速度反而减小，而且存在可维持粉尘层阴燃的最小厚度，见表5-1。这种影响可解释为：厚度较大，空气较难进入阴燃区；厚度太小，热量损失太大。其次，随着粉尘粒径的增大，最小厚度增大；但当粉尘粒径增大到一定程度后，由于伴有灼热燃烧，因此最小厚度反而减小。对于一定厚度的粉尘层，随着粒径的减小，阴燃的传播速度缓慢增大。粉尘层堆积密度减小，阴燃的传播速度也会增大。

表5-1 不同粒径粉尘（软木粉）阴燃的最小厚度

平均粒径/mm	0.5	1.0	2.0	3.6
最小厚度/mm	12	36	47	36

（4）空气流（风速）。试验表明，受到外加空气流作用的粉尘层，阴燃的最小厚度会明显减小；随着空气流速的增大，阴燃的传播速度明显增大（尤其是当空气流动方向与阴燃传播方向一致时），这是由于空气流为阴燃区提供了更多的氧气。对于粗大粒径的粉尘，这种影响效果更加显著。如果空气流速过大，阴燃就会转变为有焰燃烧。

2. 阴燃与有焰燃烧间的转化

在生产生活实践中，在一定条件下，阴燃与有焰燃烧之间会发生相互转化。一方面，在封闭缺氧或湿度较大条件下发生的火灾，由于燃烧消耗氧气及水蒸气的蒸发耗能，燃烧体系的氧气浓度和温度均降低，燃烧速率减小，固体分解出的气体量减少，火焰逐渐熄灭，此时有焰燃烧可能转为阴燃。另一方面，阴燃中干馏分解产生的碳粒及含碳游离基、未燃气体降温形成的小液滴等不完全燃烧产物会形成烟雾，如果改变通风条件，增加供氧量，或可燃物中水分蒸发到一定的程度，也可能由阴燃转变成有焰燃烧或爆燃；当阴燃完全穿透固体材料时，由于气体对流增强，空气流入量相对增大，阴燃则可转变为有焰燃烧。火场上棉包、烟叶、秸秆、稻草堆垛的复燃现象，以及烟头接触被褥、杂草、纸张垃圾等发生阴燃引起的火灾等都是阴燃在一定条件下转化为有焰燃烧的例子。

总之，在固体的四种燃烧形式中，蒸发燃烧和分解燃烧都是有焰的均相燃烧，只是可燃气体的来源不同：蒸发燃烧的可燃气体是相变的产物，分解燃烧的可燃气体则来自固体的热分解。固体的表面燃烧和阴燃，都是发生在固体表面与空气的界面上，呈无焰的非均相燃烧，二者的区别在于：阴燃中固体有分解反应，而表面燃烧则没有。火场上，木材及木制品、纸张、棉、麻、化纤织物是常见的可燃固体，四种燃烧形式往往同时伴随在火灾过程中：阴燃一般发生在火灾的初起阶段；蒸发燃烧和分解燃烧多发生于火灾的发展阶段和猛烈阶段；表面燃烧一般发生在火灾的熄灭阶段。可见，有焰燃烧对火灾的发展起着重要作用，这个阶段温度高、燃烧快，能促使火势猛烈发展。

【思考题】

1. 不同类型的固体，其燃烧过程有何不同？
2. 固体物质主要有哪几种燃烧形式？其发生条件是什么？
3. 分解燃烧与阴燃的联系。
4. 阴燃的影响因素有哪些？什么条件下阴燃会转变成有焰燃烧？

第三节　可燃固体的燃烧速率

一、固体燃烧速率的表示方法

固体燃烧速率是指在一定条件下固体物质燃烧的快慢。固体燃烧速率受多种因素影响，常用直线燃烧速率和质量燃烧速率来表示，其大小既可用试验方法进行测定，也可用计算式进行计算。

可燃固体的燃烧速率

（一）质量燃烧速率

固体的质量燃烧速率是指一定条件下可燃固体在单位时间和单位面积上烧掉的质量，用 G 表示，单位是 kg/（m^2·h），其计算式为

$$G=\frac{m_0-m}{St} \tag{5-1}$$

式中　m_0——燃烧前的固体质量（kg）；

m——燃烧后的固体质量（kg）；

t——燃烧时间（h）；

S——固体的燃烧面积（m^2）。

对于高聚物合成材料的质量燃烧速率，则可用式（5-2）估算，即

$$G=\frac{0.7Q}{\Delta H} \tag{5-2}$$

式中　G——高聚物的质量燃烧速率 [g/（m^2·s）]；

Q——火焰等供给固体的热量 [kJ/（m^2·s）]；

ΔH——高聚物降解汽化热（kJ/g）。

表 5-2 列举了一些可燃固体的质量燃烧速率，这些数值是在一定条件下的“称量实验室”中测定的，测定试样的状态：木材是厚 2cm 的木板和板条；天然橡胶是 10 ～ 30kg 的块状；布质电木是厚 2 ～ 15mm、长 1cm 的板条；酚醛塑料是一些废品（仪器壳、收音机壳、电器附件等）；纸张是报纸；棉花是生产中产生的废花。

表 5-2　一些可燃固体的质量燃烧速率

物质名称	燃烧的平均速率 /[kg/（m^2·h）]	物质名称	燃烧的平均速率 /[kg/（m^2·h）]
木材（含水 14%）	50	棉花（含水 6% ～ 8%）	8.5
天然橡胶	30	聚苯乙烯树脂	30
人造橡胶	24	纸张	24
布质电木	32	有机玻璃	41.5
酚醛塑料	10	人造短纤维（含水 6%）	21.6

（二）直线燃烧速率

固体的直线燃烧速率是指一定条件下可燃固体在单位时间内烧掉的厚度，用 v 表示，单位是 mm/min，可用以下近似计算式计算。

1. 木材直线燃烧速率

$$v = A\left(\frac{T}{100} - 2.5\right)\sqrt{t} \tag{5-3}$$

式中 v——直线燃烧平均速率（mm/min）；
T——木材表面的加热温度（℃）；
t——燃烧时间（min）；
A——燃烧参数，杉木为 1.0；松木为 0.78。

2. 一般固体物质的直线燃烧速率

$$v = \frac{L}{t} \tag{5-4}$$

式中 v——直线燃烧平均速率（mm/min）；
L——试样的燃烧厚度或长度（mm）；
t——试样被点燃后的燃烧时间（min）。

表 5-3 为部分纤维试样的直线燃烧速率。

表 5-3 部分纤维试样的直线燃烧速率

物质名称	燃烧的平均速率 /（cm/s）	物质名称	燃烧的平均速率 /（cm/s）
棉	0.93	丝绸	1.09
麻	1.49	醋酸纤维	0.93
人造纤维（熔融）	1.56	聚乙烯醇纤维	0.22
羊毛	0.65	聚丙烯腈纤维	0.73

二、固体燃烧速率的主要影响因素

（一）固体的理化性质与结构

固体的熔化、蒸发、分解、氧化等理化特性是决定固体燃烧速率的内部原因。在相同外界条件下，固体物质的化学活性越强（易分解或易氧化），那么它的燃烧速率越大，反之则小。例如同为金属晶体，主族金属元素 K、Na 等在空气中发生较快速的蒸发燃烧，而副族元素 Fe、Cu 及其合金即使在高温下也只能发生缓慢的表面燃烧；红磷与白磷的晶体结构不同，白磷在空气中 40℃即可自燃且燃速很快，红磷则需加热到 260℃才发生自燃，燃速也小于白磷。从表 5-3 中列举的部分纤维试样的直线燃烧速率可知，同是纤维材料，它们的燃烧速率是不一样的，一般是：天然植物纤维 > 动物纤维，熔融人造纤维 > 非熔融人造纤维。

（二）氧指数

固体的燃烧速率与氧指数有关。氧指数（*OI*）又称为临界氧浓度或极限氧浓度，它是指在规定条件下，试样在氧气、氮气混合气流中，维持平稳有焰燃烧所需要的最低氧浓度，以氧气所占的体积百分比来表示。表 5-4 列举了部分材料的氧指数。

表 5-4 部分材料的氧指数

材料名称	氧指数（%）	材料名称	氧指数（%）
聚乙烯	17.4 ～ 17.5	聚乙烯醇	22.5
聚丙烯	17.4	聚甲基丙烯酸甲酯（有机玻璃）	17.3
聚苯乙烯	18.1	环氧树脂（普通）	19.8
聚氯乙烯	45 ～ 49	环氧树脂（脂环）	19.8
聚氯乙烯（软质）	23 ～ 40	氯丁橡胶	26.3
聚氟乙烯	22.6	乙丙橡胶	21.9
聚四氟乙烯	>95	硅橡胶	26 ～ 39
聚酰胺（线型）	22 ～ 23	聚乙烯醇	22.5
聚酰胺（芳香族）	26.7		

氧指数是表征固体物质燃烧难易程度的重要参数，试样的 *OI* 值越大，说明该物质材料的燃烧性能越差，其燃烧速率就越小；试样的 *OI* 值越小，说明该材料的燃烧性能越好，其燃烧速率就越大。因此，氧指数是评价固体材料燃烧性能的一个重要指标，通常以氧指数为依据将固体材料进行分类：氧指数（*OI*）>50% 的为不燃材料（A 级）；50% ⩾ *OI*>27% 的为难燃材料（B_1 级）；27% ⩾ *OI*>22% 的为可燃材料（B_2 级）；*OI* ⩽ 22% 的为易燃材料（B_3 级）。氧指数（*OI*）可按式（5-5）来计算，即

$$OI = \frac{[O_2]}{[O_2]+[N_2]} \times 100\% \tag{5-5}$$

式中 $[O_2]$——氧气流量（L/min）；

$[N_2]$——氮气流量（L/min）。

试验证明，用水或其他阻燃剂处理过的材料，其氧指数会升高，因此燃烧速率会减小。

（三）固体比表面积

固体比表面积是指物质的表面积与质量的比值。固体物质比表面积越大，可燃物与空气的接触面越大，燃烧速率就越大。例如大块木材的燃烧速率很小，而一旦成为刨花、薄片、小块等形态，比表面积增大，氧化作用变强，燃烧速率也就变大；如果成为锯木屑等形态，比表面积更大，则能发生粉尘爆炸的危险；市场商铺中的大量衣物织品展开悬挂售卖，也增大了可燃物的比表面积，一旦失火，火势即可迅速蔓延。

（四）水分及不燃介质含量

固体中或表面的水分、泥土等介质可看成是阻燃剂，它们的含量越多，固体的氧指数

越大，其燃烧速度越小；反之亦然。例如，干木材较湿木材易燃；含煤矸石多的煤炭比含煤矸石少的煤炭燃烧慢等。

（五）固体物质的密度和热容

燃烧速率与固体物质密度的平方成反比，因此固体物质的密度越大，燃烧速率越小；而热容大，导热性差的物质，燃烧速率也小。例如，在相同试验条件下，让密度分别为 $0.35t/m^3$、$0.45t/m^3$、$0.62t/m^3$ 的木材燃烧，3min 时，测得试样的质量损失率分别是 40%、30%、20%；而 4min 时，测得它们的质量损失率分别是 60%、40%、30%。

（六）火灾荷载密度

火灾荷载是指某一空间内所有物质（包括装修、装饰材料）的燃烧总热值。火灾荷载密度是指单位火场面积上的火灾荷载。一般住宅楼的火灾荷载密度为 35 ～ $60kg/m^2$。火灾荷载密度大，则火场放热速率大，从而使燃烧速率加快。以木材为例，试验测得火灾荷载密度为 $25kg/m^2$ 时，其燃烧的平均速率为 50kg/（m^2 • h）；而火灾荷载密度增加到 $50kg/m^2$ 时，其燃烧的平均速率为 52kg/（m^2 • h）。

（七）燃烧方向

固体可以在任何方向的表面上燃烧，这一点与液体不同。燃烧过程中，未燃物获得的热量主要靠火焰和烟气供给，因此火焰的蔓延速度及燃烧方向对固体燃烧速率有直接影响。从热解气与氧气的混合及燃烧产物的扩散角度分析，固体呈竖直燃烧时，火焰向上的传播速率最大，而且火焰和产物烟气向上扩散会包裹上方的可燃物，使其未燃部分能获得更多热量，预热升温高，热解加剧，使燃烧速率加大；反之，在竖直向下方向，因火焰下方的可燃物获得的热量最少，所以在竖直向下方向的燃烧速率最小；在水平方向上，未燃物获得的热量介于竖直向上与竖直向下情形之间，燃烧速率也介于这两者之间。图 5-3 展示了厚固体表面不同倾角的火焰蔓延情况，从图中可知，燃烧速率的大小顺序为：分图 e> 分图 d> 分图 c> 分图 b> 分图 a。

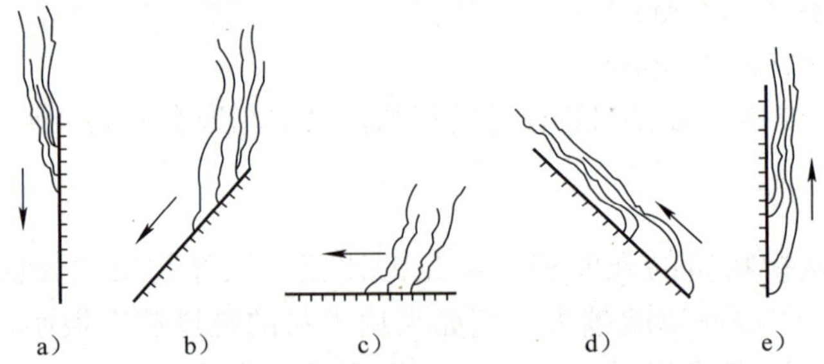

图 5-3 厚固体表面不同倾角的火焰蔓延情况

（八）空气流（风速）

固体物质发生燃烧的过程中，外界的空气流（风）会增加可燃材料表面氧气的供给。风可使火焰倾斜，增强了火焰倾斜方向未燃材料表面的传热速率，所以在一定风力范围内，风速越大，固体的燃烧速率就越大。随着风力的加强，固体燃烧速率将按指数关系增加，但当风速增加到某一临界值时，固体表面的热损失远大于加速燃烧的放热量，致使燃烧温度降至固体燃点以下，反而会使火焰熄灭，燃烧停止。例如风力灭火机能灭火、风可吹灭蜡烛等。

（九）阻燃剂

可燃固体用阻燃剂处理后，其氧指数会升高，燃烧性能明显减弱，可使易燃材料变成难燃材料或不燃材料；有的仅发生炭化而不着火、不冒烟；有的虽发生炭化、着火或发烟，但一旦离开火源，则可自动熄灭，难以延烧。

【思考题】

1. 已知 100kg 的木材燃烧 4min 后，其单位面积上的质量损失率为 60%，试求该木材的平均质量燃烧速率。

2. 影响固体燃烧速率的因素主要有哪些？

3. 在氧指数测定试验中，已知某试样的 O_2 流量是 5.0 L/min、N_2 流量是 15.0 L/min，该试样的氧指数是多少？试样的燃烧类型是什么？它能否用作人员密集场所的顶棚装修材料？

第四节　典型可燃固体物质的燃烧

一、植物自燃

植物自燃和木材燃烧

（一）能发生自燃的植物产品

试验证明，大多数植物由于微生物的存在，当大量堆积时就会发热，进而导致自燃。

（二）植物自燃的原因

植物的自燃，是微生物作用、物理作用和化学作用所致，它们是彼此相连的三个阶段。

1. 微生物作用

由于植物中含有营养物质和水分，并且在适宜的温度下受微生物的作用，使植物腐败发酵而放热（称为发酵热）。若热量散发不出去，使温度上升到 70℃左右时，微生物就会死亡，微生物死亡，微生物作用阶段告终。

2. 物理作用

温度到 70℃时，植物中不稳定的化合物（果酸、蛋白质及其他物质）开始分解，生成黄色多孔炭，吸附灰尘、蒸气和氧气并析出热（称为吸附热），继续升温到 100 ~ 130℃，这时可引起新的化合物不断分解炭化，促使温度不断升高。

3. 化学作用

当温度升到 150 ~ 200℃，植物中的纤维素就开始炭化，并进入氧化过程，生成的炭能够剧烈地氧化放热，温度继续升高到 250 ~ 300℃时，若积热不散，达到自燃点，植物就会着火。

（三）植物自燃的条件

1. 一定的湿度

水分是微生物生存和繁殖的重要条件，植物发生自燃首先必须具有微生物生存的湿度。实践表明，干燥和过湿的植物产品，通常不能自燃。

2. 良好的蓄热条件

堆垛在一起，热量散发不掉而不断积累使温度逐渐升高达到自燃点，植物才会自燃。

（四）预防植物自燃的基本措施

1. 控制湿度

植物在堆垛前必须认真检查含水率。如果处在危险湿度（稻草为20%、籽棉为12%），必须晾干后才能堆垛；或先堆成小堆，经干燥后堆成标准垛。

2. 控制堆垛

一般应控制堆垛的大小，且在每个堆垛的垂直方向和横向都设通风孔，堆垛之间要保持一定间距，以利于散发垛内热量和平时的安全检查。

3. 防雨防潮

雨雪天不能进行堆垛作业，垛顶要封好。如果发现渗漏，要及时采取措施。

4. 加强检测

对植物堆垛，要设专人检测温度和湿度。发现冒气、塌陷、有异味及温度达到40～50℃时，应重点检测；温度在60℃以上时，必须立即倒垛散热，倒垛时要采取防护措施，防止垛内自燃或引起飞火蔓延。

根据试验，稻草、籽棉发生自燃的危险参数见表5-5。

表5-5 稻草、籽棉发生自燃的危险参数

植物名称	危险湿度（%）	危险温度/℃	炭化点/℃	自燃点/℃	堆高限度/m
稻草	20	70	204	338	10
籽棉	12	38	205	407	5

案例

2019年4月17日，某公司E号棉花仓库发生火灾。仓库为砖混轻钢屋顶结构，建筑面积4864m^2，储存棉花约6000t，其中期货棉3741.5t。

火灾发生后，政府启动应急预案，有7个消防中队、35台车、190多人投入战斗，并调集挖掘机、铲车、渣土车、洒水车等53台工程车辆参加灭火救援行动，经过3天3夜的艰苦奋战，才将大火扑灭。火灾原因是当地正处梅雨天，空气潮湿，仓库内棉花吸水反潮（反潮率达9%～9.5%），加之堆垛过大，蓄热不散，使棉花堆垛自燃。

在阴雨天、空气潮湿环境里的棉花、籽棉、烟叶、秸秆、稻草等植物材料会吸水反潮，堆垛上的微生物活动加剧，发热升温加快，若材料堆垛过大，积热不散，会自燃引发火灾。在实际消防监督、隐患排查工作中，对大型植物材料仓库堆场要特别注意防雨防潮，植物材料的湿度、温度、堆垛大小是三个重点监测参数，必须严格按相关规范要求进行巡查监测，发现异常时要立即整改。另外，植物堆垛火灾的堆垛内部会发生阴燃，在火灾扑救过程中，需要动用挖掘机、铲车等大型工程机械设备协助搬运、翻垛灭火，因此应急预案中要注意加强大型特种工程车辆的配备。

二、木材的燃烧

木材及木质制品（如胶合板、木屑板、粗纸板、纸卡片等）是建筑装饰中常用的一种材料，它广泛用于框架、板壁、屋顶、地板、室内装饰及家具等方面。在火灾发生时常涉及木材，所以研究这种多用途的物质在火灾中的燃烧反应显得十分重要。

（一）木材的化学组成

木材一般分为两大类，即针叶木（又称为软木）和阔叶木（又称为硬木）。针叶木有云杉、冷杉、铁杉、落叶松、松木、柏木等；阔叶木有杨木、枫木、桉木、榉木等。木材的种类、产地不同，木材的组成也不同，但主要由碳、氢、氧构成，还有少量的氮和其他元素，且通常不含硫元素。表 5-6 列举了部分干木材的化学成分。木材是典型的混合物，主要由纤维素（含量为 39.97% ～ 57.84%）、木质素（含量为 18.24% ～ 26.17%）组成，另外还含有少量的缩糖、蛋白质、脂肪、树脂、无机质（灰分）等成分。

表 5-6　部分干木材的化学成分

种类	碳（%）	氢（%）	氧（%）	氮（%）	灰分（%）
橡树	50.16	6.02	43.26	0.09	0.37
桉木	49.18	6.27	43.19	0.07	0.57
榆木	48.99	6.20	44.25	0.06	0.50
山毛榉	49.60	6.11	44.17	0.09	0.57
桦木	48.88	6.06	44.67	0.10	0.29
松木	50.31	6.20	43.08	0.04	0.37
白杨	49.37	6.21	41.60	0.95	1.86
枞木	52.30	6.30	40.50	0.10	0.80

（二）木材的燃烧过程

木材属于高熔点类混合物，在干燥、高温、富氧条件下，木材燃烧一般包含分解燃烧和表面燃烧两种燃烧类型；在高湿、低温、贫氧条件下，木材还能发生阴燃。木材燃烧过程大体分为干燥准备、有焰燃烧和表面燃烧三个阶段。

（1）干燥准备阶段：在热作用下木材中的水分蒸发，大约 105℃时，木材呈干燥状态；温度达到 150 ～ 200℃时，木材开始弱分解，产生水蒸气（分解物）、二氧化碳、甲酸、乙酸等气体，为燃烧做好准备。

（2）有焰燃烧阶段：温度在200～250℃时，木材开始炭（焦）化，产生少量水蒸气及一氧化碳、氢气、甲烷等气体，伴有闪燃现象；当温度达250～280℃时，木材开始剧烈分解，产生大量的一氧化碳、氢气、甲烷等气体，并进行稳定的有焰燃烧，直到木材的有机质组分分解完为止，有焰燃烧才结束。

（3）表面燃烧阶段：当木材析出的可燃气体很少时，有焰燃烧逐渐减弱，氧气开始扩散到炭质表面进行燃烧；当两种形式燃烧同时进行一段时期，且不能再析出可燃气体后，则完全转变成炭的表面燃烧，直至熄灭。

（三）木材的燃烧特点

1. 燃烧过程比较复杂

从上面的分析可看出，木材及木制品的燃烧包括有焰燃烧、表面燃烧或阴燃等燃烧类型，燃烧的方式可以是闪燃、自燃、着火等形式，而且燃烧过程中伴随着干燥、蒸发、分解、炭化等物质变化，因此木材的燃烧过程比较复杂。

2. 燃烧性能比较稳定

从延烧过程来看，在燃烧过程中木材没有软化、熔融现象，同时由于木材热导率较小，传热慢，并且总是以由表及里的方式进行燃烧，所以粗大的木材（如承重梁）燃烧一段时间后，仍具有支承能力。

从燃烧产物的成分来看，木材的完全燃烧产物主要是二氧化碳和水两种物质。

从燃烧参数来看，木材的燃点一般为250～275℃，自燃点为410～440℃。木材的平均热值约为20000kJ/kg。表5-7列举了部分木材的燃点和自燃点，表5-8列举了一些木材、木制品和某些比较物的热值。

表5-7 部分木材的燃点和自燃点 （单位：℃）

木材种类	燃点	自燃点
榉木	264	424
红松	263	430
白桦	263	438
针枞	262	437
杉	240	421
落叶松	271	416

表5-8 一些木材、木制品和某些比较物的热值

物质名称	热值/（kJ/kg）	物质名称	热值/（kJ/kg）
栎木锯末	19755	包装纸	16529
松木锯末	22506	石油焦	36751
碎木片	19185	沥青	36910
松树树皮	51376	棉籽油	39775
纸箱	13866	石蜡	41031
新闻纸	18866		

三、高聚物燃烧

高聚物燃烧

高聚物又称为聚合物，是指由单体合成得到的高分子化合物，一般是指合成纤维、合成橡胶和塑料，即“三大合成材料”。

（一）高聚物的化学组成

高聚物是以烯烃、炔烃、醇、醛、羧酸及其衍生物，以及 HCl、HBr、NH_3、H_2S、S 等无机物为基础原料进行化学反应合成的，因此高聚物主要由 C、H、O 元素构成，同时还含有 Cl、Br、N、S 等元素。现代生产生活中，三大合成材料具有广泛的用途，在许多方面已成为天然材料的替代品，而且与天然材料不同，三大合成材料的制品大部分是纯净物（有的含少量添加剂），如聚氯乙烯、聚酰胺、聚丙烯腈（人造羊毛）、氯丁橡胶等。

（二）高聚物的燃烧过程

大多数高聚物具有燃烧性，但一般不发生蒸发燃烧和表面燃烧，而只会发生分解燃烧。在热作用下，高聚物一般经过熔融、分解和着火三个燃烧阶段。

1. 熔融阶段

高聚物具有很好的绝缘性、很高的强度、良好的耐蚀性，但是高聚物的耐热性差，容易受热软化、熔融，变成黏稠状熔滴。表 5-9 列举了部分高聚物的燃烧特性。

表 5-9　部分高聚物的燃烧特性

高聚物	软化温度 /℃	熔融温度 /℃	分解温度 /℃	分解产物	燃烧产物
聚乙烯	123	220	335 ～ 450	H_2、CH_4、C_2H_4	CO、CO_2、C
聚丙烯	157	214	328 ～ 410	H_2、CH_4、C_3H_6	CO、CO_2、C
聚氯乙烯	219	—	200 ～ 300	H_2、C_2H_4、HCl	CO、CO_2、HCl
ABS	202	313	—	—	—
醋酸纤维	200	260	—	CO、CH_3OH	CO、CO_2、C
聚酰胺 -6	180	215 ～ 220	310 ～ 380	己内酰胺、NH_3	CO、CO_2、N_2O_x、HCN
涤纶	235 ～ 240	255 ～ 260	283 ～ 306	C、CO、NH_3	CO、CO_2、N_2O_x、HCN
腈纶	190 ～ 240	—	250 ～ 280	C、CO、NH_3	CO、CO_2、N_2O_x、HCN
维纶	220 ～ 230	—	250	C、CO、NH_3	CO、CO_2、N_2O_x、HCN

2. 分解阶段

温度继续升高，高聚物熔滴开始变成蒸气，继而气态高聚物分子开始断键，从高分子裂解成小分子，产生烷烃、烯烃、氢气、一氧化碳等可燃气体，同时产生黑色碳粒浓烟。塑料、合成纤维的分解温度一般为 200 ～ 400℃；合成橡胶的分解温度为 400 ～ 800℃。

3. 着火阶段

高聚物着火其实是热分解产生的可燃气体着火，火场上可能出现以下几种情况：

（1）热分解产生的可燃气体数量较少，遇明火产生一闪即灭现象，即发生闪燃。

（2）可燃气体和氧气浓度都达到燃烧条件，遇明火立即发生持续稳定的有焰燃烧。

（3）虽然有较多的可燃气体，却因缺氧（如在封闭房间内），所以燃烧暂时不能进行，但是一旦流入新鲜空气（如开启门窗），则有可能立即发生爆燃，使火势迅速扩大。

从以上分析可知，由于高聚物一般不溶于水，且是靠高温分解进行燃烧，所以同扑救木材、棉、麻、纸张等天然物品的火灾一样，水也是扑救高聚物火灾的常用灭火剂。

（三）高聚物的燃烧特点

1. 发热量大

多数合成高聚物材料的燃烧热比较高，如软质聚乙烯的热值为46610kJ/kg，比煤炭、木材的热值要高不少；发热量大，使得高聚物的燃烧温度（火焰温度）升高，可达2000℃左右，从而加剧了燃烧。部分高聚物材料的燃烧热及火焰温度见表5-10。

表5-10 部分高聚物材料的燃烧热及火焰温度

材料名称	燃烧热/（kJ/kg）	火焰温度/℃	材料名称	燃烧热/（kJ/kg）	火焰温度/℃
软质聚乙烯	46610	2120	赛璐珞	17300	—
硬质聚乙烯	45880	2120	缩醛树脂	16930	—
聚丙烯	43960	2120	氯丁橡胶	23430～32640	—
聚苯乙烯	40180	2210	香烟	—	500～800
ABS	35250	—	火柴	—	800～900
聚酰胺	30840	—	煤（一般）	23010	—
有机玻璃	26210	2070	木材	14640	—

2. 燃烧速率快

高聚物因为发热量大，使得燃烧温度很高，火场热辐射强度很大，传给未燃材料的热量很多，因而加快了材料软化、熔融、分解的速率，所以其燃烧速率也随之加快。部分高聚物的燃烧速率见表5-11。

表5-11 部分高聚物的燃烧速率 （单位：mm/min）

材料名称	燃烧速率	材料名称	燃烧速率
聚乙烯	7.6～30.5	硝酸纤维	迅速燃烧
聚丙烯	17.8～40.6	醋酸纤维	12.7～50.8
聚苯乙烯	27.9	聚氯乙烯	自熄
有机玻璃	15.2～40.6	聚酰胺	自熄
缩醛	12.7～27.9	聚四氟乙烯	不燃

3. 发烟量大

高聚物中碳含量都很高，如聚苯乙烯的碳含量为99.84%，因此在燃烧时很难燃烧完全，大部分碳以黑烟的形式释放到空气中。据对比试验分析，高聚物燃烧的发烟量通常是木材、棉、麻等天然材料的2～3倍，一般起火后在不到15s内就产生烟雾，在不到1min就会让人的视线模糊起来。火场上浓密的烟雾加大了受困人员逃生以及救援人员施救的难度。

4. 有熔滴

在燃烧过程中许多聚合物会软化熔融，产生高温熔滴。高温熔滴产生后会带着火焰滴落、流淌，一方面扩大了燃烧面积，另一方面对火场人员构成了巨大威胁，如聚乙烯、聚丙烯、有机玻璃、聚酰胺、聚氨酯泡沫等。

5. 产物毒性大

实际上，在所有重大火灾中，造成人员伤亡的主要原因是受害者吸入了高温有毒的气体燃烧产物（其毒性大小一般用半数致死量 LD_{50} 或半数致死浓度 LC_{50} 来确定）。试验证明，可燃物的化学组成和燃烧温度是决定燃烧产物毒性大小的两个重要因素。一般而言，对于同一可燃物，燃烧温度较低的燃烧产物的毒性比燃烧温度高的燃烧产物的毒性要大（如在400℃、600℃时，木材燃烧产物的 LD_{50} 分别为 14mg/L 和 55mg/L）；而在同一燃烧温度下，高聚物的燃烧产物的毒性比天然材料的燃烧产物的毒性要大，这是因为高聚物燃烧会迅速产生大量的 CO、CO_2、N_2O_x、HCN、$COCl_2$（光气）等有害气体。例如，在燃烧温度为 600℃时，木材、聚氯乙烯、腈纶毛线的 LD_{50} 分别为 55mg/L、21.6mg/L、3.22mg/L。由此可知，高聚物燃烧产物的毒性十分强烈，在火场上加强防（排）烟措施就显得十分重要。

（四）典型高聚物燃烧

1. 塑料燃烧

塑料是人工合成材料，大自然中没有。塑料有软性塑料和硬性塑料两种，常见的软性塑料有聚乙烯（PE），硬性塑料有聚氯乙烯（PVC）、聚丙烯（PP）、聚苯乙烯树脂（PS）等。塑料透水性差、抗酸碱腐蚀性能强、具有很好的韧性，但受热时有很好的可塑性，在生产生活中用途十分广泛，主要用于包装、建材、地膜、日用品、机械制造等领域。

研究表明，塑料主要以分解形式进行燃烧，燃烧产物中主要有 CO、CH_4、C_2H_4、C_2H_2、CO_2、H_2O、HCl 等气体，并伴有大量黑烟。塑料燃烧还可产生致癌物质“二噁英”，人体吸入后危害性很大。相比较而言，软性塑料的燃烧性能较好，其燃点较低、燃速较快，发烟量较大，且燃烧过程中有熔滴；硬性塑料的燃烧性能较差，其燃点较高、燃速较慢，发烟量较小，燃烧过程中没有熔滴。

2. 合成纤维燃烧

合成纤维是一类用小分子有机化合物为原料经合成制得的化学纤维，如聚丙烯腈、聚酯、聚酰胺等。与天然纤维相比，合成纤维的原料是由人工合成方法制得的，生产不受自然条件的限制。合成纤维是一类具有可溶（或可熔）性的线型聚合物，具有强度高、质量小、易洗快干、弹性好、不怕霉蛀等性能。经纺丝成形、加工处理后，合成纤维可用来生产衣物、地毯、被装等纺织用品。

合成纤维着火主要是以分解形式进行燃烧。合成纤维中主要含有 C、H、O、N 四种元素，其燃烧产物主要有 CO、CH_4、CO_2、H_2O、HCN、NO 等气体，并伴有黑烟。与天然纤维燃烧相比，合成纤维的燃点较低、燃速较快、发热量和发烟量较大，燃烧中发生卷曲或产生熔滴，没有动物毛发烧焦的气味产生，燃烧产物的毒性更大。

3. 合成橡胶燃烧

橡胶有天然橡胶和合成橡胶两种，从橡胶树生产出的橡胶称为天然橡胶；用化学方法合成制得的橡胶称为合成橡胶。合成橡胶是人工合成的高弹性聚合物，也称合成弹性体。合成橡胶一般在性能上不如天然橡胶全面，但它具有高弹性、绝缘性、气密性、耐油、耐高（低）温等性能，因而广泛应用于工农业、国防、交通及日常生活中。合成橡胶在20世纪初开始生产，从20世纪40年代起得到了迅速的发展。常用的合成橡胶有顺丁橡胶、异戊橡胶、丁苯橡胶、丁腈橡胶、氯丁橡胶等。

合成橡胶着火主要是以分解形式进行燃烧。合成橡胶中主要含有C、H、O、S、N、Cl等多种元素，其燃烧产生物主要有CO、CH_4、CO_2、H_2O、SO_2、HCN、NO、HCl等气体，并伴有黑烟。与天然橡胶燃烧相比，合成橡胶的燃点较低、燃速较快、发热量和发烟量较大，燃烧有熔滴，燃烧产物的毒性更大。

4. 聚氨酯材料燃烧

聚氨酯是聚氨基甲酸酯的简称，主要含有C、H、O、N四种元素，是一类主链含氨基甲酸酯基团重复结构单元的高分子聚合物。聚氨酯材料主要由异氰酸酯（单体）与羟基化合物聚合而成，英文缩写为PU。聚氨酯是20世纪60年代发展起来的有机高分子材料，被誉为继聚乙烯、聚丙烯、聚氯乙烯、聚苯乙烯之后的“第五大塑料”。此种材料具有橡胶、塑料的双重优点，尤其是在隔热、隔声、耐磨、耐油、弹性、弯曲性能等方面有其他合成材料无法比拟的优势，所以广泛应用于化工、纺织、建筑、家电、交通运输、航天等领域。如生活中常见的人造革、人造丝、地板胶、氨纶纺织品、人造海绵、保温泡沫板等都是聚氨酯类物质。

聚氨酯燃烧时具有发热高、发烟量大、产物毒性强等一般通性。但是试验表明，不同种类的聚氨酯的燃烧性能是不一样的。例如常见的聚氨酯泡沫，有软泡、硬泡、半硬泡之分，它们的燃点、燃烧速率等性能指标不尽相同；即使是同一类聚氨酯泡沫，生产配方不同，其燃烧性能也有很大区别。依据《建筑材料及制品燃烧性能分级》（GB 8624—2012），按燃烧性能分类，聚氨酯材料（制品）可分为难燃（B_1级）、可燃（B_2级）、易燃（B_3级）三种类型，因此并不是所有的聚氨酯材料（制品）都是易燃品。另外，聚氨酯本身无毒，但其燃烧产物中因为含有大量的一氧化碳和氰化氢毒气，所以火灾中会对人员造成很大危害。表5-12列举了聚苯乙烯挤塑板、橡胶海绵、聚氨酯泡沫三种材料的燃烧性能参数，从表中可知聚氨酯泡沫的放热量、发烟量、燃烧产物毒性都较大，氧指数较低，所以火灾的危险性、危害性均较严重。

表5-12 聚苯乙烯挤塑板、橡胶海绵、聚氨酯泡沫三种材料的燃烧性能参数

参数	聚苯乙烯挤塑板	橡胶海绵	聚氨酯泡沫
氧指数（%）	26.4	33.8	22.6
热值 /（MJ / kg）	3.91	1.66	2.62
烟气中CO峰值浓度（%）	0.023	0.063	0.081
烟气中CO_2峰值浓度（%）	0.32	0.24	0.76
烟气释放速率峰值 /（m^2 / s）	0.27	2.71	0.79
放热速率峰值 /（kJ/s）	20.3	14.2	54.3
放热总量 /kJ	7.92	1.68	9.27

注：试验方法为单体燃烧试验法（SBI），试样尺寸为1.0m×1.5m×0.04m。

按照国家标准《建筑内部装修设计防火规范》（GB 50222—2017）的要求，用于公共娱乐场所顶棚的装饰材料，其燃烧性能必须达到 A 级不燃材料标准；根据《民用建筑外保温系统及外墙装饰防火暂行规定》（公通字 [2009]46 号）规定，高度大于等于 60m 小于 100m 的非幕墙式住宅建筑，其外保温材料的燃烧性能不应低于 B_2 级，且当采用 B_2 级保温材料时，每层应设置水平防火隔离带。因此，在实际消防监督工作中，若遇到聚氨酯类装修保温材料时，应根据国家标准，严格进行执法监督，以消除安全隐患。

案例

2009 年 1 月 31 日，某酒吧发生一起因在室内燃放烟花引起的火灾，死 15 人，伤 22 人。

从酒吧实时监控录像看到，这起火灾从发现起火到燃起大火，前后仅 50s 时间，室内就充满了浓烟，火苗已窜出酒吧，封锁通道，火灾蔓延速度之快超乎想象。为什么在这个建筑面积只有 198m^2，火灾过火面积不超过 30m^2 的酒吧会造成如此重大的伤亡呢？经相关部门现场调查发现：

（1）消费者无视室内禁止燃放烟花的禁令，以及烟花包装上不得在室内燃放的明显警示，在属于公共场所的酒吧内多次违法燃放烟花，这是造成火灾发生的直接原因。

（2）该酒吧违法采用聚氨酯海绵等装修材料，燃烧后产生一氧化碳、氰化物等有毒烟气，致使人员在短时间内窒息死亡，部分疏散到门口的人员还被通道顶棚上燃烧掉落的高温泡沫熔滴灼伤，这是造成人员无法逃生的致命原因。

（3）业主的消防安全管理混乱，消费者安全意识淡薄，场所现场管理人员对消费者在酒吧内长时间燃放烟花没有进行有效制止，导致火灾的发生；而在火灾发生初期阶段，场内大量人员还在娱乐观望，没有意识到火灾的危险，丧失了火灾逃生的最佳时机。

酒吧、KTV、影剧院、宾馆、饭店、大型综合超市等公共人员密集场所通常是辖区消防安全重点保卫单位，这些场所一旦发生火灾，很容易造成大量人员伤亡。因此，在实际消防监督工作中，应根据国家标准，严格进行执法监督，这类场所顶棚装饰材料的燃烧性能必须达到 A 级不燃材料标准，严禁使用聚氨酯类泡沫、海绵等易燃材料装修，且要严格控制室内火灾的荷载密度，保持疏散通道畅通，应急照明应合格，以消除安全隐患。若遇到这类场所的火灾，消防员要做好火情侦察，做好个人安全防护，切不可贸然开门破窗让空气流入室内，防止发生回燃事故。

四、金属的燃烧

（一）金属的组成

金属燃烧

在元素周期表中有数十种金属元素，除汞是液体之外，常温常压下的其他金属都是固体。金属原子之间由金属键连接，金属里具有自由电子，因而表现出良好的导电性、导热性；同时，金属的熔点比较高，通常具有一定的韧性。现实生活中，金属一般是以单质或合金两种形式加以运用。在空气中性质稳定的金属（如铁、铜、铝等）通常被加工制造成各种形状的设备和零件，有时则被制成金属粉屑，如金粉（铜粉）、铝粉（银粉）等；而性质活泼的金属则要特殊保存，如钾、钠一般保存在煤油或石蜡油中。

（二）金属的燃烧过程

由于金属及其氧化物的熔点、沸点不同，金属的燃烧类型主要有两种，即蒸发燃烧和表面燃烧。

1. 金属的蒸发燃烧

低熔点活泼金属如钠、钾、镁、钙等，容易受热熔化变成液体，继而蒸发成气体扩散到空气中，遇到火源即发生有焰燃烧，这种燃烧现象称为金属的蒸发燃烧。发生蒸发燃烧的金属通常被称为挥发金属。试验证明，挥发金属的沸点比它的氧化物熔点要低（钾除外），所以在燃烧过程中，金属固体总是先于氧化物被蒸发成气体，然后扩散到空气中燃烧，而氧化物则覆盖在金属的表面上；只有当燃烧温度达到氧化物的熔点时，金属表面的氧化物也变成了蒸气扩散到气相燃烧区，在与空气的界面处因降温凝聚成固体微粒，从而形成白色烟雾。因此，生成大量氧化物白烟是金属蒸发燃烧的明显特征。挥发金属及其氧化物的性质见表 5-13。

金属的蒸发燃烧过程是：金属固体→金属液体→金属蒸气→与空气混合→均相有焰燃烧→金属氧化物白烟。

表 5-13 挥发金属及其氧化物的性质

金属	熔点 /℃	沸点 /℃	燃点 /℃	对应氧化物	对应氧化物的熔点 /℃	对应氧化物的沸点 /℃
Li	179	1370	190	Li_2O	1610	2500
Na	98	883	114	Na_2O	920	1277
K	64	760	69	K_2O	527	1477
Mg	651	1107	623	MgO	2800	3600
Ca	851	1484	550	CaO	2585	3527

2. 金属的表面燃烧

铝、铁、钛等高熔点金属通常被称为非挥发金属。非挥发金属的沸点比它的氧化物的熔点要高，所以在燃烧过程中，金属氧化物总是先于金属固体熔化变成气体，使金属表面裸露并与空气接触，发生非均相无焰燃烧。由于金属氧化物的熔化消耗了一部分热量，减缓了金属的氧化燃烧速率，金属固体表面呈炽热发光现象，如电焊、切割产生的火花等。非挥发金属的粉尘悬浮在空气中可能发生爆炸，且无烟生成。非挥发金属及其氧化物的性质见表 5-14。

金属的表面燃烧过程是：金属固体→炽热表面与空气接触→非均相无焰燃烧。

表 5-14 非挥发金属及其氧化物的性质

金属	熔点 /℃	沸点 /℃	燃点 /℃	对应氧化物	对应氧化物的熔点 /℃	对应氧化物的沸点 /℃
Al	660	2500	1000	Al_2O_3	2050	3527
Si	1412	3390	—	SiO_2	1610	2727
Ti	1677	3277	300	TiO_2	1855	4227
Zr	1852	3447	500	ZrO_2	2687	4927

（三）金属燃烧的特点

试验表明，绝大多数金属元素会在空气中燃烧。金属的燃烧性能不尽相同，有些金属在空气或潮气中能迅速氧化，甚至自燃；有些金属只是缓慢氧化而不能自行着火；某些金属，特别是元素周期表中IA族的锂、钠、钾，Ⅱ A族的镁、钙，Ⅲ A族的铝，还有锌、铁、钛、锆、铀、钚，在片状、粒状和熔化条件下容易着火，属于可燃金属，但大块状的这类金属点燃比较困难。低熔点金属的燃烧一般以蒸发燃烧形式进行；高熔点金属的燃烧通常则是表面燃烧。

有些金属如铝和钢，通常不认为是可燃物，但在细粉状态时可以点燃和燃烧。金属镁、铝、锌或它们的合金的粉尘悬浮在空气中还可能发生爆炸。还有些金属如铀、钚、钍，它们既会燃烧，又具有放射性。在实际运用上，放射性既不影响金属火灾，也不受金属火灾性质的影响，有放射性金属参与的火灾会使消防复杂化，而且会造成放射性污染问题。在防火作业时还需要重视某些金属的毒性，如汞。

金属的热值较大，所以燃烧温度比其他材料要高（如镁的热值为610000kJ/kg，燃烧温度可达3000℃以上）。大多数金属燃烧时遇到水会产生氢气并引发爆炸；还有些金属（如钠、镁、钙等）性质极为活泼，甚至在氮气、二氧化碳气体中仍能继续燃烧，从而增大了金属火灾的扑救难度，需要用干沙覆盖，或用特殊灭火剂如三氟化硼、7150（三甲氧基硼氧六环）等进行施救。

【思考题】

1．简述植物自燃的原因和过程。
2．简述木材的燃烧过程。
3．以聚氨酯材料燃烧的火灾为例，论述高聚物燃烧的危害特点。
4．金属燃烧有什么特点？

第五节 粉尘爆炸

粉尘是固体物质的微小颗粒，是一种极细微的粉末，其粒径一般小于100μm。工厂在加工谷物、糖、麻、烟、硫、铝等过程中，由于粉碎、研磨、筛分、混合、抛光等操作会产生大量粉尘，这些粉尘要比原来物质的火灾危险性大得多，在一定条件下能发生爆炸。例如，2010年2月24日，某淀粉生产企业的淀粉车间发生粉尘爆炸，死亡20人，伤48人，直接财产损失1773.5万元；2012年8月5日，某锁具厂在抛光作业中发生铝粉爆炸，死亡13人，并造成多栋建筑整体倒塌；2015年6月27日，某游乐园发生粉尘爆炸，共造成12人死亡，500余人受伤。

一、可燃粉尘及其特性

（一）可燃粉尘

凡颗粒极微小，遇点火源能够发生燃烧或爆炸的固体物质，称为可燃粉尘。可燃粉尘按照动力性能可分为悬浮粉尘和沉积粉尘，悬浮粉尘具有爆炸危险，沉积粉尘具有火灾危险。粉尘按照燃烧性能可分为易燃粉尘、可燃粉尘、难燃粉尘。易燃粉尘如糖粉、淀粉、可可粉、木粉、小麦粉、硫粉、茶粉、硬橡胶粉等；可燃粉尘如米粉、锯木屑、皮革屑、丝胶粉、虫胶粉等；难燃粉尘如炭黑粉、木炭粉、石墨粉、无烟煤粉等。可燃粉尘按照来源常分为金属粉尘、煤炭粉尘、轻纺原料产品粉尘、合成材料粉尘、粮食粉尘、农副产品粉尘、饲料粉尘、木材产品粉尘八类。各种常见可燃粉尘的爆炸特性见表5-15。

表5-15 各种常见可燃粉尘的爆炸特性

粉尘名称	悬浮粉尘的自燃点/℃	爆炸下限/（g/m^3）	最大爆炸压力/$\times10^5$Pa	压力上升速率/$\times10^5$（Pa/s）		最小点火能量/mJ
				平均	最大	
镁	520	20	5.0	308	333	80
铝	645	35～40	6.2	151	399	20
镁铝合金	535	50	4.3	158	210	80
钛	460	45	3.1	53	77	120
硅	775	160	4.3	32	84	900
铁	316	120	2.5	16	30	100
钛铁合金	370	140	2.4	42	98	80
锰	450	210	1.8	14	21	120
锌	860	500	6.9	11	21	900
锑	416	420	1.4	6	55	—
煤	610	35～45	3.2	25	56	40
煤焦油沥青	580	80	3.8	25	45	80
硅铁合金	860	425	2.5	14	21	400
硫	190	35	2.9	49	137	15
玉米	470	45	5.0	74	151	40
牛奶粉	875	7.6	2.0	—	—	—
可可	420	45	4.3	30	84	100
咖啡	410	85	3.5	11	18	160
黄豆	560	35	4.6	56	172	100
花生壳	570	85	2.9	14	245	370
砂糖	410～525	19	3.9	113	352	30
小麦	380～470	9.7～60	4.1～6.6	—	—	50～160
木粉	225～430	12.6～25	7.7	—	—	20
软木	815	30～35	7.0	—	—	45
松香	440	55	5.7	133	525	—
硬脂酸铝	400	15	4.3	53	147	15
纸浆	480	60	4.2	36	102	80
棉绒屑	470	35	7.1	140	385	45
酚醛树脂	500	25	7.4	210	730	10

（续）

粉尘名称	悬浮粉尘的自燃点 /℃	爆炸下限 /（g/m³）	最大爆炸压力 / ×10⁵Pa	压力上升速率 / ×10⁵（Pa/s）		最小点火能量 /mJ
				平均	最大	
酚醛塑料制品	490	30	6.6	161	770	10
脲醛树脂	470	90	4.2	49	126	80
脲醛塑料制品	450	75	6.4	65	161	80
环氧树脂	540	20	6.0	140	420	15
聚乙烯树脂	410	30	6.0	112	385	10
聚氯乙烯树脂	660	63	—	—	—	8
聚丙烯树脂	420	20	5.3	105	350	30
聚醋酸乙烯树脂	550	40	4.8	35	70	160
聚乙烯醇树脂	520	35	5.3	91	217	120
聚苯乙烯制品	560	15	5.4	105	250	40
双酚 A	570	20	5.2	161	455	15
季戊四醇	450	30	6.3	119	665	10
氯乙烯 - 丙烯腈共聚树脂	570	45	3.4	56	112	25

（二）可燃粉尘的特性

可燃粉尘是具有高分散度、比表面积较大、强吸附性、强化学活性及较强动力稳定性的固 - 气非均相体系，其燃烧、爆炸危险性大小与这些特性有关。

1. 具有高分散度

在一定粒径范围内，细小粉尘颗粒数占总粉尘颗粒数的百分数，称为粉尘在该粒径范围的分散度。

任何粉尘，不论用什么方法产生，都是由大大小小的粒子组成的。粉尘体系中，如果细小粒子含量越高，粉尘的分散度就越大。粉尘的分散度可用筛分法来测定，见表 5-16。

表 5-16　粉尘的分散度

粉尘名称	在下列粒度区间的尘粒数量（%）				
	1 ～ 5μm	2 ～ 5μm	5 ～ 10μm	10 ～ 50μm	50μm 以上
干切糖时得到的糖粉尘	38.5	—	10.6	10.7	0.6
在距地面 0.5m 高的制备车间得到的棉花粉尘	—	22.4	12.8	38.7	17.2

从表 5-16 中可知，在 1 ～ 50μm 的粒径范围内，糖粉尘中细小粒子的含量比棉花粉尘要高，因此糖粉尘的分散度大于棉花粉尘。

粉尘的分散度不是固定的，它因条件的不同而异，不同物质在不同条件下产生的粉尘分散度不同：空气湿度越大，会使粒度很小的粉尘吸附在水蒸气表面而降低分散度；在空间中不同高度处的粉尘分散度也不相同，通常地面附近的粉尘分散度最小，距地面越高，粉尘的分散度越大。

分散度大的可燃粉尘，比表面积大，化学活性强，能长时间悬浮在空气中，因而燃烧、爆炸危险性大。

2. 具有较大的比表面积

粉尘的比表面积主要取决于粉尘的粒度。同一体积的物体，粒度越小，表面积就越大。表5-17列出了1cm^3的固体物质逐渐粉碎为小颗粒时，其表面积增加的情况。当然，实际中的粉尘粒子并非正方体，而是呈不规则的形状，粒子大小也不同，但粒度越小，表面积越大，比表面积也就越大。

表5-17 粒度与表面积的关系

正方体的边长/cm	颗粒数量	表面积/cm^2
1	1	6
0.1	10^3	60
0.01	10^6	600
0.001	10^9	6000
0.0001	10^{12}	60000

3. 具有强吸附性和强化学活性

任何物质的表面都具有把其他物质吸向自己的吸附作用。这是因为，对于物体内部的分子，四周都被具有相等吸引力的分子所包围而处于平衡状态，而表面分子只是在它的旁边和内侧受到具有相同吸引力的分子的吸引，有一部分吸引力没有得到满足，这种不饱和力称为剩余力，剩余力是造成表面吸附作用的主要原因。

可燃粉尘有较大的比表面积，必然具有较强的吸附作用，可大量吸附空气中的氧气与之接触并发生反应，化学活性大大增强，反应速率增快，燃烧、爆炸危险性增大。例如很多金属，像Al、Ti、Zn等在块状时一般不能燃烧，而呈粉尘时，不仅能燃烧，若悬浮于空气中达到一定浓度时，还能发生爆炸。

4. 具有较低的自燃点

就同一种可燃粉尘而言，粒度越小，化学活性越强，自燃点越低。而且，沉积粉尘的自燃点比悬浮粉尘的自燃点要低（表5-18）。这是由于悬浮粉尘粒子间距比沉积粉尘粒子间距要大，因而在氧化过程中热损失增加，悬浮粉尘的自燃点高于沉积粉尘的自燃点。

表5-18 常见可燃粉尘的自燃点

粉尘名称	自燃点/℃		粉尘平均粒径/μm
	沉积粉尘（5mm厚）	悬浮粉尘	
铝粉（含油）	230	400	10～20
镁粉	340	470	5～10
锌粉	430	530	10～15
米粉	270	410	50～100
小麦谷物粉	290	420	15～30
可可粉（脱脂品）	245	460	30～40

（续）

粉尘名称	自燃点 /℃		粉尘平均粒径 /μm
	沉积粉尘（5mm 厚）	悬浮粉尘	
烟草纤维	290	485	50 ～ 100
木质纤维	250	445	40 ～ 80
烟煤粉	235	595	5 ～ 10
炭黑	535	690	10 ～ 20

5. 具有较强的动力稳定性

粉尘始终保持分散状态而不向下沉积的特性称为动力稳定性。

粉尘悬浮在空气中同时受到两种作用，即重力作用与扩散作用。重力作用使粉尘不断沉降，而扩散作用会使粉尘有向空间中均匀分布的趋势。粒度较大的粉尘因扩散速率较慢，不足以抗衡重力的作用，而产生了沉积，粒度越大，沉积速率越快。而对于粒度较小的粉尘，在受重力作用下降的同时，扩散作用使之向空间中分布均匀，这样，粉尘浓度就随空间高度有一定的分布，粉尘浓度在高处要比在低处小。当粉尘粒度小到一定程度以后，扩散作用与重力作用平衡，粉尘就不会沉降了。粒度大小是粉尘动力稳定性的决定性因素，分散度越大，粒度越小，动力稳定性越强。

二、粉尘爆炸及危害

（一）粉尘爆炸的条件

粉尘爆炸与一般物质的燃烧一样，应具备三个基本条件，即可燃性、氧化剂和点火源。除此之外，要产生具有一定危害的粉尘爆炸，还应具备两个条件，即粉尘的悬浮扩散与有限空间。将粉尘的五个基本条件称为爆炸五角形，如图 5-4 所示。

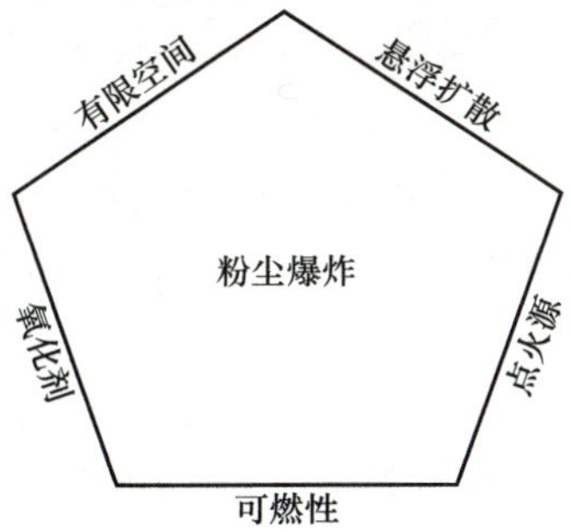

图 5-4　粉尘爆炸五角形

1. 粉尘本身要具有可燃性

在一般条件下，并非所有的可燃粉尘都能发生爆炸。金属可燃粉尘能在燃烧过程中因急剧反应并放出巨大热量，使空气迅速升温膨胀，因此具有爆炸性。而非金属可燃粉尘在空气中发生爆炸时，只能燃尽由粉尘分解出的可燃气体，所含的碳渣却来不及燃尽，这是和可燃气体（蒸气）在空气中燃烧、爆炸的不同之处。因此，非金属可燃粉尘是否能释放出可燃气体是决定其爆炸性的关键。像无烟煤、焦炭、石墨、木炭、炭黑等粉尘基本不含挥发分，故发生爆炸的可能性较小。

2. 氧化剂

大多数粉尘需要氧气、空气或其他氧化剂作为助燃剂。对于一些自供氧的粉尘如 TNT 粉尘，可以不需要外来的助燃剂。

3. 有足够的点火能量

可燃粉尘发生燃烧、爆炸，往往首先需要被加热，或熔融蒸发，或受热分解，放出可燃气体，其过程比气体燃烧复杂，着火感应期也更长，可达数十秒。因此，可燃粉尘爆炸需要较多的能量，其最小点火能量一般在 10mJ 以上，比可燃气体的最小点火能量要大。

4. 粉尘为悬浮粉尘，且达到爆炸浓度极限

沉积的可燃粉尘是不会爆炸的，只有悬浮在空气中的可燃粉尘才可能发生爆炸。能够发生爆炸的悬浮粉尘同可燃气体（蒸气）一样，浓度必须处于一定的范围内才能发生爆炸，即有一个爆炸浓度下限和一个爆炸浓度上限，单位用 g/m^3 表示。

可燃粉尘的爆炸浓度下限，一般在设备中或接近它的发源处才能够形成，但也不排除在生产厂房内形成的可能性。至于爆炸浓度上限，因为数值太大，以至于在大多数场合不会达到，所以没有多大实际意义。例如，糖粉的爆炸上限为 $13500g/m^3$，这在一般条件下是很难达到的，只有沉积粉尘受冲击波的作用才能形成如此高的悬浮粉尘浓度。所以，可燃粉尘的爆炸极限通常只给出爆炸浓度下限。

5. 有限空间

粉尘在封闭的设备或建筑物内悬浮，一旦被点火源引燃，有限空间内的温度和压力迅速升高而引起爆炸。但是，有些粉尘即使在开放的空间内也能引起爆炸，这类粉尘由于化学反应速率极快，其化学反应引起压力升高的速率远大于粉尘云边缘压力释放的速率，因此仍然能引起破坏性的爆炸。

（二）粉尘爆炸的过程

粉尘爆炸有两种机理，一种机理是粉尘受热后释放可燃气体发生燃烧和爆炸，称为Ⅰ型粉尘爆炸；另一种机理是粉尘粒子接受火源的热量后直接与氧化剂发生剧烈的氧化反应，称为Ⅱ型粉尘爆炸。

Ⅰ型粉尘爆炸表现形式与气体爆炸相似，但与气体爆炸时燃气分子直接参与反应不同。可燃粉尘发生反应前，需要经历一定的物理、化学变化，爆炸过程相对复杂，一般说来，Ⅰ型粉尘爆炸包括如下几个步骤，如图 5-5 所示：

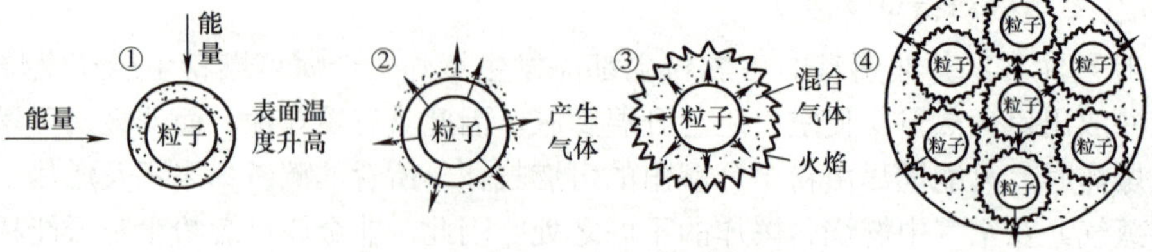

图 5-5 Ⅰ型粉尘爆炸过程示意

（1）悬浮粉尘在热源作用下温度迅速升高。

（2）粉尘粒子表面的分子在热作用下发生热分解或者干馏，在粒子周围产生可燃气体。

（3）粒子周围产生的可燃气体被点燃，形成局部小火焰。

（4）粉尘燃烧放出热量，以热传导和火焰辐射方式传给附近原来悬浮着的或被吹扬起来的粉尘，这些粉尘受热汽化后使燃烧循环持续进行下去，随着每个循环的逐次加快进行，其反应速率也逐渐增大，通过激烈的燃烧，最后形成爆炸。

从粉尘爆炸的过程来看，Ⅰ型粉尘爆炸从本质上讲也是一种气体爆炸。

对于Ⅱ型粉尘爆炸，在爆炸过程中不释放可燃气体，粉尘粒子受热后直接与空气中的氧气发生氧化反应，产生的反应热使火焰传播。在火焰传播过程中，反应热使周围的粉尘和空气加热迅速膨胀，从而导致粉尘爆炸。例如，金属粉尘爆炸，不能像其他可燃粉尘那样能够发生分解或汽化，金属粉尘爆炸主要是由于大量燃烧热迅速加热了周围环境的气体而形成的。

（三）粉尘爆炸的危害

粉尘爆炸的危害
与预防控制

与可燃气体爆炸相比，引起粉尘爆炸的条件要相对困难一些，但一旦发生粉尘爆炸，则危害往往更为严重。

1. 高压作用时间长，破坏力强

与可燃气体爆炸相比，可燃粉尘爆炸时的燃烧速率和产生的最大爆炸压力都要略小一些，但因粉尘密度比气体大，且燃烧时间长，爆炸压力上升速率和下降速率都较慢，所以压力与时间的乘积（即爆炸释放的能量）较大，加上粉尘粒子边燃烧边飞散，爆炸的破坏性和对周围可燃物的烧损程度也更为严重。粉尘爆炸所产生的能量以最大值进行比较，是气体爆炸的数倍，温度可上升至 2000 ～ 3000℃。

2. 产生二次爆炸，危害巨大

可燃粉尘初始爆炸产生的气浪会使沉积粉尘扬起，在新的空间内达到爆炸浓度而产生二次爆炸。另外，在粉尘初始爆炸地点，空气和燃烧产物受热膨胀，密度变小，经过极短的时间后形成负压区，新鲜空气向爆炸点逆流，促使空气的二次冲击，若该爆炸地点仍存在粉尘和火源，也有可能发生二次爆炸或多次爆炸。二次爆炸往往比初次爆炸压力更大，破坏更严重。

3. 燃烧不充分，产物毒性大

可燃粉尘爆炸由于时间短，粉尘粒子不可能完全燃烧，有些沉积粉尘还有阴燃现象。因此，粉尘爆炸后，在爆炸产物中含有大量的 CO 及分解产生的 HCl、HCN 等，产物毒性比较大，易使人员中毒。

三、粉尘爆炸的主要影响因素

各种因素对粉尘爆炸的影响主要体现在对爆炸特性参数的影响上，在分析和解决实际的粉尘爆炸问题时，要考虑如下几个主要方面的影响因素。

（一）粒度

粒度是可燃粉尘爆炸的重要影响因素。粒度越小，分散度越大，表面积越大，化学活

性越强，在空气中悬浮的时间也更长，氧化反应速率也就越快。因此，就越容易发生爆炸，其最小点火能量和爆炸浓度下限更低，爆炸浓度范围扩大，最大爆炸压力及爆炸压力的上升速率也越大，爆炸危险性和破坏性增加。

如果粉尘的粒度过大，它就会因此失去爆炸性。如粒径大于400μm的聚乙烯、面粉及甲基纤维素等粉尘不能发生爆炸；而多数煤粉尘的粒径小于100μm时才具有爆炸能力。

可燃粉尘的粒度与最小点火能量的关系，如图5-6所示。

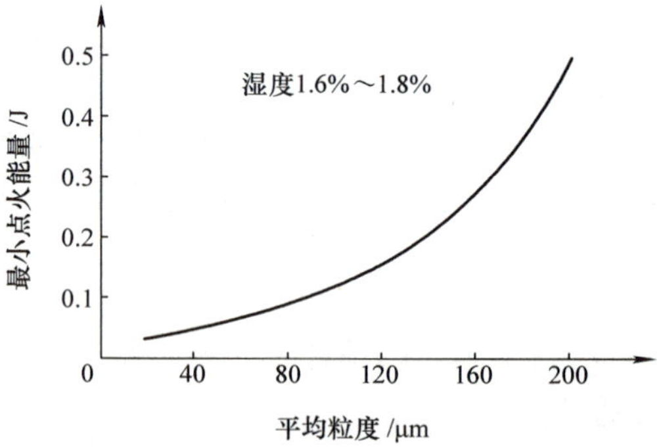

图5-6 可燃粉尘的粒度与最小点火能量的关系

粉尘粒度与爆炸压力的关系见表5-19，不同粒度铝粉的爆炸压力见表5-20。

表5-19 粉尘粒度与爆炸压力的关系

粉尘	爆炸压力 /×10^{5}Pa					
	20μm	25μm	30μm	40μm	50μm	60μm
木材	1.266	—	1.25	—	1.07	0.70
马铃薯淀粉	1.0	—	0.96	—	0.88	0.76
石炭	—	—	0.86	—	0.71	0.27
小麦粉	—	1.03	—	0.96	—	0.66

表5-20 不同粒度铝粉的爆炸压力

铝粉粒径 /μm	浓度 /（g/m^3）	爆炸压力 /kPa
0.3	70	1074
0.6	70	871.4
1.3	70	780.2

（二）燃烧热

燃烧热高的可燃粉尘，其爆炸浓度下限低，一旦发生爆炸即呈高温高压，爆炸威力很大。如图5-7所示。

（三）挥发组分

粉尘含可燃挥发组分越多，热解温度越低，爆炸危险性和爆炸产生的压力越大。一般认为，煤尘可燃挥发组分小于10%的，基本上没有爆炸危险性。

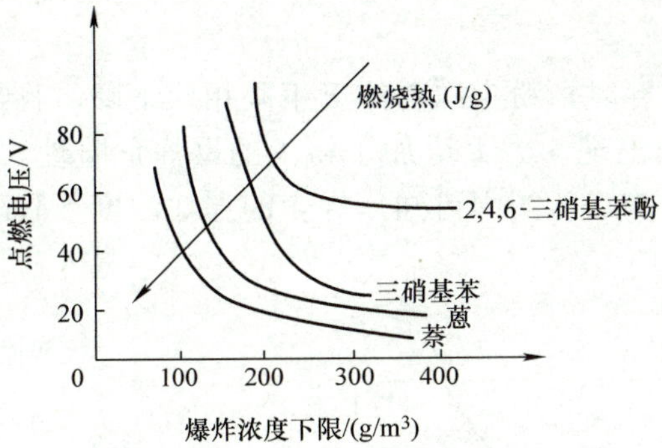

图 5-7 粉尘爆炸浓度下限与燃烧热的关系

（四）灰分和水分

可燃粉尘中随着灰分（即不燃物质）和水分的增加，其爆炸危险性逐渐降低。这是因为，它们一方面能较多地吸收体系的热量，从而减弱粉尘的爆炸性能；另一方面，灰分和水分会增加粉尘的密度，加快其沉降速率，使悬浮粉尘浓度降低。试验表明，煤尘中含灰分达 30% ～ 40% 时不会爆炸。煤矿生产中所采用的岩粉棚和布撒岩粉措施，就是利用灰分能削弱煤尘爆炸这一原理来制止煤尘爆炸的。

（五）氧含量

氧含量是粉尘爆炸敏感的因素，随着空气中氧含量的增加，爆炸浓度范围也随之扩大。在纯氧中，粉尘的爆炸浓度下限下降到只有空气中的 1/4 ～ 1/3，而能够发生爆炸的最大颗粒尺寸则可增大到空气中相应值的 5 倍，如图 5-8 所示。

粉尘爆炸压力随空气中氧含量的增加而增加，如图 5-9 所示。

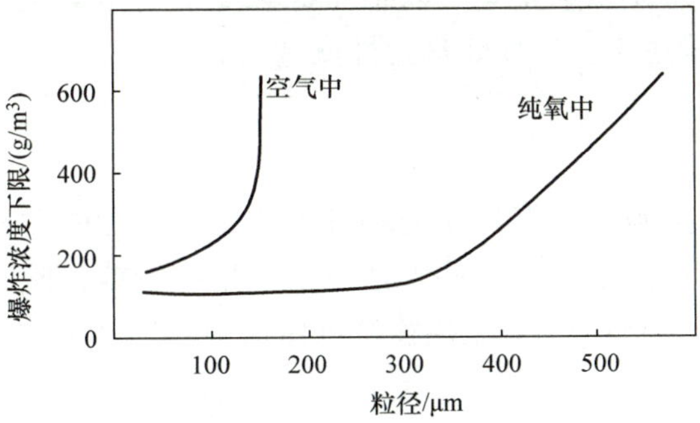

图 5-8 粉尘爆炸浓度下限与粒径及氧含量的关系

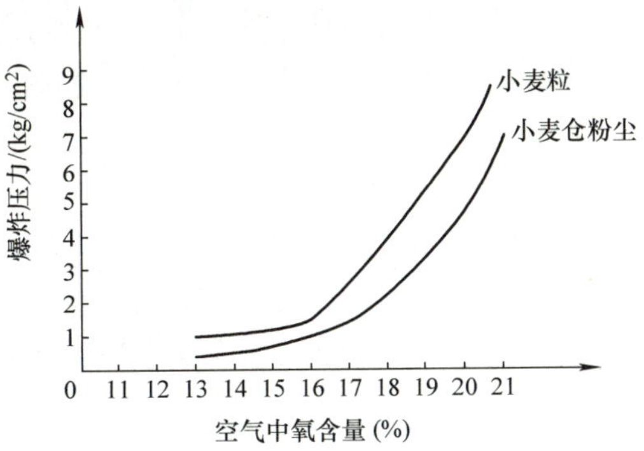

图 5-9 氧含量和粉尘爆炸压力的关系

（六）空气湿度

空气湿度增加，粉尘爆炸危险性减小。这是因为湿度增大，有利于消除粉尘静电和加速粉尘的凝聚沉降；同时，水分的蒸发消耗了体系的热能，稀释了空气中的氧含量，降低了粉尘的燃烧反应速率，使粉尘不易爆炸，如图 5-10 所示。

（七）可燃气体含量

当粉尘与可燃气体共存时，粉尘爆炸浓度下限相应下降，且最小点火能量也有一定程度的降低，即可燃气体的出现，大大增加了粉尘的爆炸危险性。图 5-11 表示了甲烷含量对煤尘爆炸浓度下限的影响，从图中可知，煤尘的爆炸浓度下限随甲烷含量的增加而直线下降。

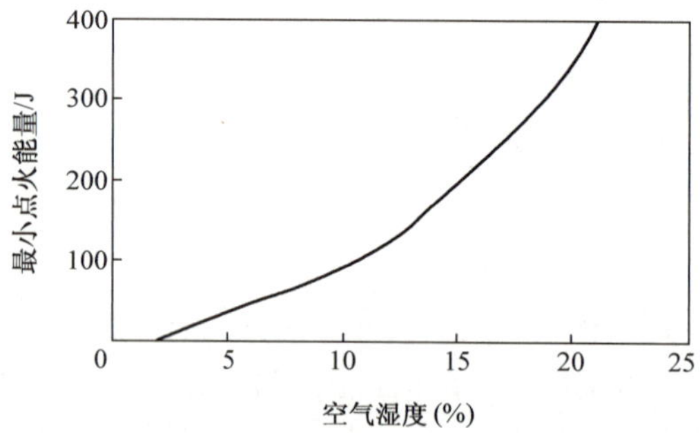

图 5-10 空气湿度对粉尘爆炸的最小点火能量的影响

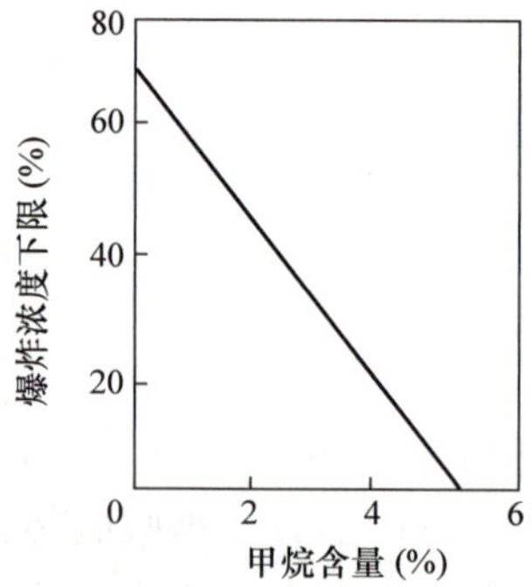

图 5-11 甲烷含量对煤尘爆炸浓度下限的影响

（八）温度和压强

当温度升高或压强增加时，粉尘爆炸浓度范围会扩大，所需最小点火能量下降，所以危险性增大。

（九）点火源强度和最小点火能量

点火源的温度越高、强度越大，与粉尘混合物接触时间越长，爆炸范围就变得更宽，爆炸危险性也就更大。

每一种可燃粉尘在一定条件下，都有一个最小点火能量。若低于此能量，粉尘与空气形成的混合物就不能起爆。粉尘的最小点火能量越小，其爆炸危险性就越大。

四、粉尘爆炸的预防与控制

与可燃气体爆炸相比较，粉尘的着火感应期较长，爆炸压力和升压速率小。预防和控制可燃气体爆炸的基本方法也适用于防止可燃粉尘爆炸，这些方法包括严格控制或消除火源、防止可燃粉尘和空气形成爆炸性混合物、消除粉尘源、采用惰性气体保护、抑制爆炸、防爆泄压等。

（一）粉尘爆炸的预防

掌握了粉尘爆炸的危害及影响因素，在消防工作中就可采取相应的预防措施。根据实践，通常可采取的措施有：

1. 控制粉尘在空气中的浓度

应采用密闭性能良好的设备，尽量减少粉尘飞散逸出；要安装有效的通风除尘设备，加强清扫工作，及时清除电动机、灯具、墙壁上和地沟中的粉尘。

2. 控制室内湿度

粉尘爆炸通常发生在室内或容器内，如果设法使室内或容器中的相对湿度提高到65%以上，就可减少粉尘飞扬、消除静电、避免发生爆炸。

3. 改善设备、控制火源

凡是粉尘爆炸危险场所，应采用防爆电动机、防爆电灯、防爆开关等防爆电器设备；不许进行明火作业，不准吸烟，不准穿带钉子的鞋。要注意防止金属物件或砂、石混进机器内撞击摩擦产生火花；每台机器都必须接地，以防产生静电。

4. 控制温度和含氧浓度

要对机器设备经常测温，防止摩擦发热。凡有粉尘沉积的容器，要有降温措施；必要时还可充入惰性气体（如 N_2），以降低氧气的含量。

5. 防止二次爆炸的发生

在扑救粉尘火灾中，应注意不要使沉积粉尘飞扬起来，不宜用直流水、CO_2 灭火器等带有冲击力的灭火剂灭火，最好采用喷雾水流，以防发生二次爆炸。

（二）粉尘爆炸的控制

对可能发生粉尘爆炸的场所和设施，常用的控制方式有三种：

1. 增强装置的强度

这种方法只适用于比较小的装置，通过提高装置自身的强度，使之能承受住最大爆炸压力的破坏，并且要考虑防止爆炸火焰通过连接处向外传播。

2. 防爆泄压

这是较为方便和经济的方法，在设备或厂房的适当部位设置泄压装置，借此可以向外排放爆炸初期的压力、火焰、粉尘和产物，从而降低爆炸压力，减小爆炸损失，如图5-12所示。

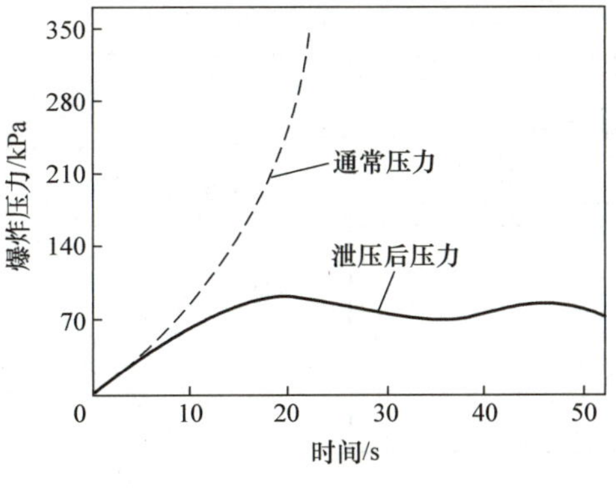

图5-12 防爆泄压原理

采用防爆泄压技术时必须注意粉尘爆炸的最大压力和最大升压速率；此外，还应考虑设备或厂房的容积和结构，以及泄压面的材质、强度、形状及结构等。用作泄压面的设施有爆破板、旁门、合页窗等；用作泄压面的材料有金属箔、防水纸、防水布或塑料板、橡胶、石膏板等。而最重要的问题是泄压面积的确定。

确定泄压面积的方法有多种，但无论采用哪种方法，泄压面积都应适当加大，因为泄压面材料本身的爆破可能干扰粉尘爆炸，并使爆炸的剧烈程度增加。

通常采用的确定泄压面积或泄压比的方法有：

（1）以最大爆炸压力确定泄压比。

（2）以设备或建筑物体积为主确定泄压比。具体结果见表 5-21。

表 5-21 设备与建筑物的泄压比

<table>
<tr><th colspan="2">设备与建筑物种类</th><th>泄压比 / （m^2/m^3）</th></tr>
<tr><td colspan="2">28.32m^3 以下轻量结构的机械与炉灶</td><td>0.11 ～ 0.33</td></tr>
<tr><td colspan="2">28.32m^3 以下可承受强压的机械与炉灶</td><td>0.11</td></tr>
<tr><td colspan="2">28.32 ～ 707.92m^3 的房间、建筑物、储槽、容器等（该种情况必须考虑爆炸点与泄压孔的相对位置以及可能发生爆炸的空间的体积）</td><td>0.07 ～ 0.11</td></tr>
<tr><td rowspan="3">707.92m^3 以上的房间、危险装置仅占建筑物的小部分时</td><td>钢筋混凝土壁</td><td>0.04</td></tr>
<tr><td>轻量混凝土、砖瓦或木结构</td><td>0.04 ～ 0.05</td></tr>
<tr><td>简易板压结构</td><td>0.05 ～ 0.07</td></tr>
<tr><td colspan="2">707.92m^3 以上的大房间，危险装置占其大部分时</td><td>0.07 ～ 0.33</td></tr>
</table>

（3）以升压速率为主确定泄压面积。用这种方法进行泄压设计时要考虑爆炸强度、泄压后的爆炸压力（即泄压后设备内所能达到的最大爆炸压力）、停止动作压力（即爆破板破裂时的静止工作压力）。

3. 抑制爆炸

这种方法主要应用于有毒粉尘或不能开泄压口的装置。粉尘爆炸抑制装置能在粉尘爆炸初期迅速喷洒灭火剂，将火焰熄灭，遏止爆炸发展。它由爆炸探测机构和灭火剂喷洒机构组成，前者必须反应迅速、动作准确，以便快速探测爆炸的前兆并发出信号；后者接受前者发出的并经过放大的信号后，应立即起动，喷洒灭火剂。

粉尘爆炸抑制装置的结构及其作用效果如图 5-13 所示。

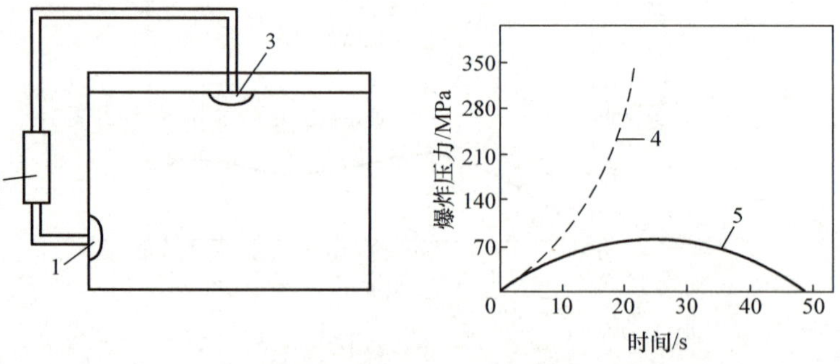

图 5-13 粉尘爆炸抑制装置的结构及其作用效果

1—压力传感器 2—信号放大器 3—抑制器 4—正常爆炸压力曲线 5—抑制后爆炸压力曲线

案例

2015年3月20日8时许，某铝制品厂发生火灾，辖区消防大队接警后，迅速调派二中队3辆消防车、10名指战员赶赴现场处置。

事故起火部位为该铝制品厂1号库房，事故发生时该库房内共存放有10t成品铝粉。救援力量到场后，实施现场警戒，疏散厂区内人员，以1支水枪扑救生产车间屋顶明火，并用沙土对1号库房地面的铝粉进行覆盖。9时30分许，1号库房突然发生爆炸，爆炸冲击波导致1号库房（风机房除外）屋顶及钢结构围栏全部炸飞，风机房钢结构屋顶部分炸飞，生产车间墙壁穿洞，爆炸冲击波向东传播，引起2号库房连锁爆炸。

铝、镁等金属粉尘，在高温下遇水可放出可燃气体，能与空气形成爆炸性混合气体，遇点火源会发生爆炸。同时，火灾处置过程中的燃烧气流、人员走动、水流冲击等因素可造成粉尘飞扬，引发粉尘爆炸。爆炸产生的冲击波会造成人员伤亡和建筑物垮塌，高温火焰可灼伤裸露的皮肤。若呼吸道吸入爆炸现场的高温气体，还会造成气管、肺泡等严重的体内灼伤。

【思考题】

1. 什么是可燃粉尘？可燃粉尘如何分类？
3. 简述可燃粉尘的特性。
4. 简述粉尘爆炸的条件及影响因素。
5. 简述粉尘爆炸的危害及预防措施。

第六节 固体材料阻燃处理

阻燃、探测、灭火和控烟是控制火灾发展蔓延的重要环节。在完善消防功能和消防基础设施的同时，延长可燃结构材料的耐火时间，降低材料的可燃性，减缓可燃材料的燃烧速率，降低产烟量，对预防火灾的发生以及争取火灾发生初期的宝贵时间以便人员疏散和及时控制、扑救火灾十分重要。因此，对材料采取阻燃处理是防止和减少火灾损失的重要措施。

阻燃处理的作用是使固体材料具有防止、减缓或终止有焰燃烧的性能。在建筑、电气等行业以及人们的日常生活中使用的木材、塑料和纺织品，大多数是易燃材料，为了预防火灾的发生或者发生火灾以后阻止或延缓火灾的发展，往往用阻燃剂对易燃材料进行阻燃处理，使易燃材料变成难燃材料，或仅发生炭化而不着火、不发烟，或虽发生炭化、着火和发烟，但燃烧难以扩展。

一、阻燃剂及其分类

（一）阻燃剂

阻燃剂是指用于提高材料的抗燃性（阻止材料被引燃及抑制火焰传播）的助剂。常用的阻燃方法有两种：一是在材料的表面喷涂阻燃剂（防火涂料）；二是在产品生产过程中加入阻燃剂制备阻燃材料。阻燃剂的阻燃性主要通过下列作用来实现：

1. 捕捉自由基

根据链式反应理论，燃烧能够继续并发展下去，是因为活性自由基的作用。在烃类燃烧中，这种活性自由基主要是HO自由基。卤系阻燃剂在燃烧中释放出的卤化氢（HCl、HBr）具有与HO自由基反应生成H_2O的作用，使HO自由基减少，从而达到阻燃的作用。

2. 吸收热量

某些阻燃剂在燃烧过程中要吸收大量热量，使燃烧温度难以上升，从而产生阻燃效果。例如，氢氧化铝阻燃剂在300℃时就会发生分解反应，同时每克氢氧化铝要吸收1.97J的热量，反应式为

$$2Al(OH)_3 = Al_2O_3+3H_2O$$

硼砂阻燃剂在燃烧受热时，要释放出10个结晶水，同时每摩尔硼砂要吸收142kJ的热量，反应式为

$$Na_2B_4O_7 \cdot 10H_2O = Na_2B_4O_7+10H_2O$$

3. 覆盖作用

某些阻燃剂，例如磷酸酯类化合物和防火涂料等，在较高温度下会生成稳定的覆盖层，或分解生成泡沫状物质，覆盖于材料表面，使材料因热分解产生的可燃气体难以逸出，同时起到隔热和隔绝空气的作用，从而达到阻燃的目的。

4. 稀释作用

磷酸铵、氯化铵、碳酸铵等阻燃剂在燃烧时被加热能产生CO_2、NH_3、HCl和H_2O等不燃或难燃产物，使材料受热分解释放的可燃气体被稀释而达到阻燃的效果。

5. 转移效应

磷酸铵、氯化铵等阻燃剂在被加热时会分解出HCl、H_3PO_4等物质，纤维素在这种酸性环境中被加热，其热分解会发生变化，不是像正常情况下产生可燃气体，而是使纤维素脱水和炭化。因为不产生可燃气体，也就不能很好地燃烧。

6. 增强效应

有些阻燃剂单独使用，其阻燃作用并不显著，但如果同时使用几种阻燃剂，其阻燃作用会大大加强。例如，三氧化二锑和卤系阻燃剂合用，阻燃效果非常显著。这是因为反应生成密度很大的$SbCl_3$和$SbBr_3$覆盖在材料表面。

这里要注意，不同阻燃剂的阻燃机理是不同的，同一种阻燃剂往往是一种或多种阻燃效应同时在起作用，在实际使用时应根据不同材料、不同条件加以选用、调配。在选择阻燃剂时，要求阻燃效果好，作用时间长，对材料的使用性能无多大的影响，无毒害作用，价格便宜，操作方便。

（二）阻燃剂的分类

根据目前对阻燃剂类别的划分可知，能对聚合物材料起阻燃作用的有元素周期表中

第 VA 族的 N、P、As、Sb、Bi 和第ⅦA 族的 F、Cl、Br、I，以及 B、Al、Mg、Ca、Zn、Sn、Mo、Ti 等的化合物；常用的是 Cl、Br、P、Sb、Al、Mg 等元素的无机物和有机物。若这些元素是以化学键的形式结合到聚合物链上的，称为反应型阻燃剂；若掺混在聚合物中，则称为添加型阻燃剂。其中，添加型阻燃剂分为无机阻燃剂和有机阻燃剂。

1. 无机阻燃剂

无机阻燃剂的阻燃作用主要是吸热和提高材料的表面致密性，它有稳定性好、不挥发、不析出、低毒、价格低廉、安全性高等优点；其缺点是为达到较好的阻燃效果，添加量较大，从而导致聚合物材料的加工性能和使用性能下降。无机阻燃剂的种类繁多，见表 5-22。常见的无机阻燃剂有氢氧化铝、聚磷酸铵、次磷酸铝。

表 5-22 无机阻燃剂的种类

元素名称	化合物名称	参与反应的状态
磷（P）	红磷	液相，固相
锡（Sn）	氧化锡、氢氧化锡	不明
锑（Sb）	氧化锑	气相
钼（Mo）	氧化钼、钼酸铵	不明
硼（B）	硼酸锌、偏硼酸钡	液相，固相
锆（Zr）	氧化锆、氢氧化锆	不明
铝（Al）	氢氧化铝、碱式碳酸铝钠	固相，气相
镁（Mg）	氢氧化镁	固相，气相
钙（Ca）	铝酸钙	固相，气相

2. 有机阻燃剂

有机阻燃剂的品种很多，按化合物类别来区分，主要是有机磷系阻燃剂、有机卤系阻燃剂、有机硼系阻燃剂和有机硅系阻燃剂等。有机磷系阻燃剂又可分为含卤和不含卤两类；有机卤系阻燃剂又可分为氯系和溴系两类。

（1）有机磷系阻燃剂。常用的有机磷系阻燃剂见表 5-23。

表 5-23 常用的有机磷系阻燃剂

种类	名称	分子量	磷含量（%）	卤素含量（%）
不含卤	磷酸三辛酯	434	7.1	—
	磷酸丁乙醚酯	398	7.8	
	辛基磷酸二苯酯	362	8.6	
含卤	三（氯乙基）磷酸酯	286	10.8	37（Cl）
	磷酸三（2，3- 二溴丙基）酯	698	4.4	68.8（Br）
	磷酸三（2，3- 二氯丙基）酯	431	7.2	49.4（Cl）

经验表明，如果在高聚物中含有 5% 以上的磷，就有阻燃效果。有机磷系阻燃剂在室温下多为液态，故有增加高聚物流动性的倾向，并且有毒性较大、发烟量大、易于水解和热稳定性差等缺点。

（2）有机卤系阻燃剂。有机卤系阻燃剂的阻燃效果随卤元素的分子量增加而增大：I>Br>Cl>F，但碘化物不稳定、易分解，尽管其阻燃效果很好，但很少使用，实际使用的是含氯或含溴的有机阻燃剂。氯系阻燃剂中比较常用的是氯化聚乙烯和全氯环戊癸烷。含Cl、Br的有机卤系阻燃剂多用于合成材料阻燃，特别是用于塑料阻燃，其中溴系阻燃剂由于阻燃效果更好，价格低廉，因此其应用范围比氯系阻燃剂更广。目前，溴系阻燃剂的销售量是各类阻燃剂中最大的，在复合材料树脂基体和电子电气产品中用量最多，全球电子电气产品所用的阻燃剂约有80%是溴系阻燃剂。在溴系阻燃剂中，脂肪族和脂环族类含溴阻燃剂是阻燃效果最好的阻燃剂，但成型加工温度不得超过200℃；四溴双酚A、六溴环十二烷和溴化环氧树脂等，以其热稳定性好、毒性低而得到越来越多的应用。与磷系、氯系阻燃剂相比，溴系阻燃剂的价格较高，但因效果好，所以用途越来越广。

（3）有机硼系阻燃剂。有机硼系阻燃剂有含硼的环氧化物、硼酸化醇酸树脂、硼酸化氰酸酯聚合物等，主要用于环氧树脂、不饱和聚酯树脂和聚氨酯等的阻燃，其中三（2，3-二溴丙基）硼酸酯阻燃和消烟效果较好，对其处理制品的使用性能影响较小。

（4）有机硅系阻燃剂。有机硅系阻燃剂既是一种新型无卤阻燃剂，也是一种成碳型抑烟剂。它作为一类高分子阻燃剂，具有高效、无毒、低烟、防滴落、无污染等特点，因其本身为聚合物材料，因此对制品的使用性能影响很小。有机硅系阻燃剂以其独特的阻燃性能以及在功能性填充剂开发中的突出功效而日益受到重视。

二、固体材料的阻燃和防护技术

（一）高聚物的阻燃技术

塑料是以聚合物（或称树脂）为主要成分，再加入填料、增塑剂、抗氧化剂、阻燃剂及其他一些为实现某种功能而添加的助剂，并经过某种方法加工而成的材料。塑料实现阻燃有以下方法及技术途径。

1. 物理共混技术

（1）与难燃聚合物共混法。这是在保持材料性能基本不变的情况下，将阻燃性差的聚合物与难燃聚合物共混，使共混后的聚合物阻燃性提高，如ABS/PVC合金材料。ABS是一种易燃材料，其氧指数为19.0%左右。获得阻燃ABS的常用方法是在ABS中添加无机阻燃剂，但无机阻燃剂会严重降低ABS的力学性能，影响使用。而在ABS中添加适量的滞型聚合物PVC，不仅可以降低无机阻燃剂的用量，也可以改善复合体系的力学性能。PVC可将ABS的氧指数提高到28.5%，但若对阻燃性能要求较高时，还需添加适量阻燃剂。

PVC分子中氯含量达56%，具有很好的阻燃效果，氧指数高于45%，具有自熄性。但为制得软制品，需加入50%的增塑剂等各种助剂，氯含量下降到30%，氧指数降到20%，是一种易燃材料。为改善阻燃性能，可在其中加入一定量的阻燃剂。PVC阻燃材料配方用量见表5-24。

表 5-24 PVC 阻燃材料配方用量

原料名称	绝缘级 / 份	普通护套 / 份	注塑粒料 / 份
PVC（Ⅱ型）	100	100	100
邻苯二甲酸二辛酯	35	30	30
磷酸三甲苯酯	—	8	10
癸二酸二辛酯	—	15	10
三盐基硫酸铅	4	3	5
二盐基亚磷酸铅	4	5	5
硬钡	1	1.5	1.5
硬铅	0.3	0.5	0.5
炭黑	—	1	1
碳酸钙（$CaCO_3$）	—	4	—
三氧化二锑（Sb_2O_3）	3	4	4

表 5-24 中的 Sb_2O_3 加入聚氯乙烯中，在燃烧时会与 HCl 生成 $SbCl_3$，起覆盖作用，同时在反应过程中还要吸收热量，这都起到很好的阻燃作用；氯化石蜡本身就是一种阻燃剂，与 Sb_2O_3 合用可以增强 PVC 材料的阻燃效果；若把铅、钡等金属盐类加入 PVC 材料中也能起到阻燃作用；$CaCO_3$ 既是一种惰性填充材料，还是 HCl 的捕捉剂，同样可提高 PVC 材料的阻燃性能。

（2）添加阻燃剂法。在各类聚合物中添加阻燃剂，以达到改善材料阻燃性能的目的，这是目前常采用的阻燃方法，同时也是比较经济、简便的方法。在生产实践中，为了增加无机阻燃剂与聚合物的相容性，一般要求对无机阻燃剂进行表面活性处理，以增加聚合物加工过程中的流动性和改善聚合物的性能。

2. 化学反应技术

随着玻璃钢行业的发展，对树脂的要求越来越高，特别是阻燃要求，以往的阻燃措施是在普通树脂中添加阻燃剂，制成的添加型阻燃树脂存在阻燃效果不稳定、阻燃剂用量大、树脂加工性差、强度损失大等缺点。近些年，科研人员把重点放在了开发反应型阻燃树脂上，反应型聚酯复合材料的阻燃主要是将可燃性基体树脂转变为难燃或不燃树脂，常用的主要原料有二溴新戊二醇、四溴苯酚等含卤原料。

（二）木材的阻燃处理

对木材及其制品的阻燃处理，常用的方法有浸渍、涂刷和添加阻燃剂。对纤维板、木屑板等木制品采用添加阻燃剂的方法进行阻燃处理；对木材表面常采用涂刷防火涂料的方法进行阻燃处理；对板材等原木制品可采用浸渍处理方法，它又可以分为常压浸渍处理和加压浸渍处理两种方法。常压浸渍处理是将木材在常压下浸渍在黏度较低的含有阻燃剂的溶液中，使阻燃剂溶液渗入木材表面的组织中，经干燥后水分蒸发，阻燃剂便留在木材的浅表层内。这种方法由于浸入的阻燃剂不多，阻燃效果受到限制，但其方法简单，适用于阻燃效果要求不高、木材密度不大的薄材料。对于阻燃要求较高的木材可以先将其置于高压容器中，抽真空到7.9～8.6kPa，并保持15min至1h，再注入含有阻燃剂的浸渍液并加压至1.2MPa，在65℃的温度下保持7h，然后放入烘窑进行干燥。常用的木材阻燃剂有NH_4Cl、$(NH_4)_2SO_4$、$(NH_4)_2HPO_4$、$NH_4H_2PO_4$、H_3BO_3、$ZnCl_2$等。一般木材经处理后吸收阻燃剂干药量为20～80kg/m^{3}时可达阻燃要求。

在制造纤维板、木屑板时，添加一定量的阻燃剂进行阻燃处理，方法简单，阻燃效果好。例如，用木屑100份、聚磷酸铵50份、双季戊四醇12份、氢氧化铝8份、55%的甲醛-三聚氰胺-尿素共聚物40份，经热压后制得的木屑板，具有很好的阻燃特性。

（三）防火保护技术

防火涂料涂覆于可燃基材表面，能降低被涂材料表面的可燃性，阻滞火灾的迅速蔓延，或涂覆于结构材料表面，用于提高构件耐火极限。

防火涂料在基材表面除具有阻燃作用外，还应具有防锈、防水、防腐、耐磨、耐热等作用，并使涂层具有一定的坚韧性、着色性、黏附性、易干性和一定的光泽度。

1. 钢结构防火涂料

钢结构具有高强度、高韧性、抗震、质量小、价廉等独特的优点，在建筑业中得到了广泛的应用，尤其是在超高层及大跨度建筑方面显示出强大的生命力。钢材虽然属于不燃材料，但它极易导热，高温下会迅速受热失去强度而变形。钢结构火灾案例及研究结果表明，钢结构的耐火性能较其他结构要差。钢材的力学强度是温度的函数，一般随温度的升高而降低，当温度升高到钢材的临界温度值（一般为540℃）时，其屈服应力仅为常温的40%，导致承载能力急剧下降。火场温度大多在800～1200℃，在火灾发生的15min内，火场温度即可达到700℃以上。裸露的钢构件只要十几分钟就因达到其耐火极限而丧失承载能力，钢结构不可避免地发生变形，导致建筑物一部分或全部垮塌毁坏。因此，对钢结构做防火保护极为必要。

钢结构防火保护通常采用隔热、耐火材料阻隔火焰直接灼烧钢结构，降低热量向钢基材传递的速率，推迟钢基材温度升高和强度变弱的时间。其防火原理有：①涂层对钢基材起屏蔽作用，隔离了火焰，使钢构件不至于直接暴露在火焰和高温之中；②涂层吸热后部分物质分解出水蒸气或其他不燃气体，起到消耗热量、降低火焰温度和燃烧速率、稀释氧气的作用；③涂层本身多孔轻质或受热膨胀后形成炭化层，阻止了热量迅速向钢基材传递，推迟了钢基材受热、温度升到耐火极限温度的时间，从而提高了钢结构的耐火极限。

钢结构防火涂料发展到现在，基本上已形成多品种、系列化。钢结构防火涂料可用不同的方法来进行分类：按所用的分散体来分类，可分为水溶性和溶剂性；按防火形式来分类，则可分为膨胀型和非膨胀型；按厚度来分类，有厚涂型、薄涂型和超薄型。目前使用的钢结构防火涂料品种中的厚涂型和薄涂型基本是水溶性的，超薄型有水溶性和溶剂性两类；薄涂型和超薄型基本上是膨胀型，厚涂型一般是非膨胀型。因此，按钢结构防火涂料的厚度来分类比较有代表性。目前，钢结构的防火保护措施很多，如涂装钢结构防火涂料、喷射无机纤维和粘贴柔性卷材等。在实际工程中应用最广泛且最经济有效的方法是涂装钢结构防火涂料。

2. 饰面型防火涂料

我国的饰面型防火涂料研究始于20世纪60年代后期，目前我国共有上百家防火涂料生产企业，其中饰面型防火涂料生产企业约占1/3，产品大多数为膨胀型防火涂料。根据分散介质类型的不同，饰面型防火涂料可分为溶剂性和水溶性两类，这两类涂料所采用的防火助剂基本相同。因此，它们的防火性能差不多，只是在涂料的理化性能以及耐火性能方面有所不同。就目前的技术情况而言，溶剂性防火涂料的理化性能要优于水溶性防火涂料。但考虑到节约能源、安全和环境保护等因素，在实际应用中，水溶性防火涂料将是以后发展的主要方向。

溶剂性防火涂料是指以有机溶剂作为分散介质的一类防火涂料，成膜物质一般为高分子树脂，主要有酚醛树脂、过氯乙烯树脂、氯化橡胶、丙烯酸酯树脂、改性氨基树脂等，溶剂一般为200号溶剂汽油、香蕉水、醋酸丁酯等。溶剂性防火涂料采用炭化剂、催化剂、发泡剂、阻燃剂及其他填料组成防火体系，遇火时即形成均匀而致密的蜂窝状炭质泡沫层，对可燃基材有良好的保护作用。透明防火涂料是近些年发展起来的一类新型溶剂性饰面防火涂料，主要用于高级木质装饰材料的防火保护，其装饰效果类似普通油漆，同时又能起到防火保护作用。

水溶性防火涂料是指以水作为分散介质的一类防火涂料，其成膜物质一般为合成高分子乳液，如丙烯酸酯乳液、氯乙烯 - 偏二氯乙烯共聚乳液（氯偏乳液）、氯丁乳液、醋酸乙烯酯乳液、苯乙烯 - 丙烯酸酯共聚乳液（苯丙乳液）等。此外，也有采用无机盐类（如硅酸钠、硅酸钾、硅溶胶等）作为成膜物质的无机饰面型防火涂料和采用水溶性氨基树脂作为成膜物质的水溶性饰面型防火涂料。水溶性饰面型防火涂料的防火助剂与溶剂性防火涂料的防火助剂基本相同。

三、阻燃技术的发展趋势

随着我国阻燃法规的健全、加工设备的改进、研究力量的日益增强以及阻燃技术的发展，人们对阻燃剂的需求量越来越大。目前，阻燃剂在塑料助剂中已占第二位，而且对阻燃剂的各项性能要求越来越高。今后阻燃剂的发展大致有以下几种趋势：

（一）无卤化趋势

卤系阻燃剂因其用量少、阻燃效率高且适应性广，现已发展成为阻燃剂市场的主流产品。但卤系阻燃剂的缺点是燃烧时生成大量的烟和有毒且具有腐蚀性的气体，可导致电路系统开关和金属物件的腐蚀及对环境的污染；对人体呼吸道和其他器官有极大危害，甚至使人窒息而威胁生命安全。美国、英国、挪威、澳大利亚等国家已制定或颁布法令，对某些燃烧毒性试验或对使用某些制品时所释放的酸性气体进行了规定，开发无卤阻燃剂取代卤系阻燃剂已成为世界阻燃剂领域的趋势。无机阻燃剂[如 $Al(OH)_3$、$Mg(OH)_2$ 等]来源丰富、价格低廉，但其阻燃效果较差、添加量大、对制品的性能影响较大，因而国内外努力向超细化、微胶囊化、表面处理、协同增效复合化等方面进行技术开发。红磷阻燃效率高、阻燃剂用量少、使用面广，微胶囊化的红磷克服了红磷吸潮、易着色、易爆炸等缺点。磷的稳定化处理—— 微胶囊化技术在阻燃领域深受重视，英国、日本开发研制的产品已商业化。膨胀型阻燃剂由于具有在燃烧过程中发烟量少、无有毒气体产生，被认为是实现无卤化很有希望的途径之一。

（二）抑烟化、减少有害气体释放

据统计，火灾中发生的死亡事故有 80% 是由于燃烧所释放的烟和有毒气体导致的窒息造成的。研究开发新型阻燃剂，降低材料燃烧时的发烟量及有毒气体量，已成为阻燃领域中的重点研究课题之一。目前，采用的抑烟剂主要以金属氧化物、过渡金属氧化物为主，主要有硼酸锌、钼化合物（三氧化钼、钼酸铵）及其复配物、镁 - 锌复合物、二茂铁、氧化锡、氧化铜等。此外，某些无机阻燃剂 [$Al(OH)_3$、$Mg(OH)_2$ 等] 同时具有阻燃抑烟的功效，膨胀型阻燃剂的多孔炭层也具有阻燃和抑烟的双重作用。

（三）开发超细化技术

阻燃剂颗粒越细，对材料力学性能的影响越小，许多生产厂家和研究所改进生产工艺，以获得细颗粒的无机阻燃剂；同时进行颗粒形态和级配控制，以使材料获得较好的流动性；着力发展超细三氧化二锑和胶态五氧化二锑，以及调节氢氧化铝的粒径分配，以此增强阻燃效果。

（四）研究阻燃体系的协同作用

常用的阻燃剂协同体系有锑 - 卤、磷 - 卤和磷 - 氮体系，实际应用的远不止这些。许多生产厂商将阻燃剂进行复配，以达到降低阻燃剂用量、提高阻燃剂性能的目的，这不仅可降低阻燃材料的价格，而且可使阻燃材料的力学性能损失减到最低程度，并且开发具有协同增效阻燃作用的阻燃剂。

（五）阻燃剂表面处理

用表面化学方法来处理无机阻燃剂，以增强阻燃剂与被阻燃树脂的亲和力，用偶联剂和其他助剂来改性。

（六）开发环保型阻燃剂

开发高效、无毒、对材料性能影响小的阻燃剂，如反应型阻燃剂的开发以及具有良好相容性的添加型阻燃剂的开发。

生物基阻燃剂是指以生物质为原料制得的新型功能性阻燃助剂。这种基于生物基材料开发的具有高效、环保、绿色、少烟、低毒等特性的阻燃剂已成为解决高分子材料应用过程中火灾频发问题的有效途径。此外，生物基材料在环境中具有可再生性、丰富性和生物可降解性，有望解决石油基化合物阻燃剂不可再生物质造成的过度碳排放、不可持续性及资源短缺等问题。因此，基于生物基材料中的一些磷酸化生物大分子，如蛋白质、酪蛋白和脱氧核糖核酸，开发环保型阻燃剂的研究受到越来越多的关注。近年来，大量的研究人员以不同的生物基材料为反应底物，制备了高效、环保且低碳的生物基阻燃剂。其中，以植酸、壳聚糖、腰果酚、木质素等生物基材料反应生成的有机 P-N 生物基阻燃剂已成为研究热点之一。

以阻燃剂作用于聚合物材料，虽然可以满足阻燃要求，但也常常引发体系性能降低、环境效应等问题。因此，需要积极发展新型阻燃技术、将传统阻燃剂创新使用（如将阻燃剂复配寻求协同效应，或将阻燃剂表面改性以提高阻燃效率）、开发新型阻燃剂（特别是反应型阻燃剂）、发掘新型阻燃机理、革新聚合物配方设计、对聚合物进行改性等，这些都是可行的发展方向。

【思考题】

1．什么是阻燃剂？常见的阻燃剂有哪些？

2．简述阻燃剂的阻燃作用。

3．简述高聚物、木材的阻燃处理技术。

附　录

附录 A 《火灾分类》（GB/T 4968—2008）（节选）

1. 范围

本标准根据可燃物的类型和燃烧特性将火灾定义为六个不同的类别。

本标准适用于选用灭火器灭火等灭火和防火领域。

2. 火灾分类的命名及其定义

下列命名是为了划分不同性质的火灾，并依此简化口头和书面表述。

A 类火灾：固体物质火灾。这种物质通常具有有机物性质，一般在燃烧时能产生灼热的余烬。

B 类火灾：液体或可熔化的固体物质火灾。

C 类火灾：气体火灾。

D 类火灾：金属火灾。

E 类火灾：带电火灾。物体带电燃烧的火灾。

F 类火灾：烹饪器具内的烹饪物（如动植物油脂）火灾。

附录 B 《消防词汇　第 1 部分：通用术语》（GB/T 5907.1—2014）（节选）

1　范围

GB/T 5907 的本部分界定了与消防有关的通用术语和定义。

本部分适用于消防管理、消防标准化、消防安全工程、消防科学研究、教学、咨询、出版及其他有关的工作领域。

2　术语和定义

2.1 消防　fire protection；fire

火灾预防（2.16）和灭火救援（2.60）等的统称。

2.2 火　fire

以释放热量并伴有烟或火焰或两者兼有为特征的燃烧（2.21）现象。

2.3 火灾　fire

在时间或空间上失去控制的燃烧（2.21）。

2.4 放火 arson
人蓄意制造火灾（2.3）的行为。
2.5 火灾参数 fire parameter
表示火灾（2.3）特性的物理量。
2.6 火灾分类 fire classification
根据可燃物（2.49）的类型和燃烧（2.21）特性，按标准化的方法对火灾（2.3）进行的分类。
注：GB/T 4968 规定了具体的火灾分类。
2.7 火灾荷载 fire load
某一空间内所有物质（包括装修、装饰材料）的燃烧（2.21）总热值。
2.8 火灾机理 fire mechanism
火灾（2.3）现象的物理和化学规律。
2.9 火灾科学 fire science
研究火灾（2.3）机理、规律、特点、现象和过程等的学科。
2.10 火灾试验 fire test
为了解和探求火灾（2.3）的机理、规律、特点、现象、影响和过程等而开展的科学试验。
2.11 火灾危害 fire hazard
火灾（2.3）所造成的不良后果。
2.12 火灾危险 fire danger
火灾危害（2.11）和火灾风险的统称。
2.13 火灾现象 fire phenomenon
火灾（2.3）在时间和空间上的表现。
2.14 火灾研究 fire research
针对火灾（2.3）机理、规律、特点、现象、影响和过程等的探求。
2.15 火灾隐患 fire potential
可能导致火灾（2.3）发生或火灾危害增大的各类潜在不安全因素。
2.16 火灾预防 fire prevention
防火
采取措施防止火灾（2.3）发生或限制其影响的活动和过程。
2.17 飞火 flying fire
在空中运动着的火星或火团。
2.18 自热 self-heating
材料自行发生温度升高的放热反应。
2.19 热解 pyrolysis
物质由于温度升高而发生无氧化作用的不可逆化学分解。
2.20 热辐射 thermal radiation
以电磁波形式传递的热能。
2.21 燃烧 combustion
可燃物（2.49）与氧化剂作用发生的放热反应，通常伴有火焰（2.41）、发光和（或）

烟气（2.26）的现象。

2.22 无焰燃烧　flameless combustion

物质处于固体状态而没有火焰（2.41）的燃烧（2.21）。

2.23 有焰燃烧　flaming

气相燃烧（2.21），并伴有发光现象。

2.24 燃烧产物　product of combustion

由燃烧（2.21）或热解（2.19）作用而产生的全部物质。

2.25 燃烧性能　burning behaviour

在规定条件下，材料或物质的对火反应（2.42）特性和耐火性能（2.51）。

2.26 烟 [气]　smoke

物质高温分解或燃烧（2.21）时产生的固体和液体微粒、气体，连同夹带和混入的部分空气形成的气流。

2.27 自燃　spontaneous ignition

可燃物（2.49）在没有外部火源的作用时，因受热或自身发热并蓄热所产生的燃烧（2.21）。

2.28 阴燃　smouldering

物质无可见光的缓慢燃烧（2.21），通常产生烟气（2.26）和温度升高的现象。

2.29 闪燃　flash

可燃性（2.54）液体挥发的蒸气与空气混合达到一定浓度或者可燃性（2.54）固体加热到一定温度后，遇明火发生一闪即灭的燃烧（2.21）。

2.30 轰燃　flashover

某一空间内，所有可燃物（2.49）的表面全部卷入燃烧（2.21）的瞬变过程。

2.31 复燃　rekindle

燃烧（2.21）火焰（2.41）熄灭后再度发生有焰燃烧（2.23）的现象。

2.32 闪点　flash point

在规定的试验条件下，可燃性（2.54）液体或固体表面产生的蒸气在试验火焰（2.41）作用下发生闪燃（2.29）的最低温度。

2.33 燃点　fire point

在规定的试验条件下，物质在外部引火源（2.43）作用下表面起火（2.45）并持续燃烧（2.21）一定时间所需的最低温度。

2.34 燃烧热　heat of combustion

在 25℃、101kPa 时，1mol 可燃物（2.49）完全燃烧（2.21）生成稳定的化合物时所放出的热量。

2.35 爆轰　detonation

以冲击波为特征，传播速率大于未反应物质中声速的化学反应。

2.36 爆裂　bursting

物体内部或外部过压使其急剧破裂的现象。

2.37 爆燃　deflagration

以亚音速传播的燃烧（2.21）波。

注：若在气体介质内，爆燃则与火焰（2.41）相同。

2.38 爆炸 explosion

在周围介质中瞬间形成高压的化学反应或状态变化，通常伴有强烈放热、发光和声响。

2.39 抑爆 explosion suppression

自动探测爆炸（2.38）的发生，通过物理化学作用扑灭火焰（2.41），抑制爆炸（2.38）发展的技术。

2.40 惰化 inert

对环境维持燃烧（2.21）或爆炸（2.38）能力的抑制。

注：例如把惰性气体注入封闭空间或有限空间，排斥里面的氧气，防止发生火灾（2.3）。

2.41 火焰 flame

发光的气相燃烧（2.21）区域。

2.42 对火反应 reaction to fire

在规定的试验条件下，材料或制品遇火（2.2）所产生的反应。

2.43 引火源 ignition source

点火源

使物质开始燃烧（2.21）的外部热源（能量）。

2.44 引燃 ignition

点燃

开始燃烧（2.21）。

2.45 起火 ignite（vi）

着火。

注：与是否由外部热源引发无关。

2.46 炭 char（n）

物质在热解（2.19）或不完全燃烧（2.21）过程中形成的含碳残余物。

2.47 炭化 char（v）

物质在热解（2.19）或不完全燃烧（2.21）时生成炭（2.46）的过程。

2.48 炭化长度 char length

在规定的试验条件下，材料在特定方向上发生炭化（2.47）的最大长度。

2.49 可燃物 combustible（n）

可以燃烧（2.21）的物品。

2.50 自燃物 pyrophoric material

与空气接触即能自行燃烧（2.21）的物质。

2.51 耐火性能 fire resistance

建筑构件、配件或结构在一定时间内满足标准耐火试验的稳定性、完整性和（或）隔热性的能力。

2.52 阻燃处理 fire retardant treatment

用以提高材料阻燃性（2.56）的工艺过程。

2.53 易燃性 flammability

在规定的试验条件下，材料发生持续有焰燃烧（2.23）的能力。

2.54 可燃性　combustibility

在规定的试验条件下，材料能够被引燃（2.44）且能持续燃烧（2.21）的特性。

2.55 难燃性　difficult flammability

在规定的试验条件下，材料难以进行有焰燃烧（2.23）的特性。

2.56 阻燃性　flame retardance

材料延迟被引燃或材料抑制、减缓或终止火焰传播的特性。

2.57 自熄性　self-extinguishing ability

在规定的试验条件下，材料在移去引火源（2.43）后终止燃烧（2.21）的特性。

2.58 灭火　fire fighting

扑灭或抑制火灾（2.3）的活动和过程。

2.59 灭火技术　fire fighting technology

为扑灭火灾（2.3）所采用的科学方法、材料、装备、设施等的统称。

2.60 灭火救援　fire fighting and rescue

灭火（2.58）和在火灾（2.3）现场实施以抢救人员生命为主的救援活动。

2.61 灭火时间　fire-extinguishing time

在规定的条件下，从灭火装置施放灭火剂（2.68）开始到火焰（2.41）完全熄灭所经历的时间。

2.62 消防安全标志　fire safety sign

由表示特定消防安全信息的图形符号、安全色、几何形状（或边框）等构成，必要时辅以文字或方向指示的安全标志。

注：GB 13495 规定了具体的消防安全标志。

2.63 消防设施　fire facility

专门用于火灾预防（2.16）、火灾报警、灭火（2.58）以及发生火灾时用于人员疏散的火灾自动报警系统、自动灭火系统、消火栓系统、防烟排烟系统以及应急广播和应急照明、防火分隔设施、安全疏散设施等固定消防系统和设备。

2.64 消防产品　fire product

专门用于火灾预防（2.16）、灭火救援（2.60）和火灾（2.3）防护、避难、逃生的产品。

2.65 固定灭火系统　fixed extinguishing system

固定安装于建筑物、构筑物或设施等，由灭火剂（2.68）供应源、管路、喷放器件和控制装置等组成的灭火系统。

2.66 局部应用灭火系统　local application extinguishing system

向保护对象以设计喷射率直接喷射灭火剂（2.68），并持续一定时间的灭火系统。

2.67 全淹没灭火系统　total flooding extinguishing system

将灭火剂（2.68）（气体、高倍泡沫等）以一定浓度（强度）充满被保护封闭空间而达到灭火目的的固定灭火系统（2.65）。

2.68 灭火剂　extinguishing agent

能够有效地破坏燃烧（2.21）条件，终止燃烧（2.21）的物质。

附录 C 物质防火防爆安全参数

名称	爆炸危险度 H_a	最大爆炸压力 /×10^{5}Pa	爆炸极限（体积分数，%）		闪点 /℃	自燃点 /℃
			下限 x_1	上限 x_2		
氢①	17.3	7.4	4.1	75	气态	500 ～ 571
一氧化碳	4.9	7.3	12.5	74.2	气态	605
二硫化碳	49.0	7.8	1.0	50.0	−30	102
硫化氢	10.5	5.0	4.0	46.0	气态	260
呋喃	5.2	—	2.3	14.3	−35	390
噻吩	7.3	—	1.5	12.5	−1	395
吡啶	5.9	—	1.8	12.4	20	482
尼古丁	4.7	—	0.8	4.0	—	244
萘	5.5	—	0.9	5.9	78.9	526
四乙基铅	—	—	1.8	—	93.3	127
煤气	7.9	7.0	4.5	40.0	气态	648.9
汽油	4.8	8.5	1.3	7.6	−58 ～ 10	250 ～ 530
煤油	6.1	8.0	0.7	5.0	30	210
航空汽油	4.4	8.0	1.4	7.6	−42 ～ −37	439 ～ 471
柴油	9.8	7.5	0.6	6.5	—	—
甲烷	2.0	7.2	5.0	15.0	−218	537
乙烷	3.2	—	3.0	12.5	−135	472
丙烷	3.5	8.6	2.1	9.5	−104	450
丁烷	3.5	8.6	1.9	8.5	−60	287
戊烷	4.2	8.7	1.5	7.8	−48	260
己烷	5.8	8.7	1.1	7.5	−21.7	225
庚烷	5.4	8.6	1.1	6.7	46	210
辛烷	5.5	—	1.0	6.5	12	210
壬烷	2.6	—	0.8	2.9	31	205
癸烷	5.8	7.5	0.8	5.4	46	210
硝基甲烷	7.9	—	7.1	63.0	35	418
氯甲烷	1.1	—	8.1	17.4	−46	632
二氯甲烷	0.6	5.0	14	22	−4	556
氯乙烷	3.1	—	3.6	14.8	−50	519
1，1- 二氯乙烷	1.0	—	5.6	11.4	−17	458
正氯基丁烷	4.3	8.8	1.9	10.1	−9	460
2- 甲基戊烷	6.0	—	1.0	7.0	−32	264
2，2- 二甲基戊烷	7.3	—	1.0	8.3	−9.44	337
环丙烷	3.3	—	2.4	10.3	−94	500

（续）

名称	爆炸危险度 H_a	最大爆炸压力 /$\times10^5$Pa	爆炸极限（体积分数，%）		闪点 /℃	自燃点 /℃
			下限 x_1	上限 x_2		
环丁烷	4.6	—	1.8	10	10	—
环己烷	5.5	8.6	1.3	8.4	−18	245
环氧乙烷	32.3	9.9	3.0	100.0	−29	429
乙烯	12.3	8.9	2.7	36.0	−135	450
丙烯	3.3	8.6	2.4	10.3	−108	460
丁烯	5.3	—	1.6	10.0	−80	385
戊烯	5.2	—	1.4	8.7	−28	275
1，3- 丁二烯	13.8	7.0	1.1	16.3	−76	415
苯乙烯	6.6	6.6	0.9	6.8	31	490
2- 氯丙烯	2.6	—	4.5	16.0	−34	—
顺 -2- 丁烯	4.3	—	1.7	9.0	−73	324
乙炔	31.8	103	2.5	82.0	−17.7	305
丙炔	5.9	—	1.7	11.7	<−30	340.15
1- 丁炔	5.0	—	1.1	6.6	<−6.7	—
苯	5.7	9.0	1.2	8.0	−11	560
甲苯	5.5	6.8	1.1	7.1	4	480
乙苯	5.7	—	1.0	6.7	12.8	432
异丙苯	6.2	—	0.9	6.5	31	424
丁基苯	6.3	—	0.8	5.8	60	410
1，3- 二甲苯	5.4	7.8	1.1	7.0	25	527
均三甲苯	5.4	—	1.0	6.0	44	550
联苯	8.7	—	0.6	5.8	113	540
甲醇	5.1	7.4	6.0	36.5	12.2	464
乙醇	4.8	7.5	3.3	19.0	17	363
正丙醇	5.4	—	2.1	13.5	15	371
丁醇	7.1	7.5	1.4	11.3	29	360
异戊醇	6.5	—	1.2	9.0	43	347
乙二醇	3.8	—	3.2	15.3	111	398
氯乙醇	2.2	—	4.9	15.9	60	425
异戊醇	6.5	—	1.2	9.0	43	347
甲醛溶液	9.4	—	7.0	73.0	50	300
乙醛	13.3	7.3	4.0	57.0	−39	175
丙醛	5.5	—	2.6	17.0	−30	207
丁醛	5.6	6.6	1.9	12.5	−22	218.3
苯甲醛	5.1	—	1.4	8.5	63	192
2- 丁烯醛	6.4	—	2.1	15.5	13	232

（续）

名称	爆炸危险度 H_a	最大爆炸压力 /×10^5Pa	爆炸极限（体积分数，%）		闪点 /℃	自燃点 /℃
			下限 x_1	上限 x_2		
糠醛	8.2	—	2.1	19.3	60	315
甲酸甲酯	2.4	—	5.9	20.0	−19	449
甲酸乙酯	5.1	—	2.7	16.5	−20	455
甲酸丁酯	3.7	—	1.7	8.0	17.7	322.5
甲酸异戊酯	5.7	—	1.2	8.0	30	—
乙酸甲酯	4.2	8.8	3.1	16.0	−10	454
乙酸乙酯	4.2	8.7	2.2	11.5	−4	426.7
乙酸异丙酯	3.3	—	1.8	7.8	2	460
乙酸丁酯	5.1	7.7	1.2	7.6	22	421
乙酸叔丁酯	4.6	—	1.3	7.3	16.6 ～ 22.2	421
丙酸甲酯	4.2	—	2.5	13.0	−2	468
异丁烯酸甲酯	5.0	7.7	2.1	12.5	10	421 ～ 435
硝酸乙酯	1.5	>10.5	4	10	10	85
二甲醚	6.9	—	3.4	27.0	−41	350
甲乙醚	4.1	8.5	2.0	10.1	−37	190
乙醚	27.8	9.2	1.7	49.0	−45	160 ～ 180
二乙烯醚	14.9	—	1.7	27.0	−30	360
二异丙醚	14.7	8.5	1.4	22	−28	443
二正丁醚	4.1	—	1.5	7.6	25	194.4
丙酮	4.9	8.9	2.2	13.0	−18	465
2- 丁酮	5.4	8.5	1.8	11.5	−9	404
环己酮	7.5	—	1.1	9.4	44	420
氢氰酸	6.1	9.4	5.6	40.0	−17.8	538
乙腈	4.3	—	3.0	16.0	12.8	524
丙腈	3.5	—	3.1	14.0	2	512
丙烯腈	4.7	—	3.0	17.0	−1	481
氨气	0.9	6.0	15.0	28.0	−54	651
甲胺	3.1	—	5.0	20.7	气态	475
二甲胺	4.1	—	2.8	14.4	−20	400
三甲胺	4.8	—	2.0	11.6	气态	190
乙胺	3.0	—	3.5	14.0	−17	385
乙二胺	4.6	—	2.7	16.6	−33.9	385
丙胺	4.2	—	2.0	10.4	−37	317.8
乙酸	3	54	4.0	16	39	426
樟脑	4.8	—	0.6	3.5	65.6	466

①氢在氯气中的爆炸极限为 5.5% ～ 89.0%。

附录 D 粉尘爆炸危险性参数

物品名称	爆炸下限浓度 /（g/m^3）	最小点火能量 /mJ	物品名称	爆炸下限浓度 /（g/m^3）	最小点火能量 /mJ
麻	40	30	肥皂	45	60
己二酸	35	60	紫胶	20	10
乙酰纤维素	35	15	纤维素	45	35
铝	25	10	玉米	45	40
硫黄	35	15	玉米糊精	40	40
镁	20	40	玉米淀粉	40	20
乙基纤维素	25	10	甘油三硬脂酸铝	15	15
环氧树脂	20	15	聚酰胺	30	20
树木（枞树）	35	20	肉桂皮	60	30
可可树	75	10	仲甲醛	40	20
橡胶（合成硬质）	30	30	苯酚甲醛	25	15
橡胶（天然硬质）	25	50	季戊四醇	30	10
小麦粉	50	50	聚丙烯酰胺	40	30
小麦淀粉	25	20	聚丙烯腈	25	20
大米（种皮）	45	40	聚氨基甲酸乙酯泡沫	25	15
软木粉	35	35	聚乙烯	20	10
糖	35	30	聚氧化乙烯	30	30
对酞酸二甲酯	30	20	聚苯乙烯	15	15
马铃薯淀粉	45	20	聚丙烯	20	25
煤	35	30	邻苯二甲酸酐	15	15
棉花	50	25	木质素	40	20

参考文献

[1] 李采芹．中国历朝火灾考略 [M]．上海：上海科学技术出版社，2010．

[2] 董希琳，消防燃烧学 [M]．北京：中国人民公安大学出版社，2014．

[3] 应急管理部消防救援局．中国消防救援年鉴 2020 年卷 [M]．北京：应急管理出版社，2022．

[4] 徐通模，惠世恩．燃烧学 [M]．2 版．北京：机械工业出版社，2017．